D1876103

Klaus Richarz

Vogelzug

Klaus Richarz

Vogelzug

wbg Edition

Und meine Seele spannte
Weit ihre Flügel aus,
Flog durch die stillen Lande,
Als flöge sie nach Haus.

Aus: „Mondnacht“ von Joseph Freiherr von Eichendorff
(1788–1857)

Meinem Bruder Gerd, der den Phönix als sein Wappentier hatte und jetzt wieder Teil des großen Ganzen ist.

Das Werk ist in allen seinen Teilen urheberrechtlich geschützt. Jede Verwertung ist ohne Zustimmung des Verlags unzulässig. Das gilt insbesondere für Vervielfältigungen, Übersetzungen, Mikroverfilmungen und die Einspeicherung in und Verarbeitung durch elektronische Systeme.

wbg Edition ist ein Imprint der wbg.

© 2019 by wbg (Wissenschaftliche Buchgesellschaft), Darmstadt

Die Herausgabe des Werkes wurde durch die Vereinsmitglieder der wbg ermöglicht.

Lektorat: Christiane Martin, Köln
Satz: Melanie Jungels, Layout | Satz | Bild, Gensingen
Karten: Peter Palm, Berlin
Grafiken: Helmut Ludwig, Layout | Satz | Bild, Gensingen
Einbandabbildung: Bildagentur Okapia (www.https://okapia.de/), © Dietmar Nill/OKAPIA
Einbandgestaltung: Harald Braun, Hemsbach

Gedruckt auf säurefreiem und alterungsbeständigem Papier
Printed in Germany

Besuchen Sie uns im Internet: www.wbg-wissenverbindet.de

Inhalt

Vorwort

Aufgewachsen in der mittelhessischen Kleinstadt Lich „im Herzen der Natur“, sind mir Vögel seit den frühen 1950er-Jahren vertraut. Die Mehlschwalbenkolonie am Nachbarhaus, die Rauchschwalben in den nahen Kuhställen, die Weißstörche mit ihrem Nest auf dem Kirchendach oder bei der Nahrungssuche in den umliegenden Wiesen, der Kuckucksruf im Wald, das Hausrotschwänzchen auf den Dächern in der historischen Altstadt, der Grünspecht in den Streuobstwiesen oder der Eisvogel am kleinen Fluss der Wetter, die der Region den Namen Wetterau gab – alle gehörten sie zu meinen Bekannten. Auch der Rotmilan, der während seiner Saison täglich segelnd über dem Offenland zu sehen war, und die Mauersegler mit ihren Flugrufen während ihrer rasanten Luftmanöver über der Kleinstadt am Himmel und zwischen den Häusern sind vertraute Bilder und Geräusche aus meiner Kindheit. Und dann kam jedes Jahr die Zeit, zu der einige von den gerade beschriebenen Vogelarten sich sammelten und plötzlich weg waren. Früh hatte ich schon erfahren, dass diese Arten – auch Zugvögel genannt – wegzogen, um in wärmeren Gefilden, wohl in Afrika, zu überwintern. Und jedes Jahr war die Freude groß, wenn im Frühjahr die Vertrauten alle wieder zurück waren. Da war das Kinderlied „Alle Vögel sind schon da“ direkt erlebbar. Der Eindruck, den die Vögel auf mich machten, war wohl so stark, dass ich ein Schulheft als „Tierbeobachtungsheft Nr. 1, 1960–1961“ anlegte, um darin meine Beobachtungen aufzuschreiben und mit (schlechten) Fotos und Zeichnungen zu ergänzen. Der frühe Wunsch, „Tierforscher“ zu werden, führte mich nach dem Biologiestudium und einigen Jahren in der universitären Forschung in Gießen mit Schwerpunkt Säugetiere und Verhaltensforschung nach Bayern in den Naturschutz. Nicht unwesentlich für den Umstieg von der Universität in die Naturschutzverwaltung war, dass ich als Student in den Semesterferien, zum Teil auch während der Vorlesungszeiten (!), die letzten Brutplätze der Wanderfalken in Bayern und Baden-Württemberg bewachte, um diese vor menschlichen Nesträubern zu schützen. So waren es Vögel, die meinen Wechsel vom Forschen zum Schützen maßgeblich beeinflussten. Als Artenschutzreferent im Regierungsbezirk Oberbayern und zuletzt Sachgebietsleiter für Fachfragen des Naturschutzes stand neben vielem anderen dann auch das Wohl und der Schutz von Brut- und Gastvögeln (und der Fledermäuse) weit oben auf der Agenda. Dabei kam ich auch mit Größen der Ornithologie in Kontakt, allen voran Einhard Bezzel als damaliger Leiter der Vogelschutzwarte in Garmisch-Partenkirchen. Mit meiner Rückkehr nach Hessen nach elf bayerischen Jahren und der Übernahme der Leiterstelle an der Staatlichen Vogelschutzwarte für Hessen, Rheinland-Pfalz und Saarland wurde Einhard Bezzel zum Kollegen und alle Vogelschutzwarten-Kollegen wurden zu Freunden. Diese Verbindung endete nicht mit dem Ruhestand nach 22 Jahren Vogelschutzwarte. Sie geht weiter und führte letztlich auch zu diesem Buch, das die Forschungsergebnisse vieler Freunde und Kollegen zusammenfasst und Schwerpunkte setzt, die mir aus meiner langjährigen beruflichen wie ehrenamtlichen Tätigkeit im Natur-, Arten- und speziell im Vogelschutz besonders wichtig scheinen. Es ist die Natur um uns – und hier besonders die fast überall sicht- und erlebbare Vogelwelt –, die unser Leben bereichern kann. Durch unser Tun wie durch unser Unterlassen können wir dazu beitragen, dass die Vögel unsere Begleiter bleiben. Viel Vergnügen bei der wundersamen Reise mit den Zugvögeln und deren Schutz!

Klaus Richarz

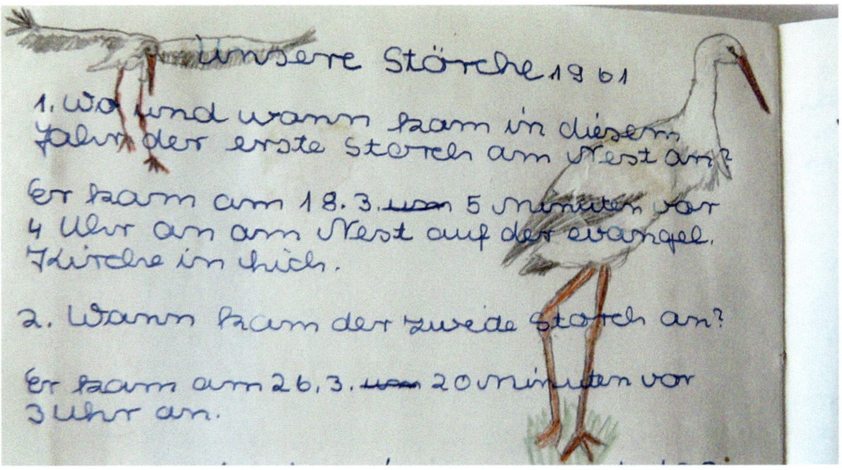

1 Erste Tierbeobachtungen, niedergeschrieben und illustriert vom Autor als 13-Jähriger.

Das Erscheinen und Verschwinden von Vögeln im Jahresverlauf

Faszinierende Göttervögel

Ihre Erfolgsgeschichte begann vor etwa 150 Millionen Jahren, als flinke zweibeinige Raubsaurier ein Federkleid zunächst zwecks Wärmeisolation und Balzverhalten entwickelten, um sich schließlich als Vögel in die Luft zu erheben. Die Ergebnisse dieser langen, in der Kreidezeit begonnenen Entwicklung begegnen uns heute mit rund 10.000 Vogelarten in nahezu allen Regionen der Erde. Auf Menschen übten Vögel von jeher eine besondere Faszination aus. Sie galten als Sinnbild der Freiheit, denn sie verwirklichten den alten Menschheitstraum vom Fliegen und

2 Als der Sage nach Dädalus und Ikarus, die auf Kreta von König Mitos gefangen gehalten wurden, mit ihren Flugapparaten aus Federn und Wachs flüchteten, kam Ikarus aus Übermut der Sonne zu nahe, sodass das Wachs schmolz, die Federn seines Flugapparates sich lösten und der Sohn des Dädalus ins Meer stürzte und starb.

konnten so selbst den Göttern nahe sein. Überall in der Welt gibt es Geschichten von Menschen, die versuchten zu fliegen oder fliegen konnten. Wohl die bekannteste ist die von Ikarus. Ganz aktuell erfährt Ikarus seine Renaissance durch ein gleichnamiges Forschungsprojekt, bei dem die Aktivitätsmuster und Wanderungen von Vögeln und anderen Tieren durch Sattellitentelemetrie über die Internationale Raumstation ISS weltweit erfasst werden (s. S. 136).

Das Fliegen gelang (und gelingt) Menschen zumindest in ihren Träumen, wenn sie des Nachts sogar bis zu den Göttern aufsteigen. Gott näher zu kommen, ist der Hintergrund aller Wünsche, fliegen zu können. So gibt es seit den frühesten Zeiten im gesamten indogermanischen Raum den Glauben, dass Seelen die Gestalt von Vögeln annehmen können. Römische Kaiser erreichten den Zustand ihrer Göttlichkeit in Gestalt eines Adlers. Dieser Adler wurde bei der Verbrennung des Leichnams freigelassen und konnte so die Seele des Kaisers zum Himmel tragen. In ähnlicher Weise geschah es mit der Seele der ägyptischen Pharaonen, die durch den Horusfalken nach oben in den Himmel entschwebten. Wie Phoenix ging die Seele durch das Feuer und wurde mit Schwingen wiedergeboren. Basierend auf solchen Vorbildern stiegen auch die Seelen der christlichen Heiligen als weiße Tauben in den Himmel auf, die bei der Zeremonie der Heiligsprechung freigelassen wurden. Die kunstvollen Federbekleidungen der Maja- und Aztekenpriester hatten wahrscheinlich dieselbe Funktion, nämlich die Seelen ihrer Träger in den Himmel zu bringen.

3 Während Nils Holgersson mit den Wildgänsen mitflog, konnte Däumelinchen in Hans Christian Andersens Märchen mit den (Rauch-)Schwalben reisen.

Sich in einen Vogel zu verwandeln oder mit den Vögeln fliegen zu können, so wie es dem kleinen Nils Holgersson auf seiner wunderbaren Reise mit den Wildgänsen in dem Kinderbuchklassiker der Autorin Selma Lagerlöf gelingt, bedeutete immer Befreiung. Weil sie frei zwischen Himmel und Erde hin- und herfliegen, waren Vögel immer auch Boten, die Omen verkündeten, okkulte Geheimnisse kannten und Seelen zum Himmel transportierten. Den Störchen wiederum war es vorbehalten, die Seelen zur Wiedergeburt auf die Erde zurückzubringen. Weiße Eulen verkündeten die Nacht, sinnliche Tauben und Nachtigallen erzählten die Geheimnisse der Liebe,

4 Weißstörche als Babybringer: Sie sollten die Seelen zur Wiedergeburt zur Erde zurückbringen, die an den lebenspendenden Quellen wieder zu Neugeborenen wurden.

und engelsgleiche Adler prophezeiten die Zukunft. Wohl deshalb auch tragen Engel Vogelflügel, während Dämonen mit den häutigen Flügeln der Fledermäuse als Nachttiere ausgestattet sind. Wenn wir im ersten Kuckucksruf und dem Wiederauftauchen der Schwalben die Frühlingsbotschaft erkennen, sind wir schon ganz dicht an einem weiteren Phänomen, das Menschen schon in vorchristlicher Zeit bewegte und zu Mythenbildungen wie zu intensiven Beobachtungen anspornte: dem Vogelzug.

Vogelzug – eine Geschichte voller Mythen und Beobachtungen

Das Verschwinden und Wiederauftauchen von Vogelarten im Rhythmus der Jahreszeiten beflügelte seit alters her die menschliche Fantasie. Noch im 18. Jahrhundert glaubte man, dass Schwalben im Gewässerschlamm überwintern und der dem Sperber ähnlich gefiederte Kuckuck im Herbst zum Sperber mutiert. Selbst einer wie der große schwedische Naturforscher Carl von Linné (1707–1778) hielt noch an der Schwalbentheorie fest, obwohl kaum weniger renommierte Linnésche Zeitgenossen wie der Franzose L. De Buffon oder der Engländer Gilbert White die Schwalben und Mauersegler zu den Zugvögeln rechneten. Wieso aber konnte sich diese Vorstellung einer tiefen Verbindung der Schwalben zum Wasser so lange halten? Weil Rauchschwalben nach der Brutzeit zu Tausenden zum Schlafen in Schilfflächen einfallen und dann nach ihrem Wegzug nicht mehr zu sehen sind, war die Gewässerschlammtheorie durchaus naheliegend. Wenn ein schlecht ernährter Jungvogel einer Spätbrut aus der Kältestarre wieder „zum Leben erwachte“ oder ein vom Schilfhalm gefallener Vogel Fischern in die Netze ging, stützte das die Vorstellung vom Überwintern am Seegrund.

Dabei waren die jahreszeitlichen Wanderungen der Vögel durchaus schon viel länger bekannt. Sie finden bereits im Alten Testament Erwähnung sowie in den Werken griechischer und römischer Schriftsteller wie Homer, Anakreon, Hesiod, Aristophanes, Aristoteles, Plinius und anderen. In seiner Geschichte des Tierreichs setzt sich Aristoteles (384–322 v. Chr.) sehr gründlich mit den Zugvögeln auseinander, indem er drei Gruppen unterscheidet: 1. Vögel, die in andere Breiten wandern, 2. Vögel, die senkrecht wandern, das heißt solche, die „im Winter und bei kaltem Wetter“ von den Bergen in die Ebenen herunterkommen und „im Sommer“ in die Berge zurückkehren, und 3. Vögel, die bei kaltem Winterwetter überwintern, ohne auf Wanderschaft zu gehen. Bis dahin kann man dem alten Aristoteles bis heute durchaus folgen. Dagegen nicht mehr zeitgemäß ist seine Ansicht, dass ein großer Teil der Vögel der Kategorie der Daheimbleibenden angehört und dazu Milan, Storch, Turteltaube, Schwalbe, Lerche und Drossel zählen. Plinius (23 oder 24–79 n. Chr.) wiederum wusste vom Wegzug der Schwalben, nahm aber an, dass sie sich in Vertiefungen der Berge zurückziehen und man sie dort nackt und ohne Federn findet. Aristoteles wie Plinius erwähnen den ihnen vertrauten Kranichzug über Griechenland und Italien. Dagegen war einem Stadtmenschen wie Aristoteles die Verwandlung von Rotschwänzchen über den Winter in Rotkehlchen durchaus plausibel, weil Rotschwänzchen ab Herbst aus dem Stadtbild verschwanden und stattdessen dort Rotkehlchen auftauchten.

< **5** Weil der Kuckuck als Zugvogel uns im Herbst verlässt, um erst wieder im Frühling zu erscheinen, glaubte man, dass er sich …

Immerhin hatten die Ansichten der antiken Gelehrten zum Vogelzug über 1000 Jahre Bestand – bis der „vogelverrückte“ Stauferkaiser Friedrich II., seiner Zeit eigentlich weit voraus, den Zug der Reiher, Greifvögel, Entenvögel und Kraniche untersuchte und in seinem weltberühmten Handbuch der Falknerei „De arte venandi cum avibus“ niederschrieb. Die Beobachtungen und Deutungen dieses ersten großen Ornithologen haben bis heute Gültigkeit. Für ihn waren schon damals äußere Auswirkungen wie Kälte und Nahrungsmangel die Ursachen für den Vogelzug. Friedrich II. beschreibt auch die Rückkehr der Zugvögel im Frühjahr in ihre Brutheimat, indem sie Nahrung und Wärme folgen, den Vogelflug und sogar, dass bei den in Keilformation fliegenden Kranichen sich die Führungsvögel abwechseln.

< **6** … über den Winter in den ähnlich gefiederten Sperber verwandeln würde.

Die Ansicht von Aristoteles, dass der Storch in einem Starrezustand vor Ort überwintere, konnte trotzdem erst Ende des 15. Jahrhunderts korrigiert werden. Und dass Milane, Turteltauben, Wachteln und Schwalben Zugvögel sind, beschrieb Pierre Belon 1517 erst aufgrund seiner Erfahrungen anlässlich einer Reise durchs östliche Mittelmeergebiet. Arten wie dem versteckt lebenden, kaum fliegend zu beobachtenden Feuchtwiesenvogel Wachtelkönig sprach man lange seine Fähigkeiten als Zugvogel ab. In England sollte er sich im Winter in Ratten verwandeln, während die Tartaren dem Sibirienforscher Johann Georg Gmelin erklärten, die „Wiesenläufer“ würden von den ziehenden Kranichen auf deren Rücken mitgetragen.

7 Dem versteckt in Feuchtwiesen lebenden Wachtelkönig (hier: mit Jungen) traute man kaum das weite Ziehen mit eigenen Flügeln zu, sondern dichtete dem „Wiesenläufer" das Mitfliegen auf dem Rücken der Kraniche an.

Dem Verschwinden der Vögel – und vor allem ihrem plötzlichen Auftauchen – maß man lange Zeit noch eine zusätzliche Bedeutung als Boten für kritische Ereignisse wie Kriege, Feuersbrünste und Seuchenzüge bei. Wenn plötzlich fremdartige Vögel mit seidigem Gefieder in ganzen Schwärmen auftauchten, sollten sie den Menschen gleich zweifaches Unglück bescheren. Als „Brandstifter" warfen die Seidenschwänze aus ihren Schnäbeln angeblich Glut über den Häusern ab. Schon Plinius Secundus rätselt im 1. Jahrhundert n. Chr. über den Vogel, der brandstiftend Kohle aus Opferherden oder Altären wegtrage und den man daher folgerichtig als „Brandvogel" oder „spinturnix" (Funkenvogel) bezeichnete. Doch mit der brennenden Stadt war der Unglücksgipfel vermeintlich längst noch nicht erreicht. Im Gefolge dieser Fremdlinge, von den Menschen auch „Böhmer", mittelhochdeutsch „bemlin" bezeichnet, weil sie aus Böhmen zu kommen schienen, kam angeblich die fürchterlichste aller Krankheiten: die Pest. Der italienische Gelehrte Ulysses Aldrovandi erwähnt in seiner Ornithologie (1599, 1600, 1603) mehrere Fälle, in denen Seidenschwänze in seiner Heimat als Verkünder schwerer Pestepidemien erschienen seien. In Deutschland erinnert Johann Conrad Altinger (1626) in seinem „Bericht von dem Vogelstellen" an diesen Aberglauben und stellt allerdings die Ansicht vieler Leute infrage, dass, wann immer diese Vögel auftauchen, dies ein besonderes Omen sei. Bei solch schlechtem Ruf verwundert es nicht, dass der Seidenschwanz in Österreich, in der Schweiz und in Schwaben „Pestvogel", in Bayern „Pestdrossel", in der Schweiz auch „Sterbevögeli", „Toten- und Kriegsvogel" und in Italien „Uccello della guerra" (Kriegsvogel) genannt wird. Die Pestärzte des 17. Jahrhunderts trugen außer schwarzen Kutten und Hüten auf ihren Gesichtern maskenhafte Schnäbel. Diese sollten wohl dem Prinzip dienen, Gleiches mit Gleichem zu bekämpfen. Nicht nur der Ausbruch des Dreißigjährigen Krieges fiel 1618 mit einer verbürgten Seidenschwanzinvasion zusammen. Auch im Herbst 1913 tauchten Seidenschwänze nach langer Zeit wieder einmal in der Schweiz auf und sollen damit den Ausbruch des Ersten Weltkrieges angezeigt haben.

Warum aber wird ausgerechnet ein so hübscher Vogel wie der Seidenschwanz zu einem solchen Schreckensboten? Die Erklärung scheint ebenso einfach wie plausibel: Seidenschwänze tauchen bei uns selten und unregelmäßig auf, sind dann aber unübersehbar. Wenn zeitnah mit ihrem Auftauchen Schrecknisse wie Pest, Krieg, Hungersnot oder Feuersbrunst zusammenfallen, sind sie als Verursacher leicht ausgemacht. Zwar wurden andere Vogelarten mit den Farben Rot (Flamme) oder Schwarz (Kohle) im Gefieder auch schon mit Bränden in Verbindung gebracht, von Rotkehlchen über Hausrotschwanz bis Weißstorch, Raben und Schwalben. Über ein Merkmal verfügt der Seidenschwanz allerdings exklusiv: Seine ungewöhnlichen roten Hornplättchen in den Schwingen wurden in der menschlichen Fantasie zu Flämmchen, mit denen der nordische Vogel zündeln konnte. Die auch „Zinzerle" oder „incendiaria" (Anzündvogel, Brandstifter) genannten Seidenschwänze kommen aber nicht als Brandstifter oder Verkünder eines bevorstehenden Unheils zu uns. Wenn ihre Beerennahrung fehlt und die Seidenschwanzbestände in der Taiga zu groß sind, unternehmen sie nach der Brutzeit

8 Die roten Hornplättchen in den Schwingen des Seidenschwanzgefieders deutete die menschliche Fantasie zu Flämmchen um. Die Vögel wurden so zu Brandstiftern erklärt.

8 Seidenschwänze (*Bombycilla garrulus*) tauchen im Winter bei uns als Invasionsvögel unregelmäßig und in ganzen Schwärmen auf.

in Trupps und in ganzen Schwärmen ihre invasionsartigen Wanderungen über die Britischen Inseln und Mitteleuropa bis in den Mittelmeerraum, um hier an den beerentragenden Bäumen und Büschen in Gärten, Parks und Friedhöfen satt zu werden. Somit können Seidenschwänze durch ihr Auftauchen bei uns zumindest verkünden, wie es aktuell um ihre Bestandsentwicklung und die Nahrungsgrundlage im fernen Brutgebiet bestellt ist.

Es war schließlich Olaus Magnus (1490–1557), der zum Ende des Mittelalters viele Beobachtungen zu Zugvögeln, wie Schwarzstörche und Kraniche, aus Schweden niederschreibt. Aus der Neuen Welt kam erstmals die Kunde vom Vogelzug durch Oviedo mit seiner Naturgeschichte der spanischen Gebiete Amerikas (1526–1536) und der Beschreibung des gewaltigen Vogelzugs über Kuba und Panama. Als früher Verhaltensforscher entwickelte Baron Ferdinand Adam von Pernau (1660–1731) bereits 1702 die Vorstellung, dass nicht direkt durch Hunger und Kälte ein Zugvogel zum Aufbruch veranlasst wird, sondern „durch einen verborgenen Zug zur rechten Zeit getrieben werde“, er also einen inneren Instinkt als vorgegebene Verhaltensweise habe. Auch Hermann Samuel Reimarus (1760) und John Legg (1780) stellten weitere Überlegungen zur inneren (endogenen) Kontrolle des Zugverhaltens an, indem sie annahmen, dass sich bei den Vögeln vielfach zu bestimmten Zeiten eine Art vorprogrammiertes „Zugweh“ einstelle oder sie einer „inneren Kenntnis“ folgten.

Doch erst durch die systematischen Beobachtungen ab dem 19. Jahrhundert wurde das Phänomen des Vogelzugs alter Ansichten und Mythen endgültig beraubt. Wobei die Erkenntnisse aus der modernen Zugvogelforschung kaum weniger wunderbar sind. Doch bevor wir uns der weiteren Geschichte der Erforschung des Vogelzugs bis hin zu den neuesten Erkenntnissen widmen, sei noch die Frage geklärt, wodurch sich der Vogelzug vom bloßen Umherfliegen der Vögel zum Stillen ihrer Grundbedürfnisse wie Nahrungssuche, Fortpflanzung und Ruhen unterscheidet. Als Vogelzug werden im engeren Sinn die regelmäßigen Pendelbewegungen der Vögel im Jahresverlauf zwischen ihrem Brutgebiet und dem Ruheziel (Winter- oder Ruhequartier) bezeichnet. Weil diese Wanderungen jährlich stattfinden, spricht man auch von Jahreszug. Wegen der saisonalen Änderungen, die wesentliche Auswirkungen auf die Tiere haben, findet der Wegzug aus dem Brutgebiet bei uns im Herbst statt und wird deshalb auch als Herbstzug bezeichnet. Für die Rückkehr der Vögel im Frühjahr in ihr Brutgebiet, den Heimzug, wird oft auch der Begriff Frühjahrszug gebraucht. Weil Vogelzüge weltweit über das ganze Jahr stattfinden, sind die Begriffe Weg- und Heimzug im Sinne von „weg aus dem Brutgebiet" und „heim ins Brutgebiet" unabhängig von Regionen mit ausgeprägten Jahreszeiten universell verwendbar und so für alle Jahreszüge von Vögeln passend.

Auch weniger regelmäßige Wanderungen von Vögeln lassen sich im erweiterten Sinn als Vogelzug verstehen. Dazu zählen Invasionen, Nomadenwanderungen, Ausbreitungsbewegungen, Folge- und Fluchtbewegungen, der Teilzug sowie Dispersionswanderungen, auch Dismigration genannt. Letztere sind Zerstreuungswanderungen ohne feste Richtung vor allem von Jungvögeln über das engere Brutgebiet hinaus. Abmigration (Auswanderung) ist ein Verhalten vor allem bei Enten. Nach der Verpaarung im Ruheziel (Winter- oder Ruhequartier) „ent"führt ein Partner den anderen in ein zum Teil weit entlegenes Brutgebiet. Wobei unter „Ruhe" im Ruheziel nicht Inaktivität zu verstehen ist. In dieser Phase sind die Vögel vor allem mit der Nahrungssuche und -aufnahme beschäftigt. Es kommt aber auch schon – wie bei den Enten – zu Verhaltensweisen, die bereits zum Fortpflanzungsgeschäft zählen. Letztlich können alle Vogelbewegungen (-wanderungen), die über die täglichen Ortsveränderungen dieser von Haus aus sehr mobilen Tiere hinausgehen, damit auch die Verdriftung, als Vogelzug betrachtet werden. Beispiele für all diese Wanderbewegungen folgen in späteren Kapiteln.

10 Das „Entführen" des Stockentenweibchens durch den Partner vom Balzgewässer in das oft weiter entfernte Brutgebiet wird als Abmigration (Abwandern) bezeichnet.

„Zugvögel" aus anderen Tiergruppen

Während ziehende Vogelarten für fast jeden von uns direkt sicht- und erlebbar sind, machen sich neben den Zugvögeln jedes Jahr über dem ganzen Erdball Millionen von anderen Tierarten zu Lande, zu Wasser – und mit den Vögeln auch in der Luft – auf ihre Überlebenswanderzüge. In Afrika sind es Antilopen, Zebras und Elefanten mit jährlichen Strecken von bis zu 1500 km, in den Flüssen und Meeren marine Krebse (Langusten, Hummer) und Schildkröten, Lachse, Aale sowie Wale und in der Luft auch Insekten und Fledermäuse. Um ihre Ziele zu erreichen, müssen alle Arten Änderungen ihrer Umweltbedingungen genau wahrnehmen und den richtigen Zeitpunkt zum Start ihrer Wanderungen wählen, der von einer Reihe von Faktoren bestimmt wird.

Ein Naturschauspiel ohne Gleichen bietet sich, wenn 1,5 Millionen Weißbartgnus (*Connochaetes taurinus*) die Kurzgrassavanne im Südosten der Serengeti in Tansania verlassen, um nach Norden bis in das Massai-Mara-Reservat nach Kenia zu ziehen. Weder Löwen und Hyänen noch Krokodile bei den gefährlichen Flussdurchquerungen können den Treck aufhalten. Es ist einerseits der Bedarf an Mineralstoffen, vor allem Phosphor, andererseits der Wassermangel, der die Gnus veranlasst, ihre Weidegründe zweimal im Jahr zu wechseln. Sie müssen die Kurzgrassavannen verlassen, wenn der Regen in der Trockenzeit ausbleibt und es zu Nahrungs-, Wasser-

11 Nahrungs- und Wassermangel zwingen alljährlich die Streifengnus zu ihren gefährlichen, aber dennoch überlebenswichtigen Wanderungen zwischen der Serengeti und der Massai Mara in Ostafrika.

12 Vor ihrem Bestandsrückgang machten sich Saiga-Herden mit bis zu 200.000 Tieren auf ihre Sommerwanderungen in den asiatischen Trockensteppen.

knappheit und Versalzung kommt. Auf ihren Trockenzeitweiden finden die zu den Kuhantilopen zählenden Gnus zwar Hochgras und nach Gewitterregen auch Frischgras. Doch dieses Futter bietet ihnen nicht genügend Mineralstoffe. Nach einiger Zeit tritt dann bei den Gnus ein Phosphatmangel auf, der sie wieder in die Kurzgrassteppe im Süden mit ihrem nach der Regenzeit jungen, mineralstoffreichen Gras zurücktreibt.

Einstmals waren auch die nordamerikanischen Bisons auf solchen Weidewanderungen durch die Prärie unterwegs. Bevor sie bis auf letzte Reste zusammengeschossen wurden, umfasste ihre Art um die 30 Millionen Köpfe. Die Karibus in Alaska und Kanada oder die Rentiere im Norden der Alten Welt bilden heute noch große Herden und unternehmen weite Wanderungen.

Vom Nordkaukasus über Kasachstan und die Südwestmongolei bis Xinjiang (China) leben in den kalten, hoch gelegenen Trockensteppen die schafähnlichen Saiga-Antilopen (*Saiga tatarica*). Während ihrer Sommerwanderungen, bei denen einzelne Herden – vor dem dramatischen Bestandsrückgang der Art infolge starker Bejagung und wohl klimawandelbedingter Infektionskrankheiten – auf bis zu 200.000 Tiere anwachsen konnten, dient ihnen die Rüsselnase am kräftigen Kopf als Staubfilter, in den bitterkalten Wintern zur Erwärmung der Atemluft.

Im Wasser sind viele Fischarten immer unterwegs, und auch Wale und Robben unternehmen weite saisonale Wanderungen. Eine Welt ganz ohne Grenzen tut sich dabei für die großen Walarten auf ihren Wanderungen zwischen den Weltmeeren auf, die bis zu 20.000 km umfassen können. Geschlechtsreife Meeresschildkröten wie die bekannte Suppenschildkröte (*Chelonia mydas*) kehren über Hunderte oder sogar Tausende von Kilometern (bis zu 3000 km) zur Eiablage an Sandstrände zurück, auf denen sie einst als Minischildkröten das Licht der Welt erblickten und eiligst ins Meer gelaufen waren. Während unsere Aale zum Laichen aus den Flüssen bis in die Sargassosee im Atlantik nahe der Bahamas schwimmen, steigen Lachse vom Meer bis in die Oberläufe der Flüsse auf, in denen sie geboren wurden, um dort zu laichen und danach zu sterben. Recht bekannt sind bei uns die alljährlichen, vergleichsweise kurzen Massenwanderungen von Erdkröten, Grasfröschen und Molchen zu ihren Laichgewässern.

13 Selbst Stromschnellen können Lachse auf ihren Wanderungen flussaufwärts zu ihren Laichplätzen nicht aufhalten.

Millionen von Monarchfaltern (*Danaus plexippus*) durchqueren jedes Jahr im Herbst ganz Nordamerika von Kanada aus bis in die Bergregenwälder Mexikos, um dort in dichten Trauben an den Bäumen hängend zu überwintern. Von der Frühlingsonne erwärmt fliegen die Monarchfalter dann wieder maximal 4000 km zurück in ihre Fortpflanzungsgebiete. Unter unseren Tagschmetterlingen sind Distelfalter (*Vanessa cardiu*) und Admiral (*Vanessa atalanta*) echte „Wanderfalter", die im Frühjahr von Nordafrika und aus dem Mittelmeerraum einfliegen, um sich im Sommer bei uns oder noch weiter nördlich in Skandinavien und Island fortzupflanzen. Andere Einwanderer sind der Totenkopf- und der Weinschwärmer sowie das tagaktive Taubenschwänzchen. Letzteres wird immer wieder für einen entflohenen Kolibri gehalten, wenn es Balkon- und Gartenblumen anfliegt und schwirrend davor in der Luft steht, um mit dem langen Rüssel Nektar aus den Blüten aufzunehmen.

Die weiteste Flugstrecke, die bisher für eine europäische Fledermausart dokumentiert wurde, legte eine Rauhautfledermaus (*Pipistrellus nathusii*) zurück. Diese kleine Fledermaus wurde in Lettland markiert und später 1905 km südlich in Kroatien wiedergefunden. Weitere Höchstleistungen wurden von der Zweifarbfledermaus (*Vespertilio discolor*) mit 1787 km, dem Großen Abendsegler (*Nyctalus noctula*) mit 1600 km und dem Kleinabendsegler (*Nyctalus leisleri*) mit 1568 km aufgestellt. Die tatsächlich zurückgelegten Flugstrecken der nachtaktiven Tiere dürften noch weit größer sein als die direkten Entfernungen zwischen den Markierungs- und Wiederfundorten, denn die Zugwege der wandernden Fledermäuse zwischen ihren Sommer- und Winterlebensräumen verlaufen sicher nicht geradlinig. Vielmehr folgen sie markanten Landschaftsstrukturen wie Flüssen, Tälern oder Waldrändern. Von bisher über 1 Million in Europa markierten Fledermäusen hat das Bonner Museum Alexander Koenig 7366 Wiederfunde ausgewertet, die in größere Entfernung vom Markierungsort gelangten und somit auf Wanderungen schließen lassen. Danach lassen sich die 36 untersuchten europäischen Fledermausarten aufgrund ihres Wanderverhaltens in drei Gruppen einteilen: stationäre Arten, die nicht weit wandern (z. B. Langohren und Hufeisennasen), regionale Wanderer mit Entfernungen von 100 bis 800 km (z. B. Mausohren) und Fernwanderer wie die Rauhaut- und die

14 4000 km beträgt die einfache Flugstrecke, die von den Monarchfaltern von Nordamerika bis in ihre mexikanischen Überwinterungsgebiete zurückgelegt werden.

Zweifarbfledermaus sowie der Große und der Kleine Abendsegler, die zugvogelgleich alljährlich 1500 bis 2000 km zwischen Sommerquartieren und Überwinterungsplätzen zurücklegen.

Erst kürzlich fanden Forscher des Max-Planck-Instituts für Ornithologie in Radolfzell heraus, unter welchen Bedingungen Große Abendsegler im Frühjahr in ihre Sommer- und Wochenstubenquartiere aufbrechen. Sie gehören zu den wenigen Fledermausarten, die über lange Strecken reisen. Es sind vor allem die Weibchen, die nach ihrem Winterschlaf über Hunderte von Kilometern fliegen, um in insektenreicheren Regionen gut genährt ihre Jungen zu gebären und erfolgreich aufzuziehen. Im Herbst kehren sie dann wieder zurück, um sich auf der Reise oder an ihren Überwinterungsplätzen zu paaren und auf den Winterschlaf vorzubereiten. Im Frühjahr ist der richtige Zeitpunkt zum Aufbruch für die Fledermausweibchen wichtig, da sie sich genug Fettreserven für die lange Reise zulegen müssen, aber wegen der fortschreitenden Trächtigkeit auch nicht zu lange warten dürfen. Die Radolfzeller Forscher um Dina Dechmann fingen die Abendsegler nahe ihren Überwinterungsplätzen in Süddeutschland, maßen und wogen die Tiere, die dann mit Sendern ausgestattet wieder freigelassen wurden. Um feststellen zu können, welche Tiere sich in der Nacht zuvor in welche Richtung aufgemacht haben, suchten die Forscher in den Folgetagen jeweils morgens das Gebiet mit dem Flugzeug nach den Signalen der besenderten Tiere ab. Auch alle Wetterdaten wurden laufend festgehalten. Die Entscheidung zum Start ist danach vom Zusammenspiel von Windstärke, Windgeschwindigkeit und Luftdruck abhängig. Große Abendsegler nutzen für ihren Start Nächte mit den optimalen Wetterbedingungen. Die Nachtflieger brachen vermehrt in Nächten mit klarem Wetter und günstigen Winden auf, messbar an hohem Luftdruck und Rückenwind. Aber auch Nächte mit niedrigem Luftdruck nutzten viele Tiere immer dann zum Abflug, wenn gleichzeitig schwacher Gegenwind wehte. Die Forscher fanden dabei auch heraus, dass die Abendsegler den Zeitpunkt für den Abflug im Verlauf des Frühjahrs nach unterschiedlichen Kriterien auswählen. Während zu Beginn der Zugperiode der Rückenwind ein wichtiger Faktor ist, brechen sie später vor allem in klaren Nächten mit hohem Luftdruck auf, selbst wenn sie Gegenwind haben. Bei niedrigem Luftdruck fliegen sie nur, wenn Rückenwind oder schwacher Gegenwind herrscht. Aus den gewonnenen Daten entwickelten die Forscher ein Modell, mit dessen Hilfe sie vorhersagen können, in welchen Nächten der Große Abendsegler mit hoher Wahrscheinlichkeit aufbricht. Solcherart Grundlagenforschung dient längst nicht nur der Wissenserweiterung. Sie könnte auch zum besseren Schutz der Fledermäuse beitragen. Denn vor allem viele Abendsegler sterben während ihres Zugs durch Kollisionen mit Windenergieanlagen. Wenn ihre Hauptzugnächte mit hoher Sicherheit vorherbestimmbar wären, könnte ein Abschalten aller Anlagen in dieser Zeit viele Verluste verhindern helfen (s. S. 156). Wie unsere fliegenden „Kobolde der Nacht" strategisch auf den Klimawandel als weitere, mögliche Gefährdungsursache reagieren, liegt allerdings noch ganz und gar im Dunkeln.

15 Gut 1900 km flog eine Rauhautfledermaus von ihrem Sommeraufenthaltsgebiet in Lettland bis nach Kroatien zum Überwintern. Dies ist die längste bisher für eine europäische Fledermausart dokumentierte Flugstrecke.

Vogelzug und -beringung

Helgoland – ein Hotspot der Vogel(zug)forschung

Als Fels im Meer ist die einzige deutsche Hochseeinsel Helgoland Anziehungspunkt für ziehende Vögel. Früh wurde Helgoland zum „Vogelherd“, auf dem jährlich viele Tausende Gefiederte gefangen und in den Kochtöpfen der Inselbewohner landeten. Schon im 16. Jahrhundert wusste der Inselvogt von unglaublichen Vogelschwärmen zu berichten, die im Herbst hier zusammenkommen. Zwei Jahrhunderte später, Anfang des 19. Jahrhunderts, lieferte der Helgoländer Schuster J. Koopmann erstmals Vogelbälge an das neu gegründete Bremer Museum, später auch an das Zoologische Museum Berlin, die die Aufmerksamkeit der Vogelsammler weckten. Mit der zunehmenden Zahl an Badegästen ab Mitte der 1830er-Jahre, kamen dann auch die Ornithologen nach Helgoland, um dort von den vielen Vögeln und dem freien Schießen und Fangen zu profitierten – eine Methode, die unter den Vogelkundlern dieser Zeit durchaus üblich war. Kein Geringerer als der große Vogelkundler und -sammler Johann Friedrich Naumann gerät im 11. Teil seiner berühmten „Naturgeschichte der Vögel Mitteleuropas“ und in zwei Abhandlungen von 1846 und 1854 ins Schwärmen über Helgoland als Sammelplatz ziehender Vögel und die deutsche Ornithologie. Als der 1814 in Brandenburg geborene, gelernte Maler Heinrich (Carl Ludwig) Gätke 1837 auf die Insel kam, dort 1841 heiratete und dadurch auch das Bürgerrecht und das Recht auf Grundbesitz erwarb, sollte aus dem Wirken des Seemalers in Verbindung mit seiner Jagdleidenschaft und seinem zunehmenden Interesse an den Vögeln, die er sammelte, präparierte und über die er schrieb, die spätere Vogelwarte Helgoland entstehen. Sie entwickelte sich zu einem Leuchtturmprojekt (im übertragenen wie im Wortsinn) der Vogelzugforschung – nicht nur für Deutschland. Der Leuchtturm von Helgoland, mit seinem Leuchtfeuer unzählige Vögel anziehend, ziert den Umschlag von Gätkes Werk „Vogelwarte Helgoland“ (Erstauflage 1890, zweite Auflage 1900, drei Jahre nach seinem Tod). Auf 114 Seiten breitet Gätke sein großes Wissen aus über den Vogelzug im Allgemeinen, über Richtung, Höhe und Schnelligkeit der Wanderzüge, darüber, welche meteorologischen Bedingungen die Züge

16 Forscher fanden dank besenderter Großer Abendsegler heraus, dass die Langstreckenzieher unter den europäischen Fledermäusen für ihren Start zu ihren Migrationsflügen Nächte mit für sie optimalen Wetterbedingungen nutzen (hier: Großer Abendsegler nach Ausflug aus dem Baumquartier).

beeinflussen, über den Zug nach Geschlecht und Alter, die Ausnahmeerscheinungen, darüber, was die Vögel während des Zugs leitet und was sie veranlasst, zum Zug aufzubrechen – alles Fragen, auf die Gätke teils richtige, teils spekulative Antworten fand, und die bis heute die Vogelzugforschung bewegen und auf die sie immer detailliertere Antworten zu liefern imstande ist.

Das 19. Jahrhundert war für die Vogelzugforschung ohnehin eine spannende Zeit. Da hinein fällt etwa die Entdeckung der Zugunruhe durch Johann Andreas Naumann, der die Zugaktivität gekäfigter Zugvögel beschreibt und diese im Sinne eines Zugzeitprogramms deutet. Wobei Naumann die Kenntnis der Zugrichtung als „in des Vogels Natur eingepflanzet" ansieht.

17 Der Leuchtturm von Helgoland zieht mit seinem Leuchtfeuer wie ein Magnet unzählige Zugvögel an und wurde so zum Coverbild von Gätkes Buch „Vogelwarte Helgoland".

Nachdem der erste Internationale Ornithologen-Kongress 1884 in Wien einen Beschluss zur Errichtung von Beobachtungsstationen zur systematischen Erforschung der Vogelwanderungen fasste, führte dies 1901 zur Gründung der ersten Vogelwarte Rossitten auf der Kurischen Nehrung an der Ostseeküste im damaligen Ostpreußen. Sie wurde im Zweiten Weltkrieg zerstört. Heute ist die älteste Vogelwarte der Welt unter russischer Führung mit dem Namen Rybachy wieder aktiv. Die Nachfolge von Rossitten trat die Vogelwarte Radolfzell am Bodensee in Baden-Württemberg an, eine Forschungsstelle der Max-Planck-Gesellschaft von internationalem Ruf. Mit der allerersten Vogelwarte entstand aus der zuvor privat entwickelten Methode zur Kennzeichnung der Vögel mit Ringen ein ganzer Forschungszweig, der an allen Vogelwarten und Beringungsstationen intensive Anwendung fand und bis heute wichtige Ergebnisse zum Vogelzug zu liefern vermag.

Die Herren der Ringe und ihre Helfer

Der dänische Lehrer Hans Christian Cornelius Mortensen (1856–1925) hatte 1899 die Idee, Vögel zu fangen und ihnen Metallringe um das Bein bzw. den Lauf zu legen, die er mit einer Seriennummer und einer Rückmeldeadresse versah. Zwar gab es sogar schon in der Antike derartige Kennzeichnungen, wie Plinius berichtet. Auch Marco Polo erwähnt in seinen Berichten über seine Asienreise (1271–1295), dass chinesische Falkner ihre Vögel mit Fußringen mit Eigentümernamen kennzeichnen. In Deutschland kam 1722 von Gottlieb Röhlichen der Vorschlag, dass man doch zur Erforschung ihres Winteraufenthalts Störche mit einem Ring an Fuß, Schnabel oder Flügel kenntlich machen sollte. Nur zwei Jahre später band Johann Leonard Frisch Rauchschwalben rote Fäden an die Füße. Damit wollte er prüfen, ob Schwalben nach weit verbreiteter Ansicht in Gewässern ihren Winterschlaf halten. Wenn ja, würde die rote Farbe durch Einwirkung des Wassers verschwinden. Weil die Schwalben im nächsten Frühjahr mit ihren roten Fäden zurückkehrten, schloss Frisch daraus, dass sie ebenso wie andere Vögel nach Süden gezogen waren. Eine unbeabsichtigte Kennzeichnung brachte ein Weißstorchweibchen mit, das 1822 mit einem Speer ostafrikanischer Herkunft im Hals bei Wismar geschossen wurde. Die berühmte „Pfeilstörchin" war der erste Beweis, dass heimische Vögel nach Afrika ziehen. Es war ebenfalls ein Weißstorch, den eine Gräfin in Deutschland mit einem Silbermedaillon markiert hatte und der 1846 in Palästina gefangen wurde.

Weil Mortensen jedoch als Erster die Kennzeichnung von Vögeln mit Ringen systematisch betrieb, gebührt ihm zu Recht die Ehre als Erfinder der Vogelberingung. Der Däne begann mit dem Beringen von 184 Staren. Von diesen Ringstaren kamen bereits so viele Rückmeldungen von weggezogenen und anderswo geschossenen oder wiedergefundenen Individuen, dass derartige Beringungsexperimente als vielversprechende Methode schon 1902 in Deutschland und den USA eingeführt wurden. Johannes Thienemann institutionalisierte die Beringung bereits 1903 in Rossitten als erster Leiter der Vogelwarte. Dies erbrachte sehr bald so spannende Erkenntnisse, dass sich eine große Zahl freiwilliger Helfer fand, die diese Untersuchung durch Beringung von Altvögeln und Nestlingen unterstützten. Am Anfang der „Beringungsperiode" wurden grundsätzlich flugunfähige Jungvögel beringt, die man vorsichtig aus dem Nest holte oder, wie etwa bei Enten- oder Hühnervögeln, in Fallen fing. Danach wurden Methoden entwickelt, die es ermöglichten, flügge Vögel in größerer Zahl zu kennzeichnen. Man errichtete Fanganlagen und Fallen an für Massenfänge günstigen Plätzen.

Noch heute an einigen Forschungsstationen in Gebrauch, wurden die Techniken des für die Vögel ungefährlichen Fangens zum Zweck der Vogelberingung immer weiter verfeinert. Auch in Sachen Vogelfang setzte die Vogelwarte Helgoland Maßstäbe. Wer sich über die Fülle von Methoden beim Fang von Vögeln grundlegend informieren möchte, dem seien die fünf Bände von Hans Bub aus der neuen Brehm-Bücherei empfohlen (Bub 1966, 1967, 1968, 1969, 1974). Kleinvögel können in großen Reusen, als Helgolandreusen bekannt, in hohen Quoten gefangen werden. Sehr bewährt hat sich der Einsatz leichter Nylonnetze für den Fang von Kleinvögeln. Diese sogenannten „Japannetze" sind gegen den richtigen Hintergrund wie etwa dichte Vegetation, für anfliegende Vögel sehr schwer zu sehen. Damit die sich darin verfangenen Tiere nicht verletzen oder unnötig gestresst werden, müssen die Netze in kurzen Abständen kontrolliert und entleert werden. Der Fang großer und schwerer Vögel, wie etwa von Wildgänsen geschieht mit sogenannten Raketen- oder Kanonennetzen. Dabei wird ein großes Netz mit synchronisierten Raketen oder sprengstoffgetriebenen Projektilen über Gänsetrupps in offenem Gelände geschossen. Das Netz wird zuvor gut getarnt am Rand der Fläche ausgelegt. Jungvögel großer, koloniebrütender Arten (z. B. Flamingos) oder auch flugunfähige Mausergänse können zum Fang in ein eingezäuntes Gelände getrieben werden.

Weil die Sterblichkeit bei Nestlingen und Jungvögeln sehr viel größer als bei Altvögeln ist, ist bei Letzteren die Wahrscheinlichkeit eines Wiederfundes höher. Umgekehrt lässt sich der genaue Geburtsort nur bei einem noch nicht flüggen Jungvogel bestimmen. Zur individuellen Kennzeichnung verwendet man bis heute Aluminiumringe unterschiedlicher Größe, die eine fortlaufende Nummer und den Namen der jeweiligen Vogelwarte enthalten. In Großbritannien und Russland wurde die organisierte Beringung 1909 eingeführt. Bereits 1914 wurden Vögel auf allen Kontinenten beringt. Durch Beringung war es erstmals möglich, die Aufenthaltsorte der individuell wiedererkennbaren Vögel außerhalb ihrer Brutgebiete sowie ihre Zugwege und Überwinterungsgebiete zu ermitteln. Schon 1931 konnten Schüz und Weigold den europaweit ersten europäischen Ringfundatlas herausgeben. Auf 262 Einzelkarten wurden darin 9200 Wiederfunde beringter Vögel dargestellt. Der Atlas enthielt so spektakuläre Ergebnisse wie die Überwinterung europäischer Rauchschwalben im 10.000 km fernen Südafrika. Aktuelles Nachfolgewerk ist der großartige „Atlas des Vogelzugs", herausgegeben von einem Autorenteam der Vogelwarten Helgoland und Radolfzell (Bairlein et al. 2014). Obwohl gerade in jüngster Zeit die individuelle Kennzeichnung von Vögeln vor allem dank Hightech auch anders möglich ist, hat die nun über 100-jährige Vogelberingung nie ihren Wert verloren und wird auch künftig ihren Platz in der Erforschung der Vögel haben. Beim Beringen werden die Vögel in der Regel gleich noch vermessen, gewogen und nach Parasiten untersucht (die dann entfernt werden können). Soweit möglich (z. B. anhand von Mausergrenzen) wird auch das Alter der beringten Vögel bestimmt und dokumentiert. Die Altersbestimmung ist beispielsweise ein wesentlicher Bestandteil des „Integrierten Monitorings von Singvogelpopulationen", einem bundesweit standardisierten Fang- und Beringungsprogramm. Anhand der Altersstrukturdaten der Vogelpopulationen kann etwa festgestellt werden, ob genügend Individuen in fortpflanzungsfähigem Alter vorhanden sind.

Die Ringe sind extrem leicht und schaden dem Vogel in der Regel nicht. Der einzelne Vogel kann damit identifiziert werden, wenn er erneut gefangen oder tot

18 Kleinvögel können in großer Anzahl in sogenannten „Helgolandreusen" zum Beringen gefangen werden.

19 Eine bewährte Methode des Kleinvogelfangs ist das Aufstellen von „Japannetzen". Sie sind auf die sich in den dünnen, schwer sichtbaren Nylonfäden verfangenden Vögel in kurzen Abständen zu kontrollieren.

aufgefunden wird. Neben Aluminiumringen, die seit dem Beginn der Beringung Verwendung finden, sind heute auch zusätzlich Farbringe im Einsatz. Diese ermöglichen die genauere Überwachung kleinerer Populationen in bestimmten Gebieten. Mit unterschiedlichen farbigen Ringen können beispielsweise bei Vogelarten mit nur geringen Geschlechtsunterschieden (gering ausgeprägter Geschlechtsdimorphismus) die Geschlechter so markiert werden, dass sie auch auf größere Entfernung mit einem Fernglas oder Spektiv unterscheidbar sind. Auch das Geburtsjahr, das über farbige Ringe erkenntlich gemacht wird, kann bei Vögeln mit einer längeren Lebenserwartung (z. B. Greifvögel, Störche) Aufschluss über den Bruterfolg und das Sozialverhalten im Verlauf ihres Lebens liefern. Zusätzliche Ringe mit großen Zahlen, die vor allem bei Enten, Gänsen oder Störchen eingesetzt werden, lassen sich ebenfalls mithilfe von Fernglas oder Spektiv ohne Störung der Tiere ablesen. Während Farbringe und andere Sondermarkierungen meist zur Klärung besonderer Fragestellungen in speziellen Forschungsprojekten Verwendung finden, liegt die „klassische Beringung" mit den von den drei Beringungszentralen in Deutschland als „Herren der Ringe" ausgegebenen Aluminiumringen hauptsächlich in der Hand engagierter ehrenamtlicher Beringer. Bis ein Beringer mit einem Ausweis ausgestattet diese verantwortungsvolle Tätigkeit ausüben darf, ist es ein langer Weg. Interessierte Neulinge gehen in der Regel zunächst bei erfahrenen Beringern in die Schule.

Vogelberingung erfordert viel Sorgfalt, Sicherheit und Geschicklichkeit im Umgang mit den Fanggeräten und den gefangenen Vögeln bis hin zur Kenntnis der rechtlichen Grundlagen. Dies lässt sich am besten durch Mitgehen und Üben bei Beringungsaktionen lernen und trainieren. Dabei erfahren die Neuen, was es heißt, Beringer zu sein. Zum Beringen gehören frühes Aufstehen, weites Tragen von schwerer Ausrüstung, „Geländegängigkeit" und ausdauernde Kondition ebenso dazu wie viel Zeit und oft noch mehr Geduld. Erst nach dieser Übungsphase folgt ein Lehrgang an der zuständigen Beringungszentrale. Dort werden die Teilnehmer mit den Hintergründen, Aufgaben und Zielen der Vogelberingung, der Durchführung und Organisation, dem Rechtsrahmen sowie den Fang- und Markiermethoden vertraut gemacht. Auch werden sie im Umgang mit lebenden Vögeln ausgebildet. Erst wenn der Beringer die gesamte Schulung absolviert hat, kann er den Antrag auf Erteilung einer Fanggenehmigung zum Zweck der

Vogelberingung stellen, die die enge Zusammenarbeit mit der zuständigen Beringungszentrale und deren Vorhaben einschließt. Seit 2002 unterstützt der Verein ProRing e. V. in Abstimmung mit den Beringungszentralen die ehrenamtlichen Beringer, bietet günstige Sammelbestellungen von Beringungsbedarfsgegenständen an und fördert einzelne Projekte. Während nur für die Beringer der Fang erlaubt und der Wiederfang Ziel ist, können dennoch alle von uns etwas zu dieser Form der Vogelforschung beitragen: Jeder, der einen beringten Vogel oder einen Ring findet, sollte diesen Fund über das Formular der europäischen Beringungszentrale (EURING) unter www.ring.ac melden. Wer Unterstützung braucht, kann sich auch direkt an die für den Fundort zuständige Beringungszentrale in seiner Region wenden. Der tatsächliche Fundort ist dabei entscheidend, nicht die Inschrift auf dem Ring. Markierte Vögel tragen in aller Regel an einem Bein einen Metallring, der mit der Inschrift des Namens der Beringungszentrale und einer individuellen Kennung aus Ziffern und oft auch Buchstaben versehen ist. Beim Fund eines beringten Vogels ist die richtige Ablesung und Übermittlung dieser Ringinschrift besonders wichtig, um alle Daten zuordnen zu können. Diese Daten sind auch dann sehr interessant, wenn ein Vogel tot gefunden wurde oder eventuell nur der Ring selbst vorliegt.

Für bestimmte Untersuchungen werden Vögel auch mit farbigen Ringen (die dann oft eine kurze und gut lesbare Inschrift aus Buchstaben und/oder Ziffern tragen), mit Flügelmarken oder in seltenen Fällen mit Sendegeräten markiert. Dennoch sollte ein so gekennzeichneter Vogel immer auch einen Metallring tragen, der dann zur Identifikation ausreicht. Auch gezüchtete Vögel sind oft mit Ringen versehen. Dies betrifft vorrangig Brieftauben, aber auch Vögel aus Zoos oder Privathaltungen. Diese Ringe tragen dann keine Inschrift einer Beringungszentrale. Wer unsicher ist, ob er einen solchen Vogel vor sich hat, kann den Ringfund aber in jedem Fall melden.

Es sollte also ein in Hessen gefundener beringter Vogel prinzipiell an die Beringungszentrale Helgoland (mit Sitz in Wilhelmshaven) gemeldet werden. Und zwar unabhängig davon, ob er einen Ring der Vogelwarte Helgoland, Hiddensee, Radolfzell oder auch einer ausländischen Beringungszentrale trägt. Das gilt gleichermaßen auch für Ringfunde im Ausland, etwa im Urlaub. Auch solche Daten sind für die Vogelforschung sehr wertvoll. Die meisten Länder unterhalten eigene Beringungszentralen. Diese Funde können

20 Ein gerade am Bein eines Weißstorchs angebrachter genormter Aluminiumring mit Ringinschrift zur Identifizierung beim Wiederfund oder -fang.

ebenfalls über die Internetseite www.ring.ac gemeldet werden. Bei Unsicherheiten wird auch jede deutsche Beringungszentrale oder ProRing weiterhelfen.

Ringe und andere Markierungen an Vögeln können durch jahrelanges Tragen, Abnutzung oder starke Verschmutzung unleserlich oder beschädigt sein. Wer einen solchen Ring, etwa an einem toten Vogel, findet, sollte ihn per Post an die jeweils zuständige Beringungszentrale schicken. Der Ring sollte weder verbogen noch flach gedrückt oder aufwendig gereinigt werden, sondern im gefundenen Zustand und mit einer Notiz der Funddaten und einer Adresse für eventuelle Rückfragen möglichst geschützt verpackt per Post versandt werden. Die Spezialistinnen und Spezialisten in den Beringungszentralen haben viel Erfahrung mit dem Entziffern der Inschrift auch auf schlecht lesbaren Ringen. Als „Finderlohn“ erhält jeder Melder nach erfolgter Verarbeitung der Daten eine Rückmeldung mit den Informationen zum

21 Für das Vermessen und Beringen der Vögel sind die passenden Ringgrößen, eine Beringungszange zum Anlegen des Rings am Vogelbein sowie viel Geschick und Übung nötig.

22 Gefangene Graugans mit einem auch aus der Distanz „ablesefreundlichen“ Halsring.

„Lebenslauf“ des Ringvogels. Auch wenn farbberingte Vögel entdeckt werden und durch ein Fernglas oder Spektiv der Code abgelesen werden kann, ist die Weitermeldung ihrer „Entdeckung“ für die Forscher ebenfalls hilfreich. Wichtig dabei ist, dass man die Vogelbeine immer aus der Perspektive des Tiers beschreibt: Schaut einen ein beringter Vogel frontal an, so sieht man sein linkes Bein aus unserer Sicht rechts. Insbesondere bei Vögeln, die eine Kombination aus Farbringen tragen, ist es entscheidend, auf welcher Seite sich welcher Ring befindet. In unsicheren Fällen können auch Zeichnungen hilfreich sein.

Den Beringungszentralen ist immer dann besonders geholfen, wenn sie von den Findern neben dem Ring und dem Fundort noch folgende Informationen erhalten:

- Vogelart (wenn möglich auch Alter und Geschlecht)
- Beringungszentrale, Ringnummer oder Ringkombination und ggf. Farbe(n) sowie Markierungstyp (Fußring, Halsring, Flügelmarke)
- Datum und Uhrzeit der Ablesungen
- möglichst exakte Beschreibung des Fund- oder Beobachtungsortes (mindestens den nächstgelegenen Ort mit Landkreis und Bundesland angeben), idealerweise Angabe der geografischen Koordinaten
- Angaben zu den Fundumständen, z. B. ob der Vogel frisch tot oder schon länger liegend gefunden oder ob er lebend gegriffen werden konnte
- vollständige Adresse mit E-Mail-Adresse oder Telefonnummer des Finders/Beobachters

Allein in Deutschland sind inzwischen etwa 20 Millionen Vögel beringt, von denen bisher mehr als 1 Million Rückmeldungen erfolgten. Hinzu kommen 150.000 Nachweise in Deutschland von im Ausland beringten Vögeln. Aus der Masse dieser Daten lässt sich nach wissenschaftlichen Auswertungen viel über das Leben und die Lebenswege der Vögel herausarbeiten. Dazu braucht es neben den Beringungszentralen und dem Heer engagierter Beringer auch unsere Mithilfe beim Fund eines beringten Vogels. In Deutschland sind zurzeit etwa 800 Beringer aktiv, europaweit sogar etwa 8600. Die meisten Beringer arbeiten heute in Programmen mit, in denen ganz spezielle Fragestellungen bearbeitet werden und die von den nationalen Zentralen oder sogar europaweit koordiniert werden. Interessierte, die als Beringer künftig mitarbeiten wollen, können sich an die zuständige Beringungszentrale oder an die für ihr Bundesland zuständige Vogelschutzwarte wenden.

Erkenntnisse des standardisierten Zugvogelfangs

Durch den standardisierten Zugvogelfang mit konstantem Aufwand in Rastgebieten können die Vogelbestände und eventuelle Bestandsänderungen über einen größeren Einzugsbereich erfasst werden. Auf der Insel Helgoland betreibt das Institut für Vogelforschung „Vogelwarte Helgoland“ bereits seit 1911 den sogenannten „Fanggarten“. Darin werden mithilfe von „Helgolandreusen“ Zugvögel während ihrer Rast gefangen. Seit 1960 erfolgt dies ganzjährig in täglich immer gleicher Weise mit drei Reusen. Die Ringfunde von den auf Helgoland beim Durchzug beringten Vö-

23 Nach Fang und Beringung freigelassene Graugänse. Diese Tiere wurden zur Klärung spezieller Fragestellungen gleich mehrfach beringt (Altvogel an Hals und Bein, Jungtier mit aus der Entfernung ablesbarem Ring am rechten und mit „klassischem“ Aluminiumring mit Daten der Beringungszentrale am linken Bein).

geln belegen, dass die dort rastenden Arten überwiegend aus Brutgebieten in Norwegen, Schweden und Finnland stammen. Seit 1960 haben sich die jährlichen Fangzahlen auf Helgoland vor allem bei den Arten, die innerhalb Europas überwintern, also den Kurz- und Mittelstreckenziehern, kaum verändert. Die Fangzahlen der südlich der Sahara überwinternden Arten, also der Langstreckenzieher, nahmen dagegen signifikant ab.

Zu ganz ähnlichen Ergebnissen kommt das langjährige Fangprogramm der Vogelwarte Radolfzell auf der Bodenseehalbinsel Mettnau. Hier wurden zwischen 1972 und 2008 alljährlich zwischen Ende Juni und Anfang November mit einer standardisierten Netzfanganlage, die verschiedene Lebensräume durchzieht, rastende Kleinvögel gefangen. Diese Zugvögel kommen überwiegend aus dem zentralen und östlichen Mitteleuropa. Auch hier haben sich die Fangzahlen der Kurz- und Mittelstreckenzieher nur geringfügig und nicht signifikant verändert. Die Langstreckenzieher nahmen dagegen zwischen 1972 und 2008 um jährlich 1,2 % ab. Über die Jahre verringerte sich so auf beiden Fangstationen der Anteil der Langstreckenzieher signifikant. Da an beiden Stationen Zugvögel aus unterschiedlichen Einzugsgebieten gefangen werden, weisen diese Ergebnisse auf europaweite Veränderungen bei den in Afrika südlich der Sahara überwinternden Langstreckenziehern hin (s. S. 149).

24 Der Schwarzstorchspezialist Carsten Rohde braucht sportliche Fähigkeiten, um junge, noch nicht flugfähige Schwarzstörche in luftiger Baumhöhe in ihrem Kunsthorst zu beringen.

25 Weil sie „Mitarbeiter“ in einem speziellen Schwarzstorch-Untersuchungsprogramm sind, wurden die jungen Schwarzstörche von Carsten Rohde sowohl mit den Ringen der Beringungszentrale als auch mit kodierten, durch Beobachtung ablesbaren Ringen am linken Bein ausgestattet.

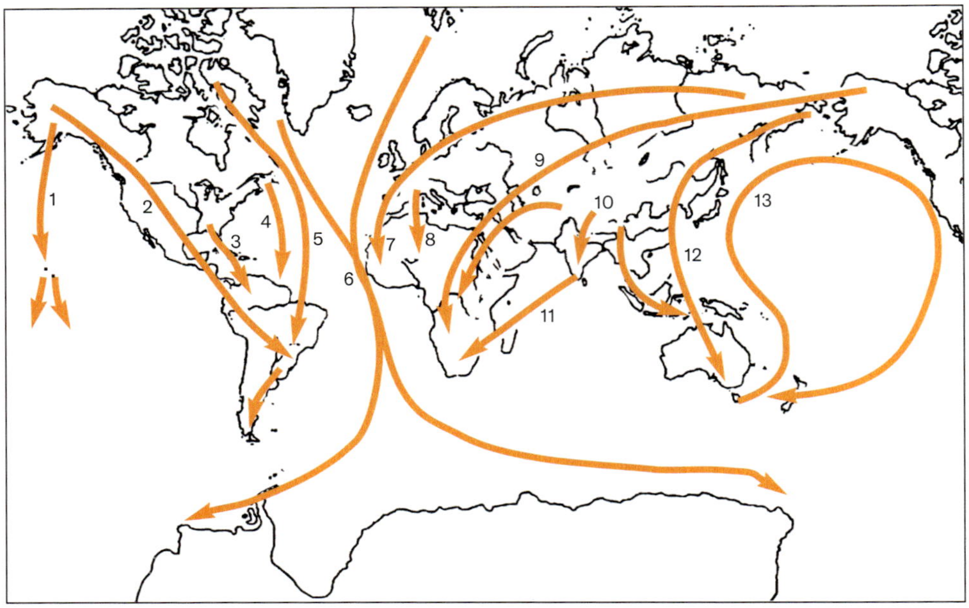

Beispiele für unterschiedliche Wanderrouten von Langstreckenziehern auf dem Wegzug aus den Brutgebieten in ihre Ruheziele. **1:** Wanderregenpfeifer (*Pluvialis dominica*) und andere Limikolen von Alaska zu Inselgruppen im Pazifik, **2:** Präriebussard (*Buteo swainsoni*), **3:** Transgolfzug vieler nordamerikanischer Arten, **4:** Kappenwaldsänger (*Dendroica striata*, Transatlantikzug), **5** und **12:** Knutt (*Calidris canutus rufa* bzw. *C. c. rogersi*), **6:** Küstenseeschwalbe (*Sterna pardisaea*), **7:** Kampfläufer (*Philomachus pugnax*), **8:** Transsaharazug vieler eurasischer Arten, **9:** Steinschmätzer (*Oenanthe oenanthe*, Alaska-Population), **10:** Rauchschwalbe (*Hirundo rustica*, drei verschiedene Populationen in unterschiedliche Winterquartiere), **11:** Amurfalke (*Falco amurensis*, davon nur die Ozeanüberquerung dargestellt), **12:** s. **5, 13:** zirkulärer Weg- und Heimzug des Kurzschwanz-Sturmtauchers (*Puffinus tenuirostris*).

Wer zieht, wer bleibt?

Weil Vögel aufgrund ihrer Mobilität und ihrer Anpassungen an unterschiedliche Lebensbedingungen nahezu alle Gebiete unserer Erde erobern konnten, umspannen auch ihre Wanderungen praktisch die Gesamtoberfläche unseres Planeten wie ein Netz einen Ball. Um im Bild zu bleiben: Die Fäden dieses Netzes, die Vogelwanderungen, sind jedoch nicht gleichmäßig um den Erdball verteilt. Wie viele Arten und Individuen ziehen, hängt ganz wesentlich vom Wechsel bzw. von der Konstanz der Lebensbedingungen in ihren Brutgebieten ab. Vogelarten, die in der Arktis und dem nördlichen Teil der Alten Welt leben, sind überwiegend Zugvögel. Mit dem Anstieg der durchschnittlichen Wintertemperaturen in Gebieten mit milderem Klima, also in den niederen Breiten oder in der Nähe von Meeren, nimmt der Zugvogelanteil unter den Brutvögeln ab. In Europa beispielsweise bleiben einige Vogelarten auf den Britischen Inseln das ganze Jahr als Standvögel, obwohl ihre Artgenossen in Nord- und Osteuropa typische Zugvögel sind. In der gemäßigten Zone wandern die meisten Insektenfresser im Herbst ab. Einige Arten unter ihnen bleiben dennoch zurück. Sie verändern dann aber ihr Nahrungsverhalten und leben im Winter von Sämereien. Unter unseren Singvögeln sind die Laubsänger, Grasmücken und Fliegenschnäpper als reine Insektenfresser Zugvögel. Dagegen gehören Meisen und Sperlinge zur letzteren Gruppe. Dies bedeutet nicht, dass alle Zurückbleibenden als echte Standvögel das ganze Jahr über an Ort und Stelle bleiben. Auch sie machen oft Wanderbewegungen in nahrungsgünstige Regionen.

26 Fitis (*Phylloscopus trochilus*). Als absolute Langstreckenzieher fliegen alle paläarktischen Brutvögel dieser Laubsängerart in die Tropen und Subtropen der Südhalbkugel zum Überwintern.

Unter den Brutvögeln tropischer und subtropischer Gebiete verringert sich der Anteil an Zugvögeln stark. So sind in Südafrika nur gut ein Zehntel aller Brutvogelarten auch echte Zugvögel. In Zaire sind es sogar weniger als 1%. Ähnliches gilt für die Neue Welt. Der Prozentsatz an Zugvögeln in Kanada ist höher als der in den USA, dieser wiederum höher als in Mexiko. Ähnlich wie im Kongobecken leben im Amazonasbecken praktisch überhaupt keine Zugvögel. Dafür streifen in diesen tropischen Regenwäldern viele der früchte- und samenverzehrenden Arten immer ihrer Nahrung nach umher. Jahreszeitliche Wanderungen kommen sowohl in Afrika und Asien wie auch in Südamerika vor. Auf der Südhalbkugel ziehen viele Zugvogelarten vom Brutgebiet nach Norden in mehr äquatornahe Ruhezielgebiete (Australzug).

In Deutschland wurden seit 1800 bis jetzt über 500 hier natürlich vorkommende Vogelarten nachgewiesen. Während davon etwa die Hälfte der Arten bei uns regelmäßig brütet, handelt es sich bei den anderen Arten um Gastvögel. 65 Gastvogelarten erscheinen regelmäßig auf dem Durchzug oder als Wintergäste. Weitere 160 Arten von Gastvögeln sind Ausnahmeerscheinungen. Neben den Gastvögeln als „Überflieger“ mit höchstens kurzem Zwischenstopp und denen als unsere Wintergäste sind auch unsere Brutvögel in Bewegung: Ein Großteil davon verlässt nach der Brutzeit die Brutgebiete, um den Winter in milderen Regionen zu verbringen.

Mit dem Begriff Zugvögel sind also Vögel gemeint, die sich regelmäßig und jahreszeitlich gebunden zwischen verschiedenen geografischen Bereichen bewegen. Ziehen können dabei Arten, aber auch nur einige Populationen oder sogar nur Teile der Population. Neben dem Ausdruck Zugvögel begegnen uns immer wieder auch Begriffe wie Strich-, Invasions- und Standvögel. Wobei auch noch zwischen Lang- und Kurzstreckenziehern unterschieden werden kann. Diese Kategorien sind aber nicht immer starr auf eine Art anwendbar. So ist die Gebirgsstelze je nach ihrem bewohnten Teilareal innerhalb ihres Gesamtvorkommens Stand-, Strichvogel, Teil-, Kurzstreckenzieher und in Osteuropa und Asien sogar Langstreckenzieher. Dagegen ist der Fitis ein echter Zugvogel, von dem alle Rassen in den paläarktischen Gebieten Europas brüten, um in den Tropen und Subtropen der Südhalbkugel zu überwintern. Der Fitis als absoluter Langstreckenzieher muss wohl besonders gut „gerüstet“ auf seine obligatorischen Fernreisen gehen. Was sich auch in Besonderheiten seines Mauserverhaltens ausdrückt (s. S. 59).

Wichtige Zugstraßen über Land und Meer (im September).

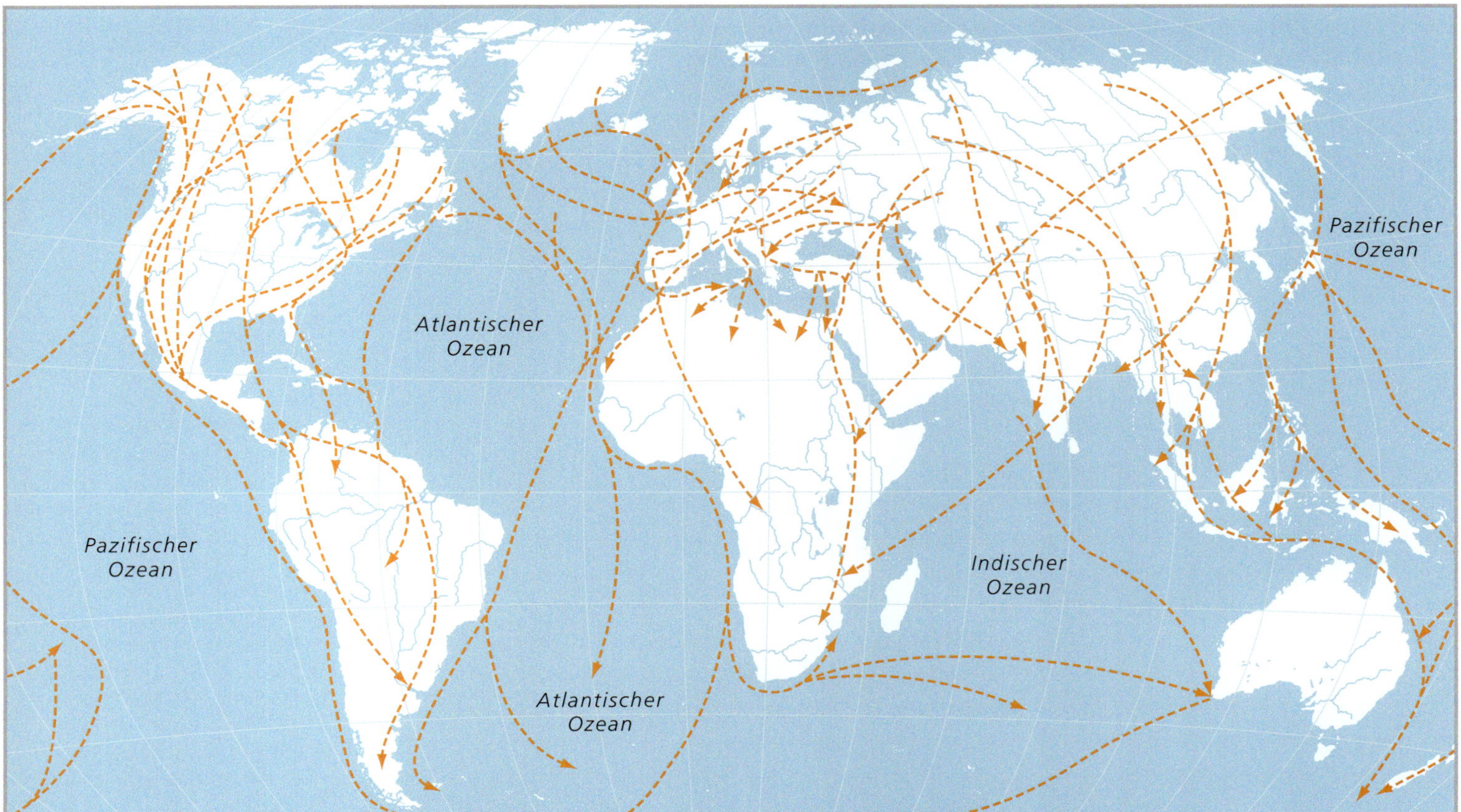

27 Als Schwimmwanderer legten wohl schon die Zahnvögel *Hesperornis* in der Kreidezeit große Strecken bis zu ihren Brutplätzen zurück.

Zur Entstehung des Vogelzugs

Die Ersten waren Nichtflieger

Um Wanderungen zu unternehmen, muss man nicht unbedingt fliegen können. Das zeigen uns all die Tierarten, die schwimmend oder laufend zum Teil gewaltige Strecken zurücklegen (s. S. 14). Es entzieht sich unserer Kenntnis, ob die flugunfähigen Urvögel auf Wanderschaft gingen. Funde der flugunfähigen Zahnvögel *Hesperornis* in Nordamerika, die in der Kreidezeit als mit Taucherfüßen ausgestattete Fischjäger unterwegs waren, legen nahe, dass sie ähnlich der heutigen Seevögel – beträchtliche Strecken zielgerichtet zurücklegten, um in höheren Breiten zu brüten. Ungerichtete Ausbreitungsbewegungen haben wohl schon frühe Vogelformen in gleicher Weise durchgeführt, wie das bis heute von Jungvögeln vieler Arten bekannt ist: Durch Dismigration entfernt man sich aus dem elterlichen Brutgebiet, kann der innerartlichen Konkurrenz und dem Populationsdruck entgehen und neue Nahrungsgründe erschließen. Wenn wir das Abwandern zum Vogelzug im weiteren Sinne zählen, dann ist seine Entstehung sehr früh anzusetzen. So früh, wie es Vögel gibt. Verstehen wir ihn vor allem als regelmäßige saisonale Pendelbewegungen, dann liefert uns *Hesperornis* die ersten Hinweise auf Zugverhalten.

28 Die sechs flugfähigen jungen Schwarzstörche auf und am Nest sind keineswegs alle miteinander verwandt. Neben den vier Nestgeschwistern haben sich zwei weitere Jungstörche dazugesellt. Einer davon trägt einen Spezialring, der ihn als einen in einem Nest nahe Łódź/Polen beringten Jungstorch ausweist. Der zweite Fremdvogel ist unberingt und muss aus einem anderen Nest stammen. Das Beispiel zeigt, dass junge flugfähige Schwarzstörche von ihrem Brutplatz in viele Richtungen abwandern (dismigrieren) und so auf neue Artgenossen bereits vor dem ersten Flug nach Afrika treffen. Der beringte polnische Storch wurde übrigens sieben Tage später mit einem ebenfalls beringten Jungstorch aus dem Vogelsberg/Hessen in einem Teichgebiet bei Paris entdeckt und fotografiert. Die beringten Geschwister des polnischen Storchs wurden Ende September in Israel wiederentdeckt. Sie hatten die nähere Route von Polen aus gewählt, während der nach Westen dismigrierte Storch die Westroute über Spanien nahm.

Heutige Schwimmwanderer

Was die flugunfähigen *Hesperornis* in der Kreidezeit vormachten, ist heute noch die gebräuchliche Fortbewegungsweise vieler, vor allem mariner Vogelarten. Zumindest Teilstrecken werden von ihnen auf ihren Wanderungen schwimmend und tauchend zurückgelegt. Allen voran sind es die flugunfähigen Pinguinarten der Südhemisphäre, die weite Strecken von über 1000 km zurücklegen. Nach der Brutzeit verteilen sie sich über große Meeresgebiete. Antarktische Pinguine wie der Königspinguin (*Aptenodytes patagonicus*), der Eselspinguin (*Pygoscelis papua*) und der Adeliepinguin (*P. adeliae*) haben so schon Australien erreicht, Königs- und Eselspinguin sogar Neuseeland. Schwimmwanderungen finden auf und unter Wasser statt. Eselspinguine erreichen beim Tauchen Geschwindigkeiten von 36 km/h. Praktisch, dass sich das Wandern gleich mit der Fischjagd verbinden lässt! Als man Eselspinguine 1000 km von ihren Brutplätzen entfernt auf dem offenen Meer beobachtete, hielten die Vögel einen strikten Nordkurs ein und verhielten sich auf und unter Wasser ähnlich der ziehenden Wale. Immer wenn einer auftauchte, gab er einen charakteristischen Ruf von sich, der wohl als Kommunikationsmittel dem Zusammenhalt des Pinguintrupps diente.

Fast noch erstaunlicher ist, dass auch Vögel in unserem Raum als Schwimmwanderer mit ähnlichen Streckenleistungen unterwegs sind: Basstölpel, Enten, Gänse, Lappen-, Seetaucher und Lummen. Trottellummen und Tordalken verlassen schwimmend ihre Brutregion, sobald ihre noch nicht flugfähigen Jungen den Sprung von den Brutplätzen auf hohen Felsenkliffs in die Brandung wagen. Jetzt locken die außerhalb der Brandung schwimmenden Eltern ihre Jungen an und beginnen die gemeinsame Schwimmwanderung. Sie wandern wie die Pinguine hauptsächlich unter Wasser. Die Altvögel haben jetzt ihre Schwungfedern abgeworfen und sind in nächster Zeit

29 Im Wasser können Pinguine alle ihre anatomischen Vorteile ausspielen, indem sie torpedogleich sich schwimmwandernd und gleichzeitig fischjagend fortbewegen (hier: Adeliepinguine).

30 Als Schwimmvögel können Gänse und Enten vor allem auf dem Meer auch mausernd Strecke machen (hier: Eiderentenmännchen [*Somateria mollissima*]).

31 Königspinguine legen Strecken von oft mehreren Hundert Kilometern zwischen ihren Brutplätzen und Nahrungsgründen zurück.

32 Während ein Elternteil das Brutgeschäft und die Jungenbetreuung bei Pinguinen übernimmt, ist der Partner fernab der Brutkolonie auf Fischjagd unterwegs (hier: Brutkolonie von Königspinguinen).

ohnehin ganz aufs Wasser als Medium für ihre Fortbewegung angewiesen. Dickschnabellummen haben so schon mehr als 1000 km entlang der Westküste Grönlands zurückgelegt. 500 bis 600 km folgen die zunächst flugunfähigen Jungen schwimmend ihren Eltern bis zur Packeisregion im nördlichen Polarmeer. Wobei einige Populationen südwärts, andere nord- oder westwärts wandern.

Auch die Lappentaucher konnten etwa entlang der schwedischen Ostseeküste südwärts schwimmwandernd und mit eingeschalteten Tauchgängen beobachtet werden. Hauben- und Ohrentaucher hielten dabei 150 bis 200 m Abstand zur Küste. Obwohl sie nachts im Flug ziehen, ist die Schwimmwanderung für die Vögel eine weitere Option zum Vorwärtskommen, bei der gleichzeitig noch gejagt werden kann – ein Privileg, das sich allen marinen Fischverzehrern geradezu anbietet. Auch die Ohrentaucher, Pracht- und Sterntaucher wurden auf diese Weise wandernd schon beobachtet. Und schließlich können so Gänse und Enten auch als Nichtflieger, weil mausernd, Strecke machen (z. B. Ringelgänse, Krick-, Eiderenten).

Auf Schusters Rappen – Fußwandern aktuell

Von den heutigen flugunfähigen Fußwanderern sind es vor allem Pinguine, die teilweise auch recht lange Fußmärsche unternehmen. Die Brutgebiete einiger Arten in der Antarktis und auf den subantarktischen Inseln liegen sehr weit, oft mehrere Hundert Kilometer entfernt vom eisfreien Wasser. Wenn sich dann Tausende dieser Vögel im „Gehrock" watschelnd und hüpfend oder auf ihren Bäuchen schlitternd über die endlos wirkenden Eis- und Schneeflächen in Richtung Nahrungsgewässer fortbewegen, ergibt das bewegende Bilder. In ihren Schlitterphasen nutzen die Pinguine ihre Füße und flossenartigen Flügel als Antrieb und kommen so schneller vorwärts als Skilangläufer. Damit ist ihre Fortbewegung streng genommen eher „Schneepaddeln" als Fußwandern. Ebenso außergewöhnlich wie bemerkenswert sind Fußwanderungen von flugfähigen Vogelarten. Bei Curry-Lindahl (1982) finden sich dazu mehrere Beispiele. Die amerikanische Bergwachtel (*Oreortyx pictus*) hat ihre Sommerlebensräume in den über 3000 m hohen Gebirgsregionen der kalifornischen Sierras.

33 Weil flugunfähig, gehen Pinguine zu Fuß und schwimmend auf Wanderschaft (hier: Adeliepinguine).

34 Normalerweise verlassen Flamingos ihr Brutgewässer erst, nachdem die Jungen flugfähig sind (hier: Zwergflamingos [*Phoeniconaias minor*] am Nakuru-See im kenianischen Nakuru-Nationalpark). Als das Wasser in der südafrikanischen Etoscha-Pfanne einmal verschwand, machte sich ausnahmsweise ein ganzer Zwergflamingo-Kindergarten in Begleitung von Erwachsenen auf einen Überlebensfußmarsch von 80 km.

Mit den einsetzenden Schneefällen im September wandern die Bergwachteln dann in Trupps von 10 bis 30 Individuen zu Fuß nach unten auf etwa 1500 bis 1800 m in ihre Überwinterungsgebiete, um im Frühjahr wieder in ihre hochgelegenen Sommergebiete zurückzulaufen. Damit machen sie nichts anderes als andere Hochgebirgsvögel auch: saisonale Höhenwanderungen, aber halt zu Fuß. Höhenwanderungen per Flügel sind auch von einer Reihe afrikanischer Vogelarten bekannt, vor allem von den bis in große Höhen (bis über 4500 m) vorkommenden hübschen Nektarvögeln. Vom Ruwenzori (5119 m) kennt man auch einige Tagespendler. Darunter die Oliventaube (*Columba arquatrix*) als partielle Fußläuferin. Sie wandert täglich aus 3000 bis 4000 m Höhe zu Fuß in die Buschsavanne und kehrt nachmittags wieder zu den Übernachtungsplätzen in den wolkenumhüllten Bergflanken des Ruwenzori-Gebirges zurück. Ein weiterer Fußläuferkandidat ist, besser war, das amerikanische Wildtruthuhn (*Meleagris gallopavo*). Die Stammform unseres Haustruthuhns durchwanderte millionenfach weite Gebiete des östlichen Nordamerikas zu Fuß oder fliegend, als der Kontinent noch vor der menschlichen Erschließung weit und wild war. Eine für flugfähige Vögel eher außergewöhnliche Wanderung zu Fuß beschreibt Curry-Lindahl (1982) für das Indianerblässhuhn (*Fulica americana*). Individuen dieser eng mit unserem Blässhuhn (*Fulica atra*) verwandten Art machten sich an einem Maimorgen in einem Trockengebiet in Oregon nahe zur Randzone eines großen Sumpfgebiets auf den Weg Richtung Norden. In vier Tagen konnten insgesamt 10.000 die-

35 Vor der menschlichen Erschließung durchwanderten Wildtruthühner in großer Zahl auch zu Fuß weite Gebiete im östlichen Nordamerika.

ser „Fußindianer" gezählt werden. Etwas vom „Auszug aus Ägypten" hatte die Odyssee von 25.000 noch flugunfähigen jungen Zwergflamingos (*Phoeniconaias minor*). Wegen des sinkenden Wasserstands um vier Brutkolonien herum in der südafrikanischen Etoscha-Pfanne waren die Tiere im Juli 1971 gezwungen, ihren Geburtsort in Richtung restlicher Wasserstellen zu verlassen. Auf dem sechs Wochen dauernden 80-km-Marsch in kleinen Gruppen und von ein paar Altvögeln begleitet, schafften die Zwergflamingo-Jungen täglich etwa 3 km. Versorgt wurden sie dabei von ihren Eltern, die täglich Pendelflüge von über 100 km auf sich nahmen, um den „Kindergarten" mit ausreichend Nahrung versorgen zu können. Nicht unerwähnt sollte bleiben, dass auch mausernde, flugunfähige Gänse Fußwanderungen unternehmen, so Saatgänse in der sibirischen Tundra.

Wo es Nahrung gibt, lass dich ruhig nieder

Vögel pflanzen sich dort fort, wo sie optimale Nahrung für sich und die Aufzucht ihrer Jungen finden können. Ihr Vorkommen wird somit wesentlich vom Vorhandensein ihrer arttypischen Nahrung in ausreichender Menge bestimmt. Die Ernährungsweise ist jedoch nicht frei wählbar, sondern genetisch und stammesgeschichtlich festgelegt. Denn was gesammelt, erbeutet und verdaut werden kann, hängt von der Ausstattung mit den passenden „Werkzeugen" wie Füßen und Schnäbeln, dem entsprechenden Magen-Darm-Trakt und den erforderlichen Verdauungsenzymen ab. So können Fischfresser sich nicht einfach auf Blätter- oder Samennahrung umstellen. Der Erfolg der Vögel im Laufe ihrer Stammesgeschichte liegt darin begründet, dass sie nahezu alle Lebensräume der Erde besiedeln konnten, die sich vor allem in den verfügbaren Nahrungsressourcen deutlich unterscheiden. Um diese nutzen zu können, waren anatomische Anpassungen zum Nahrungserwerb notwendig, wie Flug-, Lauf- oder Tauchvermögen zusammen mit speziellen Schnabel- und Beinformen – und damit auch eine Spezialisierung auf das bestimmende Nahrungsangebot. Sind die nutzbaren Nahrungsressourcen aber gerade nicht verfügbar, muss man der Nahrung nachziehen.

Vogelzug als Lebensform

Die Theorien zur Entstehung des Vogelzugs sind zahlreich. Peter Berthold, einer der renommiertesten und prominentesten Zugvogelforscher, zitiert in seiner Gesamtübersicht zum Vogelzug (Berthold 2012) acht Kategorien, in denen von Rappole (1995) alle bekannten Ursachen des Vogelzugs zusammengefasst werden:

1. weit zurückliegende Änderungen von Umweltbedingungen, vor allem bewirkt durch frühere Eiszeiten, Meeresspiegelschwankungen oder Kontinentaldrift bei der Entstehung der heutigen Kontinente
2. Klimaänderungen in neuerer Zeit, vor allem nach den letzten Eiszeiten
3. proximate (unmittelbare, aktuell verhaltensregulierende) Faktoren verschiedener Art, vor allem Vorläufer sich anbahnender größerer Umweltänderungen
4. anderswo, in mehr oder weniger großer Entfernung zeitweilig zur Verfügung stehende günstige Ressourcen
5. jahreszeitliche Nutzung von Früchten und Nektar in einer Reihe von Gebieten mit zeitlicher Abfolge im Nahrungsangebot
6. Saisonalität von Ressourcen in Verbindung mit einer interspezifischen (zwischenartlichen) Konkurrenz
7. Saisonalität von Ressourcen in Verbindung mit intraspezifischer (innerartlicher) Konkurrenz (Dominanzeinflüsse)
8. Zugschwellenhypothese, die postuliert, jeder Organismus habe eine genetisch determinierte (festgelegte) „Zugschwelle", sodass sich verschlechternde Umweltbedingungen ab einer bestimmten Grenze zum Wegzug führen

36 Mornellregenpfeifer sind Bodenbrüter in der baumlosen Tundra Nordeuropas. Sie profitieren dort von den langen Tagen und dem geringeren Feinddruck.

Die Vogelforscher und Evolutionsbiologen nehmen heute übereinstimmend an, dass der wesentliche Schrittmacher für Vogelwanderungen die Nahrung ist. Die jahreszeitlich bedingte Verknappung von Nahrung, beispielsweise der Rückgang von Insekten in den höheren geografischen Breiten im Winterhalbjahr, veranlasst insektenfressende Arten wie Schwalben oder Mauersegler zum saisonalen Wegzug. Andererseits werden Gebiete aufgesucht, die für das Brutgeschäft besonders günstige Bedingungen bieten. So profitieren Gänse und Schnepfenvögel und andere Vögel in der sommerlichen Tundra mit ihren extremen Tageslängen vom reichen Nahrungsangebot praktisch rund um die Uhr. Zudem ist dort der Feinddruck wegen des Vorhandenseins nur weniger Fressfeinde relativ gering. Solche Anpassungen wirken mittelbar, indem sie einen Selektionsvorteil bieten bei der Weiterentwicklung der Arten durch allmähliche Veränderung der vererbbaren Merkmale einer Population von Generation zu Generation. Den Individuen, die das Wanderverhalten weitervererben, winkt dadurch ein größerer Fortpflanzungserfolg.

Neben den mittelbaren Umweltfaktoren, spielen für den Vogelzug unmittelbare, aktuell das Verhalten regulierende Umwelteinflüsse eine Rolle. Dazu zählen die jahreszeitlichen Änderungen der Tageslichtdauer (Fotoperiode), Wetterfaktoren (Klima) und die Populationsdichte (Abundanz).

Die frühere Annahme, dass der Vogelzug den Eiszeiten oder der Kontinentalverschiebung seine Entstehung verdankt, wird heute durch die Vorstellung abgelöst, dass der Vogelzug sehr viel älter ist, nämlich fast so alt wie die Vögel selbst. Danach soll er sich bereits unter den Vögeln entwickelt haben, die ursprünglich in den Tropen oder unter subtropischen Bedingungen lebten. Durch Mutation (Verhaltenssprung) seien mehrfach und unabhängig voneinander aus Standvögeln Zugvögel geworden. Die neueste Theorie zur Entwicklung, Steuerung und Anpassungsfähigkeit des Vogelzugs nimmt an, dass sich der Vogelzug aus dem Teilzug entwickelt hat. Der Teilzug, bei dem ein Teil einer Population im Brutgebiet bleibt, während ein anderer Teil regelmäßig wegzieht, ist die weitaus häufigste Lebensform heute lebender Vogelarten. Teilzieher kommen auf allen Kontinenten und unter allen Vogelgruppen vor. Auch ist der Teilzug als Lebensform eine ursprüngliche, entwicklungsgeschichtlich sehr alte Lebensweise, die bei allen Wirbeltierklassen und vielen Nichtwirbeltieren und selbst bei Pflanzen vorkommt. Wahrscheinlich haben Vögel die Fähigkeit zum Teilzug bereits als Erbe ihrer Vorfahren mitbekommen. Damit sind sie bereits von Anfang an mit Erbanlagen ausgestattet, die sie sowohl zum Ziehen wie zum Nichtziehen befähigen. Das Verhältnis beider Gentypen zueinander entscheidet, ob ein Individuum eher Stand- oder Zugvogel ist. Der Selektionsdruck durch Umweltfaktoren kann in Teilzieherpopulationen die Anteile von Zug- und Standvögeln innerhalb weniger Generationen stark verschieben. Im Experiment gelang es Forschern aus einer Teilzieherpopulation von Mönchsgrasmücken aus Südfrankreich in nur drei bis sechs Generationen sowohl reine Stand- wie reine Zugvögel zu züchten. Damit ist der Beweis erbracht, dass Vogelpopulationen ihr Zug- oder Standvogelverhalten schnell an neue Umweltbedingungen anpassen. Diese Plastizität kann uns etwas optimistisch stimmen, wenn es um die Frage geht, wie Vögel auf die derzeitige Klimaänderung in Form einer globalen Klimaerwärmung reagieren.

Eine weitere verblüffende Erkenntnis der Forscher ist, dass im Extremfall Vögel vom Typ „Teilzieher“ so stark in eine Richtung selektiert werden können, dass ihre Populationen äußerlich (phänotypisch) entweder als reine Zugvögel oder aber als reine Standvögel erscheinen. Trotzdem „schlummern“ in ihnen noch Gene für die andere Verhaltensweise (im Genom oder mindestens im Genpool). Das zeigt, dass der potenzielle (genotypische) Teilzug ein quantitativ wirksames genetisches Merkmal ist.

37 Kreuzungsexperimente unter Mönchsgrasmücken aus unterschiedlichen Populationen zeigen, dass sich das Zugverhalten innerhalb weniger Generationen züchterisch rasch verändern lässt. Womit bewiesen ist, dass sich die Vögel in ihrem Zugverhalten unter geänderten Umweltbedingungen (wie dem Klimawandel) rasch anpassen können.

38 Großtrappen (*Otis tarda*). Die europäischen Brutvögel dieses ursprünglichen Steppenvogels leben in kleinen, isolierten Populationen in ausgedehnten, offenen Kulturlandschaften. Nach der Brutzeit schließen sich die Weibchen mit ihrem Nachwuchs oft zu Trupps zusammen. Die weit größeren, bis 18 kg schweren Männchen zählen zu den schwersten flugfähigen Vögeln der Welt. Die europäischen Populationen der Großtrappe ziehen nicht, sondern wechseln manchmal nur in nahe gelegene Wintereinstandsgebiete. Allerdings kann es in extremen Wintern zu sogenannten „Winterfluchten" kommen. Dann tauchen Großtrappen weiter westlich und weitab von ihren Verbreitungsgebieten auf. Schon manch einer dieser „Winterflüchtigen" wurde von Jägern geschossen, weil sie das Tier mit einer Gans verwechselten.

Nahrungsressourcen – Nutzung durch Vögel und Auswirkungen auf den Vogelzug

Mehr Masse als Klasse: Grünzeug

Wie andere Tiergruppen auch können sich Vögel von Pflanzen und Tieren ernähren. Obwohl Pflanzen das Gros der Biomasse stellen, haben sich relativ wenige Vogelgruppen allein darauf spezialisiert. Um sich von den am reichhaltigsten vorhandenen, aber vergleichsweise energiearmen Blättern und Gräsern allein zu ernähren, müssen zum einen große Mengen davon verzehrt werden, und zum anderen muss der Verzehrer in der Lage sein, die normalerweise unverdaulichen Bestandteile der Zellwände zusammen mit giftigen Sekundärstoffen verarbeiten zu können. Dies gelang den Wiederkäuern und anderen Huftieren unter den Säugern, indem sie an Körpergröße zulegten und teilweise einen voluminösen Wiederkäuermagen entwickelten. Für Vögel, deren Körperbau zum Fliegen leicht bleiben musste, war dies keine Option. Am Beginn der Entwicklung der modernen Vögel entstanden trotzdem die großen und gewichtigen Laufvögel wie Strauß, Emu und Nandu. Allesamt sind Pflanzenfresser, die schon früh die Flugfähigkeit einbüßten. Die Gruppe der Hühner- und Entenvögel, die stammesgeschichtlich den Laufvögeln folgte, behielt vielfach die pflanzliche Ernährung (Herbivorie) bei. Nur wenige Arten aus dieser Gruppe entwickelten sich zu Fisch- und Insektenfressern. Auch die Vertreter der Trappen, Kraniche und Rallen (wie Bläss- und Teichhuhn) sind Verzehrer grüner Pflanzenteile. Auf weit energiereichere pflanzliche Kost, wie Samen und Früchte, haben sich Vogelfamilien wie Tauben, Flughühner, viele Sperlingsvögel, Finken und Ammern spezialisiert.

Vögel, die sich auf den Verzehr von Blättern, Nadeln und Gräsern spezialisiert haben, finden in Mitteleuropa praktisch rund ums Jahr Nahrung. Daher können fast alle unsere Hühnervögel, sowohl die Raufußhühner als auch Rebhuhn und Fasan, als

39 Die drosselgroßen Tüpfelsumpfhühner (*Porzana porzana*) sind in Europa zum Teil Kurzstrecken-, weiter östlich Langstreckenzieher. Die Winterquartiere dieser Rallen sind Sümpfe im Süden der Iberischen Halbinsel und im östlichen Mittelmeer einschließlich Ägypten sowie in Ostafrika bis ins östliche Südafrika.

40 Um die 200.000 Weißwangengänse rasten im Frühjahr in Deutschland vor allem in Küstennähe.

Zugwege der Weißwangengänse aus den Brutgebieten in ihre Überwinterungsgebiete.

Standvögel überleben. Die in der Arktis brütenden Gänse und Schwäne müssen dagegen ihre Brutgebiete verlassen, um an unseren Küsten oder den zentralasiatischen Seen im Winterhalbjahr ausreichend Nahrung zu finden. Ihre arktischen Brutgebiete haben diese Arten erst nach der letzten Eiszeit vor rund 10.000 Jahren besiedelt. Davor fanden sich in der Kaltzeit in Mitteleuropa außerhalb des Eises ausgedehnte Steppentundren, die sie als Brutplätze nutzten. Mit der nacheiszeitlichen Klimaänderung – und damit einer sich ändernden Vegetation – verlegten die Gänse und Schwäne ihr Brutgebiet immer weiter nach Norden. Vorteil dieser Arealverschiebung war die reichliche Sommernahrung bei gleichzeitig geringer Nahrungskonkurrenz. Aus der Flucht vor dem arktischen Winter entwickelte sich der Vogelzug aus der Arktis in südlichere, klimagünstigere Regionen.

Insekten statt Samen

Weil mitteleuropäische Pflanzen ihre Samen nicht ganzjährig, sondern eher gegen Ende der Vegetationsperiode produzieren, steht Körnerfressern diese Nahrungsquelle meist nicht ganzjährig zur Verfügung. Vom Spätsommer bis ins zeitige Frühjahr ist in Mit-

41 Als Standvögel können Rebhühner (*Perdix perdix*) in kalten und schneereichen Wintern, die ihnen den Zugang zu ihrer pflanzlichen Nahrung erschweren, hohe Verluste erleiden.

42 Im Winter suchen Auerhühner (*Tetrao urogallus*) als Standvögel ihre pflanzliche Nahrung wegen der Schneebedeckung überwiegend auf Bäumen, im Sommer meist am Boden (hier: Auerhahn).

43 Die starengroße Wachtel (*Coturnix coturnix*) ist als einzige unter unseren Hühnervögeln ein Zugvogel, zum Teil sogar ein Langstreckenzieher, mit Überwinterungsgebieten in der Sahelzone und in Ostafrika südlich bis zum Äquator.

44 Was die Wachtel unter den Hühnervögeln ist, ist der Wendehals (*Jynx torquilla*) in der Spechtfamilie. Als einzige Zugvögel, dazu noch als Langstreckenzieher, überwintern die europäischen Wendehälse meist südlich der Sahara in den Savannengebieten von Zentral- und Westafrika.

45 Schneeammer (*Calcarius nivalis*). Die südlichsten Brutplätze dieser circumpolar brütenden Ammer liegen in Europa in Schottland. Als häufiger Wintergast tritt sie hauptsächlich von Oktober bis März bei uns an Küsten auf.

46 Gartengrasmücke (*Sylvia borin*). Der Heimzug dieses Langstreckenziehers findet bei uns ab Mitte April bis Angang Juni statt, in Hochlagen nicht vor Mitte/Ende Mai, der Hauptdurchzug von Anfang bis Ende Mai. Bereits in der zweiten Julihälfte bis September ziehen unsere Brutvögel wieder nach Afrika in ihre Winterquartiere, die südlich der Sahara von der Sahelzone bis Südafrika reichen.

teleuropa die Hochsaison für diese Ernährungsweise. Das Fehlen oder die Knappheit dieser Ressource im Sommerhalbjahr überbrücken viele Samenfresser mit dem Verzehr der dann reichlich vorhandenen Insekten. Vogelarten, die in Mitteleuropa sich sowohl samen- wie insektenfressend ernähren, sind daher häufig Standvögel – so die Spechte (bis auf den reinen Insektenfresser Wendehals), Meisen, Kleiber, Sperlinge, Finken und Ammern. Die lokalen Populationen werden im Winter noch durch Zuzügler aus Nord- und Osteuropa ergänzt, die dem Mangel oder dem Fehlen von Samennahrung wegen starken Frosts und tiefen Schnees in ihren Regionen weichen. Unter den Samenfressern finden sich dagegen kaum Transsahara-Zieher.

Früchte der Saison

Weil nur in den Tropen Früchte ganzjährig produziert werden, leben dort auch die meisten frugivoren Arten. Europäische Vogelarten mit ausgeprägter Frugivorie, wie Drosseln, Seidenschwanz und einige Grasmücken, nutzen Früchte entsprechend dem Angebot und ernähren sich sonst noch von Insekten. Viele Arten aus dieser Gruppe sind Teilzieher, einige Grasmücken wie etwa die Gartengrasmücke sogar Langstreckenzieher.

Fleisch gibt es immer

Wer Jagd auf Säugetiere und Vögel macht, findet bei uns in Mitteleuropa ganzjährig Nahrung. Deshalb können sich viele Greifvögel, Falken und Eulen bei uns das Dasein als Standvogel leisten. Lediglich für nord- und osteuropäische Populationen kann es im Winter knapp werden, was die Vögel veranlasst, teilweise in klimatisch günstigere Gebiete in Mittel- und Südeuropa sowie in Asien zu ziehen. Nur die bevorzugt insektenfressenden Falken wie Baum- und Rötelfalke, die im Winter keine Nahrung finden, überwintern als ausgeprägte Zugvögel in Afrika. Warum ziehen aber die Weihen, Milane und einige Adler weg? Ihr Wegzug lässt sich weniger mit fehlender Nahrung erklären, als mit der Tatsache, dass die Vorfahren dieser Zugvögel sich im tropischen Afrika entwickelten.

Fischjäger kommen weit umher

Marine Fischfresser wie Sturmvögel, Tölpel oder Alke sind häufig Koloniebrüter, die außerhalb der Brutzeit weite Wanderungen zu den besten Fischgründen unternehmen. Während viele Möwen Strich- und

47 Als Vogel- und Säugetierjäger findet der Habicht (*Accipiter gentilis*) bei uns auch im Winter ausreichend Nahrung. In den milderen Teilen ihres europäischen Brutareals wandern Habichte deshalb kaum über größere Strecken. Während alte Habichte in Mittel- und Westeuropa ausgesprochene Standvögel sind oder höchstens kurze Strecken wandern, neigen die Vögel im ersten Jahr zu weiteren Zerstreuungswanderungen. Dagegen ziehen nordeuropäische Habichte bis über 1500 km weit.

48 Kornweihe (*Circus cyaneus*). Die Brutvögel in Europa sind meist nur Kurzstreckenwanderer, deren Wintergebiet bis nach Nordafrika reicht. In Mitteleuropa überwintern regelmäßig nordeuropäische Brutvögel, die oft in kleinen Gruppen gemeinsame Schlafplätze aufsuchen, um tagsüber im niedrigen Suchflug vor allem auf die Jagd nach Feldmäusen zu gehen.

49 Als Fischjäger unternehmen die stark an Meeresküsten gebundenen Brandseeschwalben (*Sterna sandvicensis*) auch zur Brutzeit Flüge von über 50 km. Die Hauptüberwinterungsgebiete der europäischen Brutvögel liegen an der afrikanischen Küste; viele ziehen bis Südafrika.

Brut- und Überwinterungsgebiete des Bienenfressers als Langstreckenzieher.

Standvögel sind, zeigen alle Seeschwalben ein ausgeprägtes Zugverhalten und sind mit der Küstenseeschwalbe sogar die Rekordhalterinnen unter den Fernwanderern (s. S. 115) in ihren Reihen.

Die von Insekten leben

Die Insektenfresser gehören streng genommen zu den fleischverzehrenden (carnivoren) Arten. Es ist jedoch sinnvoll, sie aus ökologischer Sicht getrennt von den anderen Carnivoren zu betrachten. Richtigerweise sollten sie als Gliedertier-(Arthropoden-)fresser bezeichnet werden. Denn ihr Speisezettel ist nicht auf Insektennahrung beschränkt. Spinnen gehören ebenfalls zu ihrer Beute.

In Mittel- und Nordeuropa sind die Insektenfresser unter den Vogelarten – und davon gibt es viele – mit dem Problem konfrontiert, dass ihre Nahrung nur im Spätfrühling und Sommer verfügbar ist. Viele Insektenarten sterben im Herbst oder überwintern an für die meisten Vogelarten unzugänglichen Stellen als Vollinsekten (Imagos) oder im Puppenstadium. Nur für Spezialisten wie Spechte, Meisen oder Baumläufer sind sie dann noch erreichbar. Der Anteil an Langstreckenziehern unter den von Insekten lebenden Vogelarten ist entsprechend hoch. Wachtelkönig, Wiedehopf, Bienenfresser, Blauracke, Kuckucke, Nachtschwalben, Segler, Wendehals, Schwalben, Pieper, Stelzen, Fliegenschnäpper, Grasmücken, Laubsänger, Kleindrosseln, Steinschmätzer, Schwirle, Rohrsänger, Spötter, Würger, Pirol und Ortolan verlassen allesamt Europa, um sich als Transsahara-Zieher im Winter im tropischen Afrika zu ernähren. Einige Insektenfresser wandern allerdings nur bis in die Mittelmeerregion, wie beispielsweise Zilpzalp, Mönchsgrasmücke, Heckenbraunelle, Bachstelze, Schwarzkehlchen und Sommergoldhähnchen. Wobei Teilzieher wie die Mönchsgrasmücke uns gerade vorführen, wie rasch man sich als Vogel auf neue Situationen durch Änderung des Zugverhaltens einstellen kann (s. S. 150).

Die winzigen Arten Zaunkönig und Wintergoldhähnchen sowie die als Taucherin an schnell fließende Gewässer angepasste Wasseramsel sind die einzigen echten Insektenfresser, die in Mitteleuropa überwintern.

So gilt für diese Nahrungsgruppe wie für alle anderen Ernährungstypen auch, dass Vogelarten dann Zugvögel werden, wenn sie an ihren Brutplätzen nicht ganzjährig und in ausreichenden Mengen ihre Nahrungsressourcen vorfinden. Diese Verhältnisse

50 Der nach seinem Gesang „Zilp-zalp-zilp-zalp-zalp" benannte Zilpzalp (*Pylloscopus collybita*) ist ein Kurz- und Mittelstreckenzieher mit regelmäßigen Überwinterungen am Bodensee. Sein Heimzug beginnt im Süden bereits Ende Februar, der Hauptdurchzug findet bei uns Ende März bis Ende April statt.

51 Wiedehopfe (*Upupa epops*) stochern mit ihrem langen, gebogenen Schnabel oft im Boden und in Kuhfladen nach großen Insekten und deren Larven. Ab August beginnt der Wegzug dieser Langstreckenzieher aus Europa in die offenen afrikanischen Savannen. Manche europäischen Brutvögel überwintern auch in Südspanien.

52 Bienenfresser (*Merops apiaster*) brüten bei uns in klimagünstigen, offenen bis halboffenen Landschaften. Sie graben ihre Niströhren in Bodenabbruchkanten meist von Sand-, Kies- oder Tongruben. Von einem Ansitz aus spähen sie nach großen Hautflüglern, ihrer Hauptbeute, um diese im Flug zu erjagen und um anschließend – falls giftig – der Beute durch Schlagen und Reiben auf einem Untergrund das Gift aus dem Leib zu pressen.

53 Bienenfresser. Die Wintergebiete der Langstreckenzieher sind die Savannen Westafrikas und das Gebiet von Kenia bis Südafrika.

54 Wasseramseln (*Cinclus cinclus*) sind überwiegend Standvögel. Die nach Insekten tauchenden Singvögel werden bei Vereisung der Gewässer (vor allem in höheren Lagen) zu Kurzstreckenziehern. Als Wintergäste aus dem Norden kommen Wasseramseln bis Ende März, teils bis Anfang Mai zu uns.

treffen mehr oder weniger unverändert bei uns seit der letzten Eiszeit vor 12.000 Jahren zu. Die meisten der heutigen Vogelarten existieren aber schon sehr viel länger. Sie haben demnach viele solcher zyklisch auftretenden, dramatischen Klimaveränderungen überlebt. Und die reichten von langen Vereisungen weiter Teile Nord- und Mitteleuropas bis zur Ausdehnung, zwischenzeitlichen Wiederbegrünung und erneuten Vergrößerung der Sahara. Die Transsahara-Zieher mussten sich immer wieder neu auf die Veränderungen der für sie nutzbaren Areale einstellen.

Viele der heutigen europäischen Brutvogelarten, die als Langstreckenzieher unterwegs sind, haben nahe Verwandte in Afrika, teilweise auch in Südostasien, die nicht zu Langstreckenziehern wurden. Soweit ihre Stammbäume entschlüsselt werden konnten, lässt sich feststellen, dass die europäischen Vertreter dieser Gruppen von afrikanischen Vorfahren abstammen. „Out of Africa" galt demnach nicht nur für das menschliche Geschlecht, sondern auch für viele unserer heutigen Brutvogelarten.

Vogelzug in Zeit und Raum

Vogelzug an unserem Himmel

Vogelzug ist für viele gleichbedeutend mit Vogelmassen, die über uns mehr oder weniger geordnet hinwegziehen. Doch diese Form des Vogelzugs ist bei uns eher die Ausnahme als die Regel. Viele Arten ziehen heimlich und recht still. Unsere Grasmücken, Laubsänger und Rohrsänger etwa ziehen nachts und einzeln. Sie rasten tagsüber meist versteckt in Wäldern, Gebüschen oder Röhrichten – auffällige Ansammlungen sind nur ausnahmsweise zu beobachten. Wenn sie im Sommer aufhören zu singen, ist von ihrem Ab- und Durchzug kaum etwas zu erahnen. Nur mit speziellen Methoden, etwa dem Fang mit Netzen zum Zweck der wissenschaftlichen Vogelberingung, lassen sich genauere Kenntnisse vom Ablauf des Zug- und Rastgeschehens solcher Nachtzieher ermitteln.

Zum Spektakel wird der Vogelzug, wenn große Vögel tagsüber in Trupps und Schwärmen gemeinsam ziehen. Am imposantesten bei uns sind sicher die Kranichzüge. Kraniche gehören zu den eindrucksvollsten Vögeln überhaupt. Aktuell leben

55 Der Zug der Kraniche (*Grus grus*) gehört zu den eindrucksvollsten Vogelzügen in Mitteleuropa.

etwa 8000 Brutpaare in den verbliebenen Bruchwäldern, Feldsöllen und Auen Nord- und Mitteldeutschlands. Der Gesamtbestand in Europa beträgt 74.000 bis 110.000 Brutpaare. Insgesamt rund 400.000 Kraniche wählen alljährlich eine südwestliche Zugroute (Zahlen aus dem Winter 2016/17), auf der sie Deutschland in schmaler Front überqueren, um die kalte Jahreszeit in Frankreich, in der spanischen Extremadura, dem portugiesischen Alentejo und im Nordwesten Afrikas zu verbringen. Neben unseren Brutvögeln sind das die Tiere aus den weitaus größeren Kranichpopulationen in Skandinavien, Polen und den baltischen Staaten. Wenn an günstigen Zugtagen Zehntausende dieser großen, grauen Vögel zeitgleich von ihren Rastplätzen in Niedersachsen und im Nordosten Deutschlands aufbrechen, um gen Südwesten in ihre Zwischenrastgebiete in Frankreich und dann weiterzufliegen, werden auch viele Menschen auf das sich am Himmel bietende Schauspiel aufmerksam, die sonst kaum die Natur beobachten. Ihre lauten Rufe und die auffälligen keilförmigen Fluginformationen veranlassen viele Menschen nicht nur zum Hingucken, sondern auch zum Weitermelden der Beobachtungen etwa durch Anrufe und Meldungen bei den Vogelschutzwarten und -verbänden oder über das Internetportal „ornitho“. Diese Beobachtungen werden ausgewertet und sollen unter anderem dazu dienen, die Kranichrastplätze zwischen den Brut- und Überwinterungsgebieten als überlebensnotwenige Trittsteine zu erhalten und Gefahrensituationen, die durch technische Einrichtungen beim Flug über unser Land Kranichen drohen, zu minimieren (Freileitungen, Windenergieanlagen, nächtliche Beleuchtung; s. S. 152).

Doch spektakuläre Luftschauspiele wie der Zug der Kraniche bleiben an unserem Himmel eher die Ausnahme. Die meisten Tagzieher ziehen eher unauffällig. Zu ihrer Erfassung führen Vogelkundler sogenannte Planbeobachtungen durch. Dazu suchen die Experten von einer Stelle aus stundenlang den Himmel ab und zählen dabei alle durchziehenden Vögel. An guten Tagen können auf diese Weise zuweilen erstaunliche Zugbewegungen mit mehreren Zehntausend Individuen dokumentiert werden.

Da auch die meisten heimischen Brutvögel nach der Brutzeit Wanderungen in ihre Winterquartiere unternehmen, führen nur etwa 5 % aller in Deutschland vorkommenden Arten keine großräumigen Wanderungen aus. Dies unterstreicht Deutschlands hohe Verantwortung für den Schutz von Zugvögeln.

Station Randecker Maar

Ein idealer Schulungsort für das richtige Bestimmen ziehender Landvogelarten bietet sich mit der Forschungsstation Randecker Maar etwa 25 km südöstlich von Stuttgart. Vögel, die in breiter Front im Herbst durch Deutschland ziehen, müssen beim Auftreffen auf die Schwäbische Alb einen Höhenunterschied von bis zu 500 m überwinden. Dieser Umstand entpuppte sich als sehr hilfreich bei der Erfassung tagziehender Vogelarten. Bereits in den 1960er-Jahren beobachtete eine Gruppe von Ornithologen um Wulf Gatter an verschiedenen Pässen und Bergen der Schwäbischen Alb südlich von Kirchheim unter Teck ziehende Vögel und entdeckte dabei die Bedeutung des Randecker Maars für den Kleinvogelzug. Das Randecker Maar, ein ehemaliger Vulkanschlot, bildet hier einen talähnlichen Einschnitt. Zusätzlich wirken die vorgelagerten Berge wie ein Trichter, der die Zugvögel auf das Maar zuleitet. Seit 1970 koordiniert die Forschungsstation Randecker Maar die Erfassung durchziehender Vögel und Insekten nach standardisierten Vorgaben. Ornithologisch wie auch entomologisch interessierte Beobachterinnen und Beobachter können sich hier während der Herbstzugzeit das notwendige Handwerkszeug aneignen, um zu einer sicheren Artbestimmung zu gelangen.

Vielfalt des Zugverhaltens

Ziehende Vögel im Flug zu bestimmen, erfordert vor allem bei kleinen Arten viel Erfahrung und ständige Übung. Für den Einstieg in Zugbeobachtungen sind außer richtig guten Bestimmungsbüchern vor allem Exkursionen zusammen mit erfahrenen Zugvogelerfassern besonders wertvoll. Da das vorliegende Buch kein Bestimmungsbuch ist, können hier nur einige Hinweise gegeben werden, die erste Erkennungshilfen zur Unterscheidung von Artengruppen und Arten anhand ihrer Zugeigenschaften liefern. Wulf Gatter, der über 30 Jahre den Tageszug der Vögel (und Insekten) am Randecker Maar, einer Hochfläche am nördlichen Rand der Schwäbischen Alb in Baden-Württemberg, intensiv studierte, gibt zum Zugverhalten der fast überall erlebbaren Singvögel folgende Hinweise, wobei die Färbungsmerkmale und die Rufe als weitere, wichtige Bestimmungshilfen in unserer verkürzten Zusammenstellung zum Teil weggelassen wurden (Gatter 2000):

Lerchen (*Alaudidae*): Auf dem Zug sind sie fast immer in artenreinen Trupps unterwegs und bei der Rast vielfach vergesellschaftet anzutreffen. Die Ohrenlerche wirkt fast pieperähnlich schlank und ist auf dem Zug kaum oder nie mit der Feldlerche vergesellschaftet. Die rundflügelige Heidelerche mit kurzem, abgeschnittenem Schwanz fliegt flatternder als die Feldlerche und ist aufgrund anderer Flugeigenschaften selten mit der Feldlerche vergesellschaftet. Heidelerchen ziehen einzeln und in Trupps von bis zu 100 Exemplaren, wobei einzelne Lerchen ruffreudiger sind als die im Trupp. Die spitzflügelige Feldlerche hat einen längeren Schwanz, fliegt zügig, drosselähnlich und zieht zum Teil in sehr großen, breit auseinandergezogenen Schwärmen.

56 Feldlerche (*Alauda arvensis*). Die Kurzstreckenzieher fliegen oft in großen Schwärmen in ihre meist in Süd- und Westeuropa liegenden Winterquartiere mit milden Temperaturen. Während einige Brutvögel auch nach Nordafrika ziehen, harren viele Trupps in wärmeren Wintern auch in Mitteleuropa und sogar gelegentlich in Südskandinavien aus.

Schwalben (*Hirundinidae*): In den kühlen Tagesstunden ziehen nicht jagende Schwalben vielfach sehr eilig in artenreinen Trupps. Sobald es wärmer wird, vergesellschaften sich die Zieher der drei Schwalbengattungen (Rauch-, Mehl-, Uferschwalbe) mit Seglern und in den südlichen Ländern auch mit Bienenfressern. Der Zug wird mit der Jagd kombiniert. Dann wird eine ökologische Trennung der Zug- und Jagdbereiche in Höhenschichten deutlich. Im Gegensatz zu Seglern, die große Strecken ohne Flügelschlagpausen zurücklegen, schalten Schwalben viel häufiger Gleitstrecken ein. Alle Schwalben ziehen gesellig, zum Teil in riesigen Schwärmen.

Pieper und Stelzen (*Motacillidae*): Stelzen sind sehr schlanke Vögel mit ruhigem Wellenflug, der bei langschwänzigen Arten am ausgeprägtesten ist. Außer dem Vormittagszug zeigen sie auch verstärkte Zugbewegungen am Abend. Sie machen kennzeichnende Flugrufe. Die Schafstelze als kurzschwänzigste Stelze zeigt einen schwachen Wellenflug und

57 Das Gros der Rauchschwalben (*Hirundo rustica*) macht sich Ende September auf den Weg in die afrikanischen Überwintergebiete. Vor dem Abflug im Herbst sammeln sie sich oft in großen Schwärmen, um nicht selten auf Leitungsdrähten zu rasten und in Schilfgebieten zu übernachten.

58 Der Wasser- oder Bergpieper (*Anthus spinoletta*) ist ein Kurz- und Mittelstreckenzieher. Die alpinen und subalpinen Vögel brüten auf Wiesen oberhalb der Baumgrenze meist in Wassernähe. Im Winter ziehen die Brutvögel der Alpen nach Norden in das mitteleuropäische Tiefland, wo sie nicht selten an Fluss- und Seeufern zu beobachten sind.

zieht in oft beträchtlich großen, dichten Trupps von 50 und mehr Individuen. Die sehr langschwänzige Gebirgsstelze fliegt in langen und ausgeprägten Wellen und zieht einzeln oder in kleinen Gruppen von selten mehr als vier Vögeln. Der Wellenflug der Bachstelze bewegt sich zwischen dem der beiden anderen Arten. Bachstelzen ziehen gelegentlich in großen, lockeren Trupps. Auch Pieper haben kennzeichnende Flugrufe. Die Flugeigenschaften zwischen den weit und weniger weit wandernden Arten sind sehr unterschiedlich. Die meisten Arten ziehen ausgeprägt nur in den Vormittagsstunden. Ihre Fluggeschwindigkeit und die Ausprägung des Wellenflugs nehmen vom Flatterflieger Wiesenpieper über Wasser-, Baum-, Rotkehl- und Brach- bis zum stelzenähnlich fliegenden Spornpieper zu. Verantwortlich dafür ist das Gewicht, die Länge des Handflügels und die Schwanzlänge. Im Streckenflug halten Pieper den Schnabel fast waagrecht, im Suchflug dagegen abwärts (vgl. Heckenbraunelle).

59 Seidenschwänze fliegen starenähnlich, aber eleganter und mit einem wegen dem kurzen Schnabel fast schnabellos aussehenden Gesicht sowie silberhell klingenden „Sirr“-Rufen.

Seidenschwänze (*Bombycillidae*): Der Seidenschwanz hat einen starenähnlich wirkenden Flug, der aber „schwereloser" aussieht. Beim Wegzug gibt es kaum Überschneidungen mit der Starenzugzeit. Die Einzelvögel kommen zum Teil hoch an und steigen nach Starenart am Berg hoch. Auch bei großer Entfernung ist der gegenüber Staren kurze Schnabel auffällig (schnabelloses Gesicht), während die Haube kaum zu sehen ist.

Wasseramseln (*Cinclidae*): Sie steigen zum Erreichen der Zughöhe in weiten Kreisen sehr hoch. Auf eine Anzahl schwirrender Flügelschläge folgt eine kurze Schlagpause. Daraus ergibt sich ein Flug in kurzen Bögen, der völlig unterschiedlich zum beständigen Schwirrflug des Vogels über Wasser ist. Eine entfernte Ähnlichkeit beim Aufsteigen besteht mit dem Kernbeißer, der aber in gestreckten Bögen fliegt.

Zaunkönige (*Troglodytidae*): Der Zaunkönig ist unverkennbar, winzig, dunkelbraun mit Schwirrflug. Er zieht bei Tag nur ausnahmsweise und über kurze Strecken.

Braunellen (*Prunellidae*): Die Heckenbraunelle hält den Schnabel im Winkel von etwa 30° abwärts und erscheint dadurch stiernackiger als der in der Silhouette etwas ähnliche Wiesenpieper. Sie wirkt von unten gesehen recht schlank. Die Flügelschläge sind wegen der extrem kurzen und runden Flügel schwirrend wirkend. Durch lange Flügelschlagphasen mit nur kurzen Pausen (Anhaltephasen) entsteht ein nur höchstens angedeuteter Wellenflug. Der Flug wirkt unbeholfen und langsam mit häufigen Richtungswechseln. Heckenbraunellen ziehen allein bzw. meist in lockeren, weit auseinandergezogenen Trupps oder Ketten von 50 und mehr, die oft in weiten Kreisen oder Zickzacklinien hochsteigen.

Kleine Drosseln/Erdsänger (*Turdidae*): Die Arten sind außer dem Hausrotschwanz überwiegend Nachtzieher, jedoch im Herbst oft auch am Tag ziehend zu beobachten. Von keiner Art hört man Zugrufe. Hausrotschwanz und Schwarzkehlchen sind kurz- und rundflügelig, die Langstreckenzieher Gartenrotschwanz, Steinschmätzer, Braunkehlchen dagegen lang- und spitzflügelig. Schlaksige, unregelmäßig wirkende Schlag- und Anhaltephasen kennzeichnen den Streckenflug. Der Hausrotschwanzflug ist so kennzeichnend, dass selbst Einzelvögel auf weite Entfernung (bis 1500 m) angesprochen werden können: mit sehr runden Flügeln (wie ein Eichelhäher) unregelmäßig flatternd, mit häufigen Richtungswechseln. Zur Erreichung der Flughöhe wird in weiten Kreisen oder mit starken Richtungswechseln hochgezogen. Er zieht gelegentlich in kleinen, weit auseinandergezogenen Trupps oder Linien aus bis maximal 15 Vögeln.

60 Schwarzkehlchen (*Saxicola rubicola*) sind Teil- und Kurzstreckenzieher. Mitteleuropäische Brutvögel überwintern fast ausnahmslos auf der Iberischen Halbinsel und in Nordafrika. Ihr Heimzug beginnt im Süden Ende Februar, der Hauptdurchzug findet von Anfang März bis Mitte April statt.

Große Drosseln (*Turdidae*): Die kurzschwänzigen Arten Sing- und Rotdrossel sind außerhalb des Truppverbands auf große Entfernung schwierig zu unterscheiden. Die Singdrossel zieht in kleinen Trupps oder Ketten im raschen, geradlinigen Flug. Ihr Flugruf lautet „Zip". Der Flug der Rotdrossel in oft großen, ziemlich dichten Trupps ist starenähnlicher als der der Singdrossel. Es gibt Vergesellschaftung mit ziehenden Wacholderdrosseln vor allem gegen Ende der Zugzeit. Ihr Ruf ist stimmhaft und klingt wie „Zieh". Die Misteldrossel fliegt als langflügeligste Drossel sehr ruhig und zielstrebig, fast taubenähnlich, und macht nach 7 bis 15 Flügelschlägen eine Pause. Sie hat eine geringere Schlagfrequenz als die anderen Arten. Sie zieht sowohl in ziemlich dichten Zugtrupps als auch in langen Linien bis zu 50 Exemplaren. Ihr Ruf ist schnärrend. Ringdrosseln zeigen einen zielstrebigeren, gestreckteren Flug als Amseln, mit geraderer Rückenlinie. Sie sind einzeln oder in kleinen Trupps unterwegs. Die Wacholderdrossel ist buckliger als die Misteldrossel und fliegt schlechter als diese. Nach drei bis fünf Flügelschlägen folgt eine Pause. Als Folge des unsteten Flugs verändern die lockeren, aber zum Teil sehr großen Trupps laufend ihre Form. Die Rufe sind schackernd und quiekend. Die Amsel ist der schlechteste Flieger unter den

61 Die Alpenringdrossel (*Turdus torquatus alpestris*) kommt als eine von zwei europäischen Unterarten der Ringdrossel in den höheren Mittelgebirgen und den Alpen bei uns vor. Als Mittelstreckenzieher überwintern die nordeuropäischen Brutvögel in Südfrankreich, Südspanien und Nordwestafrika, die der Unterart *alpestris* meist im südlichen Teil ihres Verbreitungsareals und auf Mittelmeerinseln.

Drosseln, wirkt bucklig, fliegt in sehr lockeren Trupps oder Ketten und steigt zur Erreichung der Zughöhe in weiten Kreisen oder unter Richtungswechseln hoch. Der Flug wirkt unregelmäßig wegen unterschiedlich langer Anhaltephasen nach ein bis drei Flügelschlägen. Der Ruf klingt wie „Zieh", ist aber dünner und feiner als bei der Rotdrossel, daneben kann man ein stimmhaftes „Zzzt" hören.

Laubsänger (*Phylloscopidae*): Fitis und Zilzalp ziehen meist einzeln, oft niedrig über offenes Gelände, sonst in Wipfelhöhe und höher. Sie machen keine Rufe im Flug, aber unmittelbar nach dem Einfallen.

Goldhähnchen (*Regululidae*): Die Goldhähnchen sind kurzschwänzig. Die Unterscheidung von Sommer- und Wintergoldhähnchen ist im Flug sehr schwierig. Sie wandern einzeln oder in Trupps mit hohem Individualabstand und steigen in Kreisen auf, um die Zughöhe zu erreichen. Sie sind nur mit der Tannenmeise verwechselbar, die aber in dichteren Trupps zieht.

Fliegenschnäpper (*Muscicapidae*): Die Flugeigenschaften von Langstreckenziehern der Gattungen *Ficedula* und *Muscicapa* sind die der kleineren

62 Die ganzjährig gesellig lebende Wacholderdrossel (*Turdus pilaris*) ist bei uns Kurzstreckenzieher, im Süden auch Standvogel. Störenfriede werden zur Brutzeit von Wacholderdrosseln gemeinsam unter harten, schnarrenden Rufen in Sturzflügen angegriffen und teilweise sehr stark mit Kot bespritzt. Das kann dazu führen, dass durch das verklebte Gefieder die Getroffenen ihre Flugfähigkeit einbüßen und schließlich verhungern müssen. Der Erfolg des Kotabgebens als ursprüngliche Stressreaktion führte bei den Wacholderdrosseln zu Lernvorgängen mit zielgerichtetem Koteinsatz.

63 Wintergoldhähnchen (*Regulus regulus*) sind die kleinsten Vögel Europas. Die Winterquartiere der Teil- und Kurzstreckenzieher reichen bis nach Süd- und Osteuropa, wo die Art nur noch lokal als Brutvogel vorkommt. Bei uns kann man die Winzlinge das ganze Jahr über antreffen. Nur die nördlichsten Populationen Europas räumen ihre Brutgebiete vollständig und vollbringen teilweise enorme Zugleistungen.

Drosseln *Saxicola* und *Oenanthe* sehr ähnlich. Spitze Flügel und schlaksige, unregelmäßig wirkende Schlag- und Anhaltepausen sind kennzeichnend für den Streckenflug.

Schwanzmeisen (*Aegithalidae*): Ziehende Schwanzmeisentrupps nähern sich mit „Zerrt"-Rufen einem günstigen Abflugplatz und steigen dann steil zur Erreichung der Zughöhe auf.

Meisen (*Paridae*): Blau-, Kohl-, Tannen-, Sumpf- und Weidenmeise sind sehr gesellig ziehende Arten, die auch aus großer Entfernung noch an den Proportionen erkannt werden können. Sie ziehen in Schwärmen bis zu 100 Vögeln unter beständigem Rufen steil hoch, bis sie ihre Zughöhe erreicht haben. Blaumeisen sind mit ihren gleichen Flugeigenschaften oft mit Kohlmeisen vergesellschaftet. Die langsamer (aber zielgerichteter als die verwechselbaren Goldhähnchen) fliegende Tannenmeise ist selten mit den schneller fliegenden Blau- und Kohlmeisen vergesellschaftet.

Kleiber (*Sittidae*): Das Flugbild ist mit auffällig langem Schnabel, überproportioniertem Vorbau und sehr kurzem Schwanz unverwechselbar. Er macht flache Flügelschläge mit unregelmäßig langen Intervallen und zieht einzeln oder zu zweit nicht sehr hoch. Er steigt vor dem Weiterziehen über freies Feld in die Baumwipfel unter erhöhter Rufaktivität. Im Flug ist er stumm oder sehr leise.

Baumläufer (*Certhiidae*): Ziehende Baumläufer legen kleine Strecken über Freiflächen teilweise dicht über dem Boden zurück, größere Offenflächen werden in Baumkronenhöhe oder höher (bis zu 50 m) überwunden. Garten- und Waldbaumläufer sind während des Zugs stumm, unmittelbar nach dem Einfallen an den artbestimmenden Rufen unterscheidbar. Nur Waldbaumläufer neigen zu Invasionen.

Beutelmeisen (*Remizidae*): Die kurzschwänzige Beutelmeise ist an der Gesichtsmaske erkennbar, die auch bei Jungvögeln während der Wegzugzeit ausgeprägt ist.

Pirole (*Oriolidae*): Der kurzschwänzige, ziemlich langflügelige Pirol fliegt in gestreckten, flachen Wellen. Die Kopf- und Rückenlinie wirkt bucklig wie ein Bogen.

64 Die Weidenmeise (*Poecile montanus*) kommt weniger häufig in Gärten und Parks vor als die Sumpfmeise. Ihre Bruthöhlen zimmern Weidenmeisen meist selbst in morsches Holz oder übernehmen Kleinspechthöhlen. Die Standvögel breiten sich teilweise invasionsartig aus.

65 An ihrem unverwechselbaren Flugbild sind Kleiber (*Sitta europaea*) leicht zu erkennen. Bei hohen Bestandsdichten breiten sich Populationen dieser Standvögel meist im Oktober zum Teil invasionsartig aus.

66 Die mitteleuropäischen Waldbaumläufer (*Certhia familiaris*) sind Standvögel, die kaum Wanderungen über 100 km unternehmen. Nach Norden und Osten nimmt die Wanderneigung der Art jedoch zu. Bei uns lassen sich Durchzügler von Mitte Februar bis Ende April beobachten.

67 Im Gegensatz zu den nordeuropäischen Raubwürgern (*Lanius excubitor*), die als Zugvögel zum Teil bis in den Mittelmeerraum ziehen, sind die mitteleuropäischen Tiere Standvögel und Teilzieher, die vermutlich in Abhängigkeit vom Nahrungsangebot – das von Großinsekten über Eidechsen und Kleinsäuger bis zu Kleinvögeln reicht – und von ihrer Bestandsdichte mehr oder weniger weite Wanderungen unternehmen.

Würger (*Laniidae*): Rotkopfwürger und Neuntöter sind Nachtzieher, die nur ausnahmsweise am Tag ziehen. Der Raubwürger zieht immer wieder tagsüber. Sein Flug unterscheidet sich von seinen langstreckenziehenden Verwandten erheblich: Auf eine Reihe schwirrender Flügelschläge folgt eine Pause mit ausgeprägtem Bogenflug, der beim Neuntöter mit seinen unregelmäßigen Flügelabschlägen und langen Schlagpausen fehlt.

Rabenvögel (*Corvidae*) und Stare (*Sturnidae*): Die rundflügeligen Eichelhäher fliegen während des Zugs stumm, einzeln oder in lockeren Trupps oder Ketten hintereinander. Der kurzschwänzige Tannenhäher fliegt mit relativ schnellen Flügelschlägen geradliniger und kräftiger als der Eichelhäher. Dohlen bilden beim Zug in artreinen Trupps mitunter dichte Schwärme. In den weit auseinandergezogenen Zuggesellschaften der Saatkrähe fliegt sie innerhalb der Trupps weit verteilt und ist dabei auf große Distanz erkennbar. Saatkrähen ziehen selten einzeln, oft in großen, riesigen Trupps. Der Schwanz ist mehr gerundet als bei der Aaskrähe, die in den beiden Morphen Raben- und Nebelkrähe auftritt. Die Saatkrähe ist außerdem langflügeliger als die Aaskrähe. Daher ist ein Kreisen in der Thermik und in Hangaufwinden möglich, was

68 Im Winterhalbjahr treten Saatkrähen (*Corvus frugilegus*) von Oktober bis Ende März oft in riesigen Schwärmen auf. Es handelt sich dabei um Zuzügler aus nordöstlichen Brutgebieten, die auf Feldern, Müllhalden und städtischen Anlagen Nahrung suchen und abends zu traditionellen Schlafplätzen fliegen – oft auf hohen Bäumen in Grünflächen im Siedlungsbereich.

69 Als Brutvögel nordischer Wälder kommen Bergfinken als Wintergäste oft in großen Schwärmen zu uns. Zwischen September und Mai sieht man Bergfinken alljährlich in Mitteleuropa. Wenn die Zahl an Bergfinken manchmal in die Millionen geht, stammen diese Massen offensichtlich aus sibirischen Brutgebieten. Die Schwärme leben dann bevorzugt von Bucheckern. Wenn sie zermalmte Bucheckern auf Straßen aufnehmen, werden nicht selten viele dieser attraktiv gefärbten Vögel überfahren. Die unbedarften Tiere reagieren häufig nicht auf den Verkehr – außer auf akustische Signale wie das Hupen.

bei den oft kilometerlangen Trupps fantastische Flugspiele ergeben kann. Die Aaskrähe ist kurzflügeliger mit gleichmäßig breiten Flügeln und nur ausnahmsweise kreisend. Außerhalb des Zuggebiets der Nebelkrähe, die bei uns östlich etwa bis zur Elbe vorkommt, können nur selten kleine Trupps oder Einzelvögel der Rabenkrähe ziehend beobachtet werden. Die sehr großen Kolkraben ziehen normalerweise nicht.

Stare (*Sturnidae*): Sie ziehen in großen Trupps in schnellem, geradlinigem Flug mit nur leisen, unbedeutenden Rufen, aber beachtlichen Flügelgeräuschen.

Sperlinge (*Passeridae*): Sie ziehen in geballten Schwärmen, mit geradlinigem Flug und schnellen, schwirrenden Flügelschlägen. Haus- und Feldsperlinge sind ohne ihre Rufe und Färbung auf große Entfernung kaum zu unterscheiden.

Finkenvögel (*Fringillidae*): Der Buchfink fliegt langsamer als der Bergfink und ist deshalb auch nur selten in Bergfinkentrupps anzutreffen. Bergfinkenschwärme überholen Buchfinken zügig. Der Buchfink ist der häufigste Tagzügler, der gelegentlich in sehr großen, lockeren Trupps oder bei Massenzügen „von Horizont zu Horizont“ bzw. an Pässen zu Bändern verdichtet (kanalisiert) zieht. Bergfinken fliegen zügiger, gestreckter und in dichteren Trupps als Buchfinken. Vor allem Winterflüchter und Nahrungsgesellschaften fliegen oft in endlosen Verbänden. Die

70 Bergfink (*Fringilla montifringilla*). Er überwintert gern in europäischen Buchenwäldern. Bergfinken tauchen seltener an Futterhäusern auf als die nahe mit ihnen verwandten Buchfinken. Wenn manchmal einzelne Bergfinken bei uns übersommern, bastardieren sie gelegentlich mit Buchfinken.

71 Grünling oder Grünfink (*Carduelis chloris*). Im Norden des Verbreitungsgebiets ist die Art Zugvogel. Die meisten Populationen sind aber Teilzieher und Standvögel mit kurzen Wanderungen. Vor allem die Stadtpopulationen sind Standvögel. Weil sie Zuzug von Wintergästen aus Norden und Osten bekommen, liegen die Winterbestände städtischer Grünfinken oft deutlich über den Sommerbeständen.

72 Bluthänflinge (*Carduelis cannabina*) im Schwarm. Der Hauptdurchzug der Kurzstecken- bzw. Teilzieher zurück in ihre Brutgebiete findet bei uns Mitte März bis Ende April statt.

kleinen Girlitze der Gattung *Serinius* mit sehr kurzem Schnabel und rundem Kopf fliegen langsamer als die kleinen Finkenvögel der Gattung *Fringilla*, einzeln und in kleinen, lockeren Trupps. Beim Zitronenzeisig (selten außer Alpenraum und Schwarzwald) sind Flug und Truppformation ähnlich dem Girlitz. Alle Arten der Gattung *Carduelis* besitzen einen tief gegabelten Schwanz von unterschiedlicher Länge. Mit Ausnahme des Grünlings fliegen alle Arten in sehr dichten Trupps. Durch sehr ähnliche Flugeigenschaften gehören die kleinen Vertreter der Gattung auf großer Entfernung zu den am schwierigsten anzusprechenden Singvögeln. Der Grünling fliegt ruhiger und in lockereren Trupps als die kleinen Finkenvögel. Die ähnlichen Kreuzschnäbel fliegen viel schneller und gestreckter. Stieglitze fliegen in ruffreudigen, wendigen und dichten Trupps. Erlenzeisig-Trupps wirken mehr durcheinander als die geordneter fliegenden Blut- und Berghänflinge. Der Fichtenkreuzschnabel ist der beste Flieger unter den Finken und zieht in dichten Trupps oder breit auseinandergezogenen Linien. Kreuzschnäbel fallen oft schon – ehe sie überhaupt in Sichtweite kommen – durch ihre Rufe auf. Die des Kiefernkreuzschnabels ähneln den Rufen des Fichtenkreuzschnabels so sehr, dass beide Arten im

Flug kaum unterscheidbar sind. Bindenkreuzschnäbel rufen weicher. Der massige Kernbeißer mit kurzem, abgeschnittenem Schwanz und dickem, keilförmigem Schnabel zieht in ziemlich dichten Trupps von bis zu 60 Vögeln in raschem, schwirrendem Flug in gestreckten Bögen. Gimpel fliegen langsamer als alle anderen Finken in lockeren Trupps aus bis zu 30 Vögeln und sind fast nie mit anderen Arten vergesellschaftet.

Ammern (*Emberizidae*): Auch bei den Ammern gibt es Übergänge in den Flugeigenschaften vom Flatterflieger Rohrammer über die nur wenig besser fliegenden Gold- und Grauammern zum Fernwanderer Ortolan. Dieser, wie auch die Bewohner der offenen Tundra, Sporn- und Schneeammer, sind gewandte Flieger. Rohrammern ziehen einzeln oder in kleinen, auseinandergezogenen Trupps und hängen sich gelegentlich kurzfristig an schneller fliegende Buchfinkentrupps an. Goldammern fliegen beim Langstreckenflug in gleichmäßigen, schwachen Bögen. Während des Zugs fliegen sie einzeln oder in lockeren Trupps und bilden nur bei Winterfluchten größere Gesellschaften. Die große, plumpe Grauammer zieht in Trupps, aber nur selten über das Mittelgebirge. Sie hat einen schwirrenden Flügelschlag ähnlich dem des Sperlings. Der Ortolan-Flug ähnelt dem des Baumpiepers. Er zieht einzeln oder in kleinen Trupps. Nachts zur Wegzugszeit des Ortolans können die schärferen „Zip"-Rufe mit denen ziehender Singdrosseln verwechselt werden. Die spitzflügelige Spornammer fliegt gestreckter und gewandter als die Rohrammer. Einzelne können sich ziehenden Feldlerchen anschließen. Die spitzflügeligen Schneeammern sind gewandte Flieger. Trupps mit adulten Tieren sind auch auf große Entfernung durch die weißen Flügel mit schwarzen Spitzen erkennbar.

Drehkreuz des internationalen Wasservogelzugs

Deutschland ist ein Drehkreuz des internationalen Wasservogelzugs. Auf unseren Gewässern rasten während des Frühjahrs- oder Herbstzugs alljährlich 13 bis 15 Millionen Wasservögel. Ihre Brutgebiete reichen von Nordostkanada bis Sibirien und von der Schwarzmeerregion bis nach Spanien, ihre Winterquartiere von Mitteleuropa über den Mittelmeerraum und die Sahelzone jenseits der Sahara bis nach Südafrika. Insbesondere das Wattenmeer und die Ostseeküste haben eine herausragende internationale Bedeutung für rastende Wasservögel. Im

73 Fichtenkreuzschnabel (*Loxia curvirostra*). Der Nahrungsspezialist ist Teilzieher. Er lebt und brütet ganzjährig in Nadelwäldern, bevorzugt in Fichtenwäldern. Kreuzschnäbel besiedeln stets Wälder mit gerade fruchtenden Beständen. Ihre Hauptbrutperiode reicht von Dezember bis April.

74 Mit seinem gewaltigen Schnabel kann der Kernbeißer (*Coccothraustes coccothraustes*) selbst hartschalige Kernobstsamen knacken. Die Standvögel unternehmen nahrungsbedingt von Jahr zu Jahr unterschiedlich weite Wanderungen. Ihre nördlichen Populationen sind Teilzieher, die ab Juli ihre Brutgebiete verlassen, um hauptsächlich im nördlichen Mittelmeerraum, besonders auf der Iberischen Halbinsel, zu überwintern. Der Hauptdurchzug findet in Mitteleuropa von Ende September bis Ende Oktober statt.

75 Trupp aus Schneeammer auf dem Herbstzug im Schlicht- und Jugendkleid.

76 Schwarm von Limikolen im Wattenmeer auf Schlick rastend.

77 Während die Rastbestände des Singschwans in Deutschland deutlich zugenommen haben, gehen die Rastbestände des Zwergschwans (*Cygnus bewickii*) stark zurück. Seine Zukunft hängt nicht nur vom Erhalt seiner Brutgebiete in der arktischen Tundra im Norden Russlands, sondern auch vom konsequenten Schutz seiner Überwinterungs- und Rastgebiete in Nordwesteuropa ab, die von den Britischen Inseln bis in die Niederlande und bis Norddeutschland reichen. Die größte Verantwortung trägt Deutschland für den Zwergschwan auf seinem Heimzug in die Brutgebiete. Dann rastet der überwiegende Teil seiner mittlerweile auf weniger als 20.000 Vögel geschätzten biogeografischen Population bei uns.

78 Brandgänse (*Tadorna tadorna*) leben an der Nord- und Ostseeküste und haben ihre höchsten Dichten auf Inseln mit Dünen- und Geestgebieten. Rund 80 % der nordwesteuropäischen Brandganspopulation rasten im Wattenmeer. Vor allem für den Schutz des Mauserbestands dieser Teil- und Kurzstreckenzieher, der sich räumlich überwiegend auf die äußere Elbmündung im Nationalpark Schleswig-Holsteinisches Wattenmeer konzentriert, kommt Deutschland eine herausragende Verantwortung zu.

79 Im Verlauf des Frühjahrszugs hält sich nahezu der gesamte Bestand der Dunkelbäuchigen Ringelgans (*Branta bernicla bernicla*) bei uns vor allem auf den Halligen und auf Inseln im nordfriesischen Wattenmeer auf.

80 Knutts (*Calidris canutus*). Die hocharktischen Brutvögel von Drosselgröße und gedrungener Gestalt erscheinen in Europa außerhalb der Brutzeit regelmäßig und in großen Trupps vor allem im Wattenmeer der Nordsee.

81 Tafelente (*Aythya ferina*). Ihr Überwinterungsgebiet reicht von der Ostsee bis Südwesteuropa und bis zum Mittelmeerraum. Mittel- und osteuropäische Durchzügler und Wintergäste kommen bei uns ab September an, mit Maximum im Oktober/November, um im März abzuziehen. Im Juli/August findet dann ein großräumiger Mauserzug der Männchen statt. Die bedeutendsten Rastregionen der Tafelente sind bei uns die ostholsteinische Seenplatte, die Ostseeküste mit Bodden, Dümmer, Steinhuder Meer, die bayerischen Voralpenseen und der Bodensee.

82 Die Langstreckenzieherin Nachtigall (*Luscinia megarhynchos*) mausert vor ihrem Wegzug in die deckungsreichen afrikanischen Buschlandschaften südlich der Trockensavannen, die bis an den Rand der tropischen Regenwälder von Senegal und Guinea und bis Somalia, Kenia und Tansania reichen.

83 Drosselrohrsänger (*Acroceohalus arundinaceus*) verlassen im August oder September ihre Brutgebiete, die Schilffelder von Flüssen und Seen, um nach Afrika zu fliegen. Vor der Ankunft in den eigentlichen Überwinterungsgebieten im mittleren und südlichen Afrika, mausern sie noch ihr Gefieder auf einem Zwischenstopp nördlich des Äquators.

84 Der Sumpfrohrsänger (*Acrocephalus palustris*), der etwa mit einem Viertel seines Weltbestands in Europa beheimatet ist, gehört zu den wenigen Langstreckenziehern, die südostwärts über die Türkei und Israel ins afrikanische Winterquartier fliegen.

Binnenland beherbergen vor allem die großen Seen und die Niederungsgebiete Norddeutschlands sowie der Bodensee und die Voralpenseen außergewöhnlich hohe Rastansammlungen. Alljährlich mausern viele Wasservogelarten simultan und werfen ihre Flugfedern ab. Im Sommer sind sie dann für drei bis fünf Wochen flugunfähig. Sie konzentrieren sich während der Mauser oft in sehr großer Anzahl in wenigen Gebieten, z. B. im schleswig-holsteinischen Wattenmeer 130.000 Brandgänse oder auf dem Ismaninger Speichersee mit Fischteichen mehr als 50.000 andere Mausergäste. Die Mausergebiete müssen einen besonders strengen Schutz genießen. Viele Schwanen-, Gänse- und Entenarten weisen stabile Bestände oder positive Bestandstrends auf. Sie profitieren von einem verbesserten Schutz vor allem in den mitteleuropäischen Überwinterungsgebieten und Einschränkungen der Jagd, günstigeren Überwinterungsbedingungen und einem verbesserten Nahrungsangebot. Die Bestände des Zwergschwans (*Cygnus bewickii*) sowie der Ringelgans (*Branta bernicla*), der Waldsaatgans (*Anser fabalis fabalis*) und der Brandgans (*Tadorna tadorna*) dagegen nehmen in Deutschland und auf internationaler Ebene in besorgniserregender Weise ab. Für diese Arten bzw. Unterarten trägt Deutschland eine besondere Verantwortung, da große Anteile der globalen Populationen Deutschland als Rastziel wählen. Ihre Rastgebiete benötigen besonderen Schutz, Störungen müssen vermieden und die Jagd auf diese Arten sollte gänzlich eingestellt werden.

Mausern strengt an

Neben der Brut und dem Zug kommt alle Jahre wieder auch die Mauser auf die Vögel zu. Weil das Wachsen eines neuen Federkleides einen hohen Energieaufwand erfordert, können sich Mauser und ähnlich energiezehrende Vorgänge wie Brut und Flug kaum überschneiden. Wie oben beschrieben suchen viele Vogelarten, die beim Durchlaufen ihrer konzentrierten Großfedermauser häufig zeitweise flugunfähig werden, für diese Zeit regelmäßig traditionelle Mausergebiete auf, die ihnen ausreichend Schutz und gute Ernährungsgrundlagen bieten. Solche Mausergebiete für Entenvögel liegen praktisch vor unserer Haustür. Die nach Afrika wandernden Langstreckenzieher haben ihre Mauserzeiten jeweils mit den Zeiten abgestimmt, in denen sie sich günstig mit Energie versorgen können. So mausern Trauerschnäpper und Nachtigall vor dem Wegzug, den sie dann „frisch beschwingt“

85 Weißstörche (*Ciconia ciconia*) sammeln sich vor dem Wegzug nach Süden.

antreten. Wem die Zeit zwischen Brut und Zug fürs Mausern zu kurz wird, der unterbricht die Mauser im Brutgebiet, um sie in Afrika fortzusetzen (z. B. Sperbergrasmücke), oder er beginnt dort erst damit. Mausern kurz vor der Saharaüberquerung scheint energetisch günstig, hat allerdings den Preis, dass Heim- und Wegzug mit abgenutztem Gefieder zu meistern sind (z .B. Drosselrohrsänger, Orpheusspötter). Manche Arten mausern auch in Ostafrika vor dem Weiterflug ins südliche Afrika. Neuntöter und Rauchschwalbe „warten“ sogar mit dem Mausern, bis sie in Südafrika sind. Andere wie Zilpzalp und einige Grasmücken legen im Winterquartier nur die äußersten, am stärksten abgenutzten Schwungfedern ab. Und der Fitis „leistet“ sich sogar einen zweifachen „Kleiderwechsel“. Er mausert komplett vor dem Wegzug und ein zweites Mal im Winterquartier. So kann er immer mit „runderneuertem Federkleid“ ziehen.

Ab in den Süden

Ungefähr 45 % der in Deutschland brütenden Vogelarten verbringen den Winter in wärmeren Gefilden. Die Hauptzugrichtung vieler Arten ist dann bei uns Südwest. Sie kommen so nach Frankreich und Spanien. Die Langstreckenzieher ändern erst dann ihre Zugrichtung auf Süd und überqueren Gibraltar und die Sahara. Nur wenige Arten, wie Sumpfrohrsänger und Klappergrasmücke, ziehen südostwärts, um über die Türkei und Israel das Niltal und den afrikanischen Kontinent zu erreichen. Bei Weißstörchen verläuft durch Deutschland eine Zugscheide, die etwa vom nordwestlichen Niedersachsen bis nach Südbayern reicht. Störche, die östlich davon ihre Brutheimat haben, ziehen nach Südosten ab über die Türkei (Bosporus) und Israel. Die westlich angesiedelten Weißstörche wählen dagegen den Weg nach Spanien. Neuerdings lässt sich unter den „Oststörchen“ eine Zunahme sogenannter Westzieher beobachten, wobei die Ursachen für die Änderung ihres Zugverhaltens noch nicht geklärt sind. Auch beim Schwarzstorch gibt es West- und Ostzieher. Die Zugscheide der Schwarzstörche liegt weiter östlich. Einige wenige unserer Arten weisen ganz abweichende Zugwege auf, etwa der Karmingimpel oder der Zwergschnäpper,

86 Die Steppenmöwe (*Larus cachinnans*) kommt aus den Steppengebieten, die sich vom nördlichen Schwarzen Meer bis Zentralasien ziehen. Von Südosteuropa erfolgt ihre Ausbreitung bis zu uns mit Bruten im Osten. Nach der Brutzeit wandern vor allem viele junge Vögel nach Nordwesten ab und sind dann zerstreut bis Westeuropa zu finden. Ihre Hauptüberwinterungsgebiete liegen im Nahen Osten.

87 Mittelmeermöwen (*Larus michahellis*) bewohnen den Mittelmeerraum und das westliche Schwarzmeergebiet mit zerstreuten Vorkommen bei uns. Mitteleuropa wird von ihnen vorwiegend in den Sommermonaten besucht. Die in Deutschland brütenden Mittelmeermöwen sind vor allem im Süden Jahresvögel, zum Teil Kurzstreckenzieher mit Ankunft im Brutgebiet im Verlauf des Spätwinters.

die beide überwiegend auf dem indischen Subkontinent überwintern. Bei ihnen gab es zwar Arealerweiterungen ihres Brutgebiets nach Westen. Die Winterquartiere dieser östlich verbreiteten Arten sind dennoch dieselben geblieben.

Ziemlich überraschend dürfte sein, dass es bei uns auch Vögel gibt, die im Herbst vom Süden nach Norden wandern. Der Bergpieper (*Anthus spinoletta*) beispielweise verlässt seine Brutplätze in den Hochgebirgslagen der Alpen und Karpaten in Richtung Norden, um dann unter anderem in den Niederungen und an der Küste Norddeutschlands zu erscheinen. Auch Silberreiher (*Casmerodius alba*), Mittelmeer- und Steppenmöwe (*Larus michahelli, Larus cachinnans*) führen teils großräumige, nord- bzw. nordwestwärts gerichtete Zugbewegungen durch, um bei uns zu überwintern, wie zahlreiche Ablesungen individuell markierter Vögel zeigen. Es ist für viele schon zum gewohnten Bild geworden, selbst aus dem fahrenden Auto heraus im Winterhalbjahr die auffälligen weißen Silberreiher bei uns zu sehen.

Vogelzug weltweit

Geschätzte 50 Milliarden Vögel bewegen sich weltweit alljährlich auf ihren saisonalen Wanderungen zwischen Brutgebiet und Winterquartier (Ruhegebiet). Ihre Wanderungen können von kleinräumigen Bewegungen auf regionaler Ebene bis hin zu Zugstrecken über mehrere Kontinente und viele Tausend Kilometer reichen. Dabei queren sie Ozeane, Wüsten und Gebirge. Irgendwo auf der Welt sind immer gerade Zugvögel unterwegs. Die Reisenden sind seit Jahrtausenden vielen natürlichen Gefahren wie Beutegreifern, Sturm und Trockenheit ausgesetzt. Neuerdings kommen aber zusätzliche, von Menschen verursachte Bedrohungen hinzu: Das sind Hindernisse im Luftraum wie Freileitungen, Windkraftanlagen oder Funktürme, irritierende Beleuchtungen, legale wie illegale menschliche Verfolgung, Entwaldung, Überweidung, Übernutzung sowie Auswirkungen des Pestizideinsatzes und des Klimawandels. All diesen Gefahren – soweit sie von Menschen verursacht sind – werden hier eigene Abschnitte (s. S. 138) gewidmet. Im Folgenden sollen einige Vogelarten, die nicht aus Europa kommen oder nicht unseren Heimatkontinent überqueren, auf ihren Reisen begleitet werden. Doch bevor wir zu den lebenden Langstreckenfliegern kommen, hilft

88 Silberreiher (*Casmerodius alba*) sind Schilfbrüter in ausgedehnten, ungestörten Schilfbeständen mit einem sehr großen Verbreitungsgebiet, das weite Teile Ost- und Südeuropas, Nord-, Mittel- und Südamerikas, Asiens und Afrikas umfasst. In Mitteleuropa ist der Silberreiher ein lokal verbreiteter und häufiger Brut- und Jahresvogel. Die Vögel zeigen eine ausgeprägte Neigung zu Wanderungen und werden in zunehmender Zahl auch in den Regionen Mitteleuropas beobachtet, in der sie kein Brutvogel sind. In unseren Niederungsgebieten sind Silberreiher im Winterhalbjahr bereits gewohnte Anblicke.

der Blick auf einige inzwischen ganz und andere beinahe Verlorene zu erkennen, wie überlebenswichtig Nahrung, Lebensräume und (feuer)freies Geleit für die Zugvögel bis heute sind.

200 Jahre zu spät

Um den größten aller Vogelzüge zu erleben, kommen wir knapp 200 Jahre zu spät. Eine noch bis in die erste Hälfte des 19. Jahrhunderts extrem häufige Art, deren Wanderzüge teilweise viele quadratkilometergroße Schwärme von mehr als 1 Milliarde Vögel umfassten und die dabei den Himmel verdunkelte, sollte innerhalb von weniger als 100 Jahren komplett von der Erde verschwinden. Mit dem Weibchen Martha starb 1914 der letzte bekannte Vertreter der Wandertauben (*Ectopistes migratorius*) im Zoo von Cincinnati. Ein Junge aus Ohio war es, der vier Jahre zuvor das letzte wild lebende Exemplar dieser Taubenart schoss. Martha war nicht die einzige Wandertaube im Zoo. Wie in der Freiheit zeigte sich aber auch in den Zoos, dass Wandertauben nur in der Masse in Brutstimmung kommen. Und ihre Masse war einstmals beachtlich. Sie gelten als die häufigste Vogelart, die in historischer Zeit auf der Erde gelebt hat: Ihr Gesamtbestand betrug auf dem Höhepunkt bis zu 5 Milliarden Vögel. Das Zugverhalten der Art kann als nomadisch beschrieben werden. Obwohl sie im Süden überwinterte, in der Mitte des Verbreitungsgebiets brütete und nach der Brutzeit oft Zerstreuungswanderungen (Dismigrationen) Richtung Norden durchführte, hatte die Wandertaube wohl keine festen Zugmuster. Die Kolonien bildeten sich bevorzugt an Standorten, an denen es nach Mastjahren ein reiches Angebot an Nussfrüchten gab. Fehlte ein solches Angebot im Folgejahr, wurde der Standort aufgegeben. Dennoch gab es Kolonien, die sich über mehrere Jahre hielten.

Die großen Schwärme, die sich außerhalb der Brutzeit bildeten, richteten sich in ihrem Wanderverhalten nach Nahrungsangebot oder Wetterlage. So konnten Schneestürme oder eine dichte Schneedecke große Zugbewegungen nach Süden verursachen. Unter günstigen Bedingungen blieben die Schwärme aber auch weit im Norden. Man vermutet, dass auf dem Zug nach Süden eine Art Schleifenzug stattfand, der im Herbst durch die Staaten an der Atlantikküste führte, im Frühjahr aber eher westlich der Appalachen verlief. Die Art war wohl schon von jeher erheblichen Bestandsschwankungen unterworfen. *Ectopistes migratorius* neigte zu Massenvermehrungen, wenn die Bedingungen optimal waren, und ihre Population brach zusammen, wenn sie sich verschlechterten.

89 Klappergrasmücke (*Sylvia curruca*). Sie überwintert in der Sahelzone und nimmt auf dem Zug den für Langstreckenzieher eher ungewöhnlichen Kurs südostwärts.

90 In den 1870er-Jahren wurde aus allen Rohren auf die Wandertaubenschwärme geschossen.

Prinzipiell passt dieser Verlauf zur Naturgeschichte Nordamerikas, in der Eiszeiten dafür sorgten, dass die Wälder und damit die Nahrungsquellen der Vögel immer wieder schrumpften. Damit hatte die Art eine Überlebensstrategie entwickelt, mit der sie auf sich ändernde Lebensbedingungen relativ rasch und flexibel reagieren konnte. Während Wandertauben den natürlichen Veränderungen so Tausende von Jahren trotzen konnten, führte die Lebensraumzerstörung mit dem Schrumpfen nahrungsreicher Wälder, die Buchen- und Eichelsamenmast bieten, zusammen mit Störungen der Brutkolonien und dem rücksichtslosen Schießen auf die Vögel zu einer Talfahrt, von der es kein Zurück mehr gab. Der Zugvogel Wandertaube sollte uns Warnung sein, dass selbst hohe Bestände eine Art nicht immer vor ihrem raschen Aussterben bewahren.

91 Wandertauben existieren heute nur noch auf Bildern oder als Museumsexemplare.

Weitere ganz und fast Verlorene sowie Wiedergeborene

Im 19. Jahrhundert zogen noch jedes Jahr Millionen von Eskimobrachvögeln (*Numenius borealis*) mehrere Tausend Kilometer aus ihren Brutgebieten in der Tundra im westlichen arktischen Kanada und Alaska bis in ihre Überwinterungsgebiete in Chile und Argentinien. Ihr Wegzug bewegte sich vom Yukon-Territorium und den Nordwest-Territorien nach Osten entlang der nördlichen Küste von Kanada und dann nach Süden über den Atlantischen Ozean in die Winterquartiere in Südamerika. Auf ihrer Rückkehr nach Nordamerika flogen sie nördlich über die Great Plains. Der Niedergang der Art sollte ein rascher werden. Obwohl einst zu den zahlreichsten Watvögeln Nordamerikas zählend, ging es mit der Art in den 1960er-Jahren endgültig zu Ende. Wiesen, auf denen die Eskimobrachvögel auf der Rast und in den Überwinterungsquartieren ihre Nahrung fanden, wurden in Ackerbauflächen umgewandelt. Weil die Vögel keine Scheu vor den Menschen kannten, war es ein Leichtes, die arglosen Vögel, die als landwirtschaftliche Schädlinge galten, millionenfach zu töten. Hinzu kam das Aussterben der Felsengebirgsschrecke (*Melanoplus spretus*) oder Rocky-Mountain-Heuschrecke als wichtige Nahrungsgrundlage der Eskimobrachvögel. Als größte Heuschrecke in ihrem Vorkommensgebiet, war sie bis gegen Ende des 19. Jahrhunderts im Mittleren Westen der USA und Teilen Kanadas weit verbreitet. In riesigen Schwärmen wanderten diese Heuschrecken durch die Prärien Nordamerikas und wurden durch das Pflügen und Bewässern der Felder durch die Siedler wohl so nachhaltig in ihrem Lebenszyklus gestört, dass mit dem letzten lebend gefundenen Tier 1902 in Kanada die Felsengebirgsschrecke als endgültig ausgestorben galt. Der Verlust ihrer bevorzugten Nahrung, die Umwandlung ihrer Rast- und Überwinterungsgebiete und der gnadenlose Abschuss beendeten das Leben des Eskimobrachvogels irgendwann endgültig. Einige Bälge, Museumspräparate und Fotodokumente sind alles, was von *Numenius borealis* heute noch vorhanden ist – und Fred Bodsworths bewegender Roman „Der große Flug", der uns mitnimmt auf den über 9000-Meilen-Flug eines der letzten Männchen des Eskimobrachvogels.

Etwas größer als sein ehemaliger „Vetter aus Amerika" ist – vielleicht auch war – der Dünnschnabelbrachvogel, einer der Brachvogelarten der Alten Welt. *Numenius tenuirostris* ist die seltenste Vogelart Europas, ja der gesamten Paläarktis. Von der Weltnaturschutzorganisation IUCN (International Union for Conservation of Nature) und von der Vogelschutzorganisation „BirdLife International" als „kritisch bedroht" eingestuft, umfasst seine Restpopulation weniger als 50 Exemplare. Im 19. Jahrhundert waren Dünnschnabelbrachvögel in Mitteleuropa noch regelmäßige, wenn auch seltene Durchzügler und Wintergäste, wenn sie aus ihrem kaum bekannten Brutgebiet im westlichen Sibirien in südwestliche Richtung durch Mitteleuropa bis in ihre Überwinterungsgebiete in Oman und an der Atlantikküste Marokkos zogen. Seit den 1980er-Jahren liegen jedoch nur noch wenige Nachweise für Durchzügler oder Wintergäste vor. Die meisten stammen aus Ungarn, wo es zwischen 1990 und 1999 insgesamt sieben Beobachtungen von Dünnschnabelbrachvögeln gab. Um die Rettung dieser Vogelart kümmert sich die Arbeitsgruppe „Dünnschnabelbrachvogel" (Slender-billed Curlew Working Group, SBCWG), indem sie z. B. alle Nachweise in einer Datenbank sammelt und dokumentiert (www.slenderbilledcurlew.net). Als einen der letzten Versuche, vielleicht doch noch neue Nachweise zu erhalten, hat die Arbeitsgruppe Bestimmungshilfen für die Art zusammen mit einem Aufruf an Feldornithologen herausgegeben. Die Ursachen für das Verschwinden des Dünnschnabelbrachvogels sind denen des Eskimobrachvogels sehr ähnlich: eine intensive jagdliche Verfolgung in den Rast- und Überwinterungsgebieten. Wegen ihrer großen Ähnlichkeit mit anderen Brachvögeln war bei Dünnschnabelbrachvögeln das Risiko sehr hoch, dass sie auch versehentlich geschossen wurden. Offenbar gingen außerdem wichtige Rastplätze in Steppengebieten sowie Feuchtgebiete im Mittelmeerraum verloren. Außerdem wird vermutet, dass Brutgebiete des Dünnschnabelbrachvogels durch Umwandlung in landwirtschaftliche Anbauflächen zerstört wurden. Der starke Populationsrückgang führte vermutlich auch zu einem Zusammenbruch seiner Sozialstruktur. Ob der Aufruf der Arbeitsgruppe zum Hoffnungsschimmer oder zum Nachruf wird, bleibt abzuwarten.

Während Eskimo- und Dünnschnabelbrachvogel viele Ähnlichkeiten aufweisen, könnten Schreikranich und Löffelstrandläufer verschiedener kaum sein. Während der erste ein weißer Riese ist, ist der zweite ein Zwerg, aber ein ganz besonderer. Sie haben aber auch Gemeinsamkeiten: Die größte ist, dass sie im Norden ihres Verbreitungsgebiets brüten und als Langstreckenzieher Nordamerika bzw. Asien durchqueren bzw. umrunden, um im Süden den Winter zu verbringen. Eine weitere Gemeinsamkeit ist ihr Schicksal: Beide sind hoch gefährdet. Und ob sie bestehen bleiben, hängt ganz und gar von den Schutzerfolgen zur Erhaltung ihrer Arten ab.

Fangen wir mit dem Zwerg an, einem kleinen Watvogel von 14 bis 18 cm Körperlänge, 36 bis 40 cm Flügelspannweite und 20 bis 35 g Gewicht, der seinen Namen im Gesicht trägt. Der Löffelstrandläufer (*Eurynorhynchus pygmeus*) besitzt einen am vorderen Ende löffelartig verbreiteten Schnabel wie ihn kein zweiter Watvogel hat und wie er nur bei wenigen anderen Vögeln (Löffler, Löffelente) zu finden ist. Er dient ihm zum Picken größerer Insekten von der Wasseroberfläche und zum Stochern in sandig-schlammigem Substrat. Mit diesem ganz besonderen Schnabel und seinem Einsatz, sind Löffelstrandläufer auf das Vorhandensein spezieller Habitate festgelegt. Die „Sonderlinge" brüten in der Tundra auf dem Boden. Auf dem Zug und im Winter rasten sie auf Schlammflächen entlang des Pazifischen Ozeans. Nachgewiesene Brutgebiete finden sich auf der Tschuktschen-Halbinsel und südlich entlang des Isthmus von Kamtschatka. Bis auf eine einzige Ausnahme liegen alle Brutstandorte höchstens 5 km vom Meer entfernt. Die Experten vermuten, dass sich das Brutgebiet der Löffelstrandläufer aufgrund dieser speziellen Standortauswahl auch in der Vergangenheit auf diese Region beschränkte und die Art nie besonders häufig war. Ihr Zugweg führt die Langstreckenzieher entlang der Pazifikküste von Japan, Nordkorea, Südkorea und China in ihre Überwinterungsgebiete in Süd- und Südostasien. Es gibt Winternachweise von Löffelstrandläufern aus Indien, Bangladesch, Sri Lanka, Myanmar, Thailand, Vietnam, den Philippinen, der Malaiischen Halbinsel und Singapur. Eine seit jeher niemals häufige Vogelart, die sich mit ihrer Schnabelanatomie an ganz spezielle Standortbedingungen angepasst hat, ist nicht von ungefähr durch sich rasch ändernde Bedingungen in ihren Lebensräumen hoch gefährdet. Der Löffelstrandläufer steht aktuell vor dem Aussterben; sein Bestand ist stark rückläufig. Von noch 120 bis 220 Brutpaaren 2009 sind aktuell kaum mehr als 100 Brutpaare übrig. Es ist vor allem der Habitatverlust entlang der Zugroute, der dem kleinen Watvogel zu schaffen macht. Wo seine wichtigen Rastgebiete eingedeicht wurden, hat er keine Chance mehr, seinen Löffel erfolgreich einzusetzen. Deshalb ist es ein Hauptziel einer international besetzten Spezialistengruppe, die wichtigsten Rastgebiete als Löffelstrandläufer-Reservate unter Schutz zu stellen. Diese bereits zum Teil erfolgreichen Bemühungen sowie die Entdeckung von 140 Löffelstrandläufern in ihrem Rastgebiet Rudong nahe Shanghai lässt hoffen, dass die Vögel (noch?) nicht endgültig ihren Löffel abgeben müssen.

92 Eskimobrachvogel, wie ihn der US-amerikanische Ornithologe und begnadete Maler James John Audubon sah.

93 Löffelstrandläufer. Sein löffelartig verbreiteter Schnabel macht den kleinen Watvogel einmalig.

Ein ganz anderes Kaliber in puncto Körpergröße ist *Grus americana*, der 1,50 m große, bis auf die schwarzen nur im Flug sichtbaren Armschwingen rein weiße Schreikranich. Heute immer noch eine der weltweit seltensten Vogelarten, war er einst in den Feuchtgebieten der Langgrasprärie im Mittleren Westen Nordamerikas beheimatet. Schreikraniche waren wohl niemals wirklich häufig; wahrscheinlich überstieg ihr Bestand selbst in guten Zeiten nicht 10.000 Vögel. Anfang der 1940er-Jahre lebten nur noch gut ein Dutzend dieser faszinierenden Tiere. Wegen ihrer schönen Federn, die in der Damenmode eine Rolle spielten und als Wildbret und Jagdtrophäe genutzt wurden, wurden die Vögel vor allem auf dem Zug in die Winterquartiere stark verfolgt. In den Brutgebieten wiederum waren die Gelege hoch bedroht, denn Eiersammler zahlten umso mehr Geld für die Eier, je seltener die Vögel wurden. Die entscheidende Ursache für die fast vollständige Vernichtung der Art war aber die Zerstörung ihrer Lebensräume: Die für den Schreikranich wichtigen Feuchtgebiete mussten der Landwirtschaft weichen, die Jagd nach Öl- und Gasvorkommen und die Grundwasserabsenkung durch den Bau von Kanälen für die Schifffahrt waren weitere Faktoren, die zu den großflächigen Lebensraumverlusten führten. Ursprünglich erstreckte sich das Brutgebiet des Schreikranichs von der kanadischen Provinz Alberta bis zu den Großen Seen im Norden der USA (Michigan). Ihre Überwinterungsgebiete lagen im Süden der Vereinigten Staaten. Im Küstenstaat Louisiana ganz im Süden (und möglicherweise auch noch in anderen Gebieten im Südosten der USA) gab es eine weitere, ortsfeste Population. Im 19. Jahrhundert kam es dann durch die oben erwähnten Faktoren zu einem erheblichen Rückgang der Bestandszahlen. Vor dem 2. Weltkrieg blieben schließlich nur noch weniger als 20 freilebende Schreikraniche übrig, die zu einer Population gehörten, die in Texas überwinterte.

94 Nur durch langjährige, äußerst aufwendige Schutzbemühungen gelang bisher die Rettung des Schreikranichs.

Zur Rettung der großen Vögel wurde 1937 endlich ein erstes Schutzgebiet geschaffen, das „Aransas National Wildlife Refuge“. Dieses wichtige Feuchtgebiet liegt direkt an der texanischen Golfküste (etwa 50 km nordöstlich von der Stadt Corpus Christi) und spielt auch heute noch eine wichtige Rolle für den Schutz des Schreikranichs. Ab da beginnt die Erfolgsgeschichte im Kampf gegen das Aussterben einer Art, die auch beim Bemühen um andere bedrohte Arten Mut machen kann. 1966 begann ein gezieltes Programm zur Vermehrung des Schreikranichs in Menschenobhut am „Patuxent Wildlife Research Center“, das bis heute die erste Adresse ist, wenn es um Schreikraniche geht. Damals wurden zwölf Eier von den letzten Wildvögeln gesammelt und künstlich erbrütet. Heute verfügt man dort über die größte Erfahrung bei der Handaufzucht von Kranichen. Noch immer werden viele der Eier, die dort künstlich erbrütet werden, von freilebenden Kranichen genommen, deren bedeutendstes Brutvorkommen im kanadischen „Wood Buffalo National Park“ liegt. Der Schreikranich gehört zu den Arten mit einer im Freiland geringen Reproduktionsrate. Von den zwei Eiern einer Brut wird tatsächlich meistens nur ein Jungvogel groß. Es schädigt den Freilandbestand deshalb fast gar nicht, wenn eines der beiden Eier entfernt

95 Damit sich handaufgezogene Schreikranichküken nicht an ihren menschlichen Betreuer gewöhnen, steckt dieser in einer Art Imkeranzug und wird so „gesichtslos". Er füttert den Jungkranich bzw. zeigt ihm das Futter mit einer Handpuppe, die dem Kopf eines Elternvogels mit dem typischen roten Scheitel nachgebildet ist. Das Abspielen von Kranichrufen und bald auch noch von Motorgeräuschen eines Ultraleichtflugzeugs bei diesen Interaktionen soll die Jungkraniche auf die notwendigen Folgeschritte vorbereiten.

96 Was hier dem französischen Vogelschutzaktivisten Christian Moullec gelingt, Kraniche auf sein Ultraleichtflugzeug zu prägen, damit sie ihm vom Aufzuchtplatz bis in ein Winterquartier folgen, wie sie das mit ihren natürlichen Eltern täten, war auch Voraussetzung für den Erfolg des Schreikranich-Schutzprojekts. Wenn die Jungkraniche zum Fliegen bereit sind, werden sie mithilfe einer Kranichpuppe an einer Angel zum Ultraleichtflugzeug geführt. Wenn sie nach einigen „Bodenübungen" dem Flugzeug immer brav hinterherlaufen, steigen sie schließlich auch mit dem Flieger auf und folgen ihm selbst bei allen Zwischenlandungen (zum Auftanken) bis in das vorgesehene Winterquartier. Einmal dort, finden Kraniche im Frühjahr ohne menschliche Unterstützung an ihre Aufzuchtsorte zurück und können ab da nach erfolgreicher Brut ihrem Nachwuchs eigenständig den Zugweg weisen.

und von Menschen aufgezogen wird. Um nicht auf Menschen geprägt zu werden, bekommen die kleinen Kraniche diese erst zu sehen, wenn sie schon recht groß sind. Dazu erfolgt die gesamte Fütterung und Pflege sehr aufwendig durch qualifiziertes Personal in Kranichkostümen. Selbstverständlich werden die kleinen Schreikraniche in Gruppen gehalten und ganz in der Nähe von erwachsenen Tieren, wodurch frühzeitig eine Kommunikation mit Artgenossen entstehen kann. Jedes Jahr werden auf diese Weise im „Patuxent Wildlife Research Center" mehr als 30 Schreikraniche aufgezogen. Die meisten von ihnen werden in Louisiana ausgewildert, um die dortige ortsfeste Population zu stabilisieren. Die restlichen werden mithilfe eines Ultraleichtflugzeugs mit der Route ins Winterquartier in Florida vertraut gemacht und verbringen ihr Leben dann als Zugvögel.

Dank dieser aufwendigen Schutzmaßnahmen in Verbindung mit einem gezielten Zuchtmanagement konnte der Bestand des Schreikranichs bis heute wieder auf etwa 600 Vögel anwachsen. Etwa 160 von ihnen leben in Menschenobhut, die freilebenden Schreikraniche verteilen sich auf drei Teilpopulationen. Eine dieser Populationen wurde in Florida angesiedelt und ist standorttreu. Ihr fehlendes Zugverhalten entspricht aber durchaus dem ursprünglichen Verhalten von Schreikranichen in dieser Region. Die beiden anderen Populationen sind Zugvögel. Weil sie zu den Vogelarten gehören, die das richtige Zugverhalten von den älteren Tieren erlernen müssen, wird für die handaufgezogenen Tiere das Ultraleichtflugzeug zum Leitvogel, der ihnen den richtigen Weg ins Winterquartier zeigt – eine Methode, die heute auch in anderen Schutzprojekten z. B. für Mandschurenkraniche und Waldrappe angewandt wird (s. S. 132).

Die Geschichte des Schreikranichs zeigt, dass Rettung möglich ist. Sie zeigt aber auch, welch immenser Einsatz erforderlich wird, wenn wir eine Art erst bis an den Abgrund treiben, um sie dann zu retten.

Reiseverhalten

Kurzreisende und Weltenbürger

Die Langstreckenzieher wandern auf ihren regelmäßigen Wanderungen zwischen zwei weit voneinander entfernt liegenden Gebieten mit unterschiedlichem Klima hin und her. Sie sind quasi die Fernverkehrszüge unter den Vögeln, die bis zum Endziel Zwischenstopps einlegen, teilweise aber auch ohne Halt das Endziel erreichen. Kurzstreckenzieher pendeln ebenfalls zwischen zwei Gebieten regelmäßig. Die zurückgelegten Entfernungen zwischen ihren Brut- und Winterquartieren sind aber viel kürzer. Meist liegen ihre Ziele innerhalb einer klimatischen Zone. Zu diesen Kurzstreckenziehern zählen bei uns z. B. Singdrossel, Rotkehlchen oder Waldohreule, die von Nordeuropa im Herbst nach Mittel- und Südeuropa einwandern. In Nordamerika gehört beispielsweise die Wanderdrossel (*Turdus migratorius*) zu diesem Zugtyp. Arten, die außerhalb der Brutzeit in der nächsten Umgebung ihres Brutareals umherwandern, werden als Strichvögel bezeichnet. In Europa sind dies z. B. Kolkrabe (*Corvus corax*), Haubenmeise (*Parus cristatus*) und Wacholderdrossel (*Turdus pilaris*), in Nordamerika z. B. die Singammer (*Melospiza melodia*). Die Standvögel wiederum verbringen das ganze Jahr in ihrem Brutgebiet. Während viele tropische Arten zu dieser Kategorie gehören, sind Standvögel in der nördlichen gemäßigten Klimazone und in der Arktis eine winzig kleine Minderheit. Manche Standvögel streichen allerdings wegen der jeweils verfügbaren Nahrungsressourcen weit umher. Deshalb sind die Grenzen zwischen den Kategorien Standvogel und Strichvogel äußerst unscharf. Auch zwischen Strichvogel und Kurzstreckenzieher lässt sich keine scharfe Grenze ziehen. Wenn verschiedene Populationen einer Art und selbst Angehörige derselben Population unterschiedliches Zugverhalten zeigen, spricht man von Teilziehern. Auch zeigen Jungtiere einzelner Arten Zugverhalten (z. B. See-, Steinadler), während sie nach der Geschlechtsreife zu Standvögeln werden. Die einzig echten Standvögel sind bei uns Eulen wie Uhu und Waldkauz oder einige Hühnervögel. Von den sogenannten Invasionsvögeln haben wir schon eingangs erfahren (s. S. 13). Es sind Arten, die normalerweise als Stand- oder Strichvögel leben, dann aber unregelmäßig und oft in großen Massen in weiter entfernte Gebiete für längere oder kürzere Zeit geradezu invasionsartig einfallen. In Europa zählen Seidenschwänze, Tannenhäher und Kreuzschnäbel zu diesen Kandidaten.

97 Singdrossel (*Turdus philomelos*). Auf dem Herbstzug von Mitte September bis Oktober hört man nicht selten auch über Städten das feine „Zipp“ der nächtlich und oft in großen Trupps ziehenden Vögel. Als Kurzstreckenzieher fliegen die mitteleuropäischen Singdrosseln in Südwestrichtung nach Frankreich, auf die Iberische Halbinsel und nach Nordafrika.

Singles und Gesellige

Zugvögel fallen uns oft dadurch auf, dass sie in ganzen Gesellschaften unterwegs sind. Dabei können sie Rast- und Zuggemeinschaften untereinander (als Art) oder auch mit Individuen anderer Arten bilden. Ihre Reingeselligkeit zeigen uns die Schwalben, wenn sie sich zum Sammeln auf Leitungsdrähten oft in

großer Zahl einfinden. Mischgesellig sind oft Finken und Pieper, aber auch Gänse und Enten. Die Häufung von Großvogelarten in Thermikzonen ist dagegen eine Scheingeselligkeit. Hier findet die Schwarmbildung nicht absichtlich statt, sondern ist den Aufwinden geschuldet, die von den Seglern verschiedener Arten genutzt werden.

Dass Zugvögel Schwärme bilden, dafür gibt es gute Gründe. Im Schwarm lassen sich örtlich und zeitlich befristete Nahrungsangebote besser finden und ausnutzen. Der Schwarm bietet ein geringeres Risiko für den Einzelvogel, von einem Beutegreifer gepackt zu werden, und durch Schwarmverhalten können Beutegreifer irritiert und auch aktiv angegriffen werden. Auch können Thermikgebiete leichter aufgefunden und noch unerfahrene Jungvögel in bestimmte Rast- und Zielgebiete geführt werden. Geselliges Ziehen bringt ferner im Verbandflug eine zeitweilige Kräfteersparnis vor allem für die gerade nicht führenden Individuen (Windschatten). Die speziellen Flugrufe der gesellig wandernden Tag- und Nachtzieher dienen der Verständigung. Geselligkeit vermag wohl auch den Aufbruch der in Zugstimmung befindlichen Artgenossen zu organisieren sowie die Orientierungsleistung zu verbessern. Sei es, dass besonders geeignete (erfahrene) Führervögel darunter sind oder dass eine optimale Mittelrichtung beim Zug gebildet wird.

Was die Richtung bestimmt

Für innerhalb der Tropen ziehende Vogelarten gilt, dass sie ihre Zugrichtungen jeweils nach den ökologischen Gegebenheiten, das heißt vor allem nach der wechselnden Nahrungsverfügbarkeit ihres Jahreslebensraums ausrichten. Aber auch die Zugvögel aus den höheren Breiten können nicht so ohne Weiteres aus unseren Breiten in den Süden, also Richtung Äquator, bzw. von der Südhalbkugel einfach nach Norden ziehen. Abhängig von geografischen und ökologischen Gegebenheiten, aber auch von der Entwicklungsgeschichte ihrer Wanderungen, ergeben sich recht komplizierte Wanderwege. Weil in Amerika die großen Gebirge in Nord-Süd-Richtung verlaufen, sind die Wanderwege der Vögel stark Nord-Süd ausgerichtet. Dass in der Alten Welt viele ökologische Barrieren quer zur Zugrichtung verlaufen, von den Gebirgen (Alpen, Himalaja) über die Meere (z. B. Mittelmeer) bis zu den Wüsten (z. B. Sahara), machte es den Zugvögeln schwer und führt zu komplizierten Zugverhältnissen. Wenn wir die Wanderwege der mitteleuropäischen Zugvögel betrachten, lassen sich die Anfangsrichtungen ihres Wegzugs in fünf verschiedene Kategorien einteilen: Die meisten Arten (45) wandern in südwestlicher Richtung ab. 10 Arten ziehen dagegen nach Südosten. Bei weiteren 13 Ar-

98 Fliegen im Schwarm hilft bei der Feindvermeidung und dem Zielfinden.

ten zieht ein Teil ihrer Population nach Südwesten, der andere nach Südosten ab. Bei weiteren 3 Arten vereinigen sich die Populationen trichterförmig Richtung Mittelmeergebiet. Und bei 16 Arten spaltet eine Zugscheide die Populationen in Südwest- und Südostzieher mehr oder weniger stark auf. Wenn wir dann noch berücksichtigen, dass Zugvögel aus Nord- und Osteuropa westeuropäische Küstenbereiche mit einer stark westlichen Zugrichtung anfliegen oder mitteleuropäische Mönchsgrasmücken gen Nordosten auf die Britischen Inseln wandern, wird das Richtungsbild des Vogelzugs recht bunt. Nicht weniger vielgestaltig sind auch die Zugverhältnisse im asiatischen und asiatisch-afrikanischen Raum. Neben den unterschiedlichen Zugrichtungen ergeben sich beim Zugablauf auch noch unterschiedliche Formen des Zugs.

Breitfrontzug – „Geht nicht, gibt es nicht"

Die meisten Zugvogelarten lassen sich von den Strukturen ihrer Durchzugsräume nicht oder kaum beeindrucken. Sie überfliegen die Ebenen, Gebirge und Flüsse unter ihnen, ohne sich davon in ihrer Zugrichtung wesentlich ablenken zu lassen. Sie fliegen einfach auf breiter Front aus ihren Herkunftsgebieten in Richtung ihrer Zielgebiete. Das geschieht jedoch nicht kreuz und quer, sondern eher parallel zueinander und ergibt als Bild den Breitfrontzug. Wenn aber Gebirge, Meere, Seen und Wüsten auf Zugvögel als „ökologische Barrieren" wirken, was bei vielen Tagziehern der Fall ist, dann können die darauf zusteuernden Vögel abgeleitet werden. Umgekehrt können Küstenstreifen sowie Flüsse und Niederungen Zugvögel, darunter auch die Nachtzieher, regelrecht anziehen. Wenn diese Strukturen die Zugvögel stark in ihrer Zugrichtung beeinflussen, spricht man von Leitlinien des Vogelzugs. Der Breitfrontzug wird dann zu einer geleiteten Breitfront. Wirkt diese Kanalisierung sehr stark, kann es zu Massenzugwegen wie etwa auf der Kurischen Nehrung kommen. Nicht umsonst wurde auf dieser Landenge die erste deutsche Vogelwarte mit erfolgreicher Massenberingung von Vögeln gegründet (s. S. 20).

In Nordamerika gibt es durch die Leitlinienwirkung und Verdichtung vier ausgeprägte Flugkorridore (Flyways) für Zugvögel: den Atlantik-, Mississippi-, Zentral- und Pazifik-Flyway. Auf dem Ostatlantik-Flyway zwischen Nordsibirien, Nordeuropa und Westafrika fliegen jedes Jahr etwa 7 Millionen Watvögel 20 verschiedener Arten. Unerreicht als Rekordzugkorridor bleibt Israel mit geschätzten 500 Millionen Durchzüglern im Sommer und Herbst jeden Jahres. Auf Massenzugwegen können auch Massenrastplätze entstehen. So rasten im Gebiet der Copperflussmündung in Südalaska auf dem Heimzug alljährlich um die 20 Millionen Limikolen und Wasservögel, die dann eine der größten Vogelansammlungen weltweit bilden.

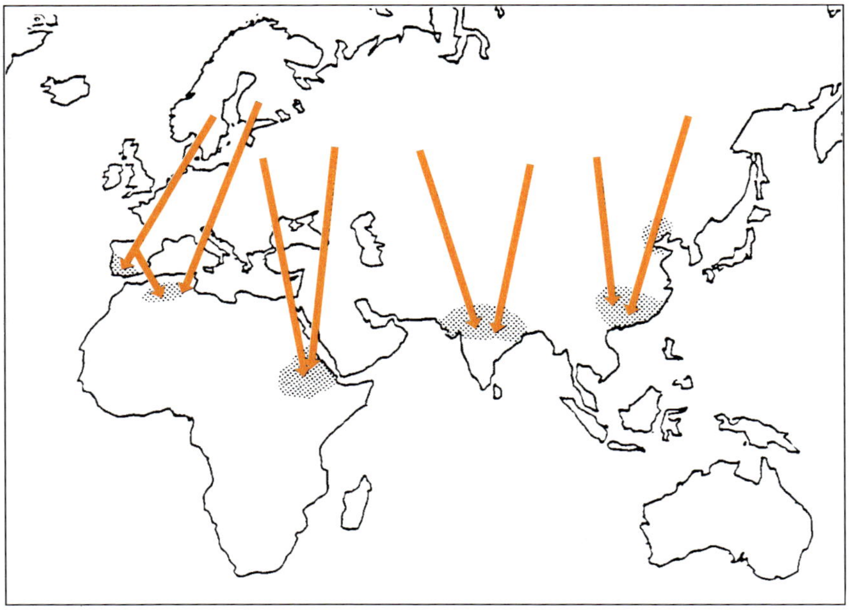

Wanderrouten von Kranich-Teilpopulationen in verschiedene Ruhegebiete (gerastert). Die schematisierte Darstellung zeigt, dass sich aufgrund des großen Brutgebietes des Kranichs (*Grus grus*) die Ruheziele der Teilpopulationen von Spanien bis China erstrecken.

Schmalfrontzug – für soziale Tagzieher und Thermikflieger

Warum wandern aber auch viele Arten zwischen ihren Brut- und Ruhegebieten auf schmalen Korridoren oder Zugschneisen, ohne dass dafür direkte Leitlinien wirksam sein müssen? Kraniche, ob unser Grauer oder der sehr seltene amerikanische Schreikranich (s. S. 66) zeigen ein solches Zugverhalten. Obwohl das riesige Verbreitungsgebiet unseres Kranichs das ganze nördliche Eurasien umfasst, führen nur relativ wenige traditionelle Zugrouten in gerade mal etwa zehn feste Winterquartiere von Spanien über Nord- und Ostafrika bis China. Ein klassischer Schmalfrontzieher ist auch unser Weißstorch. Mitteleuropäische Weißstörche wählen den Weg übers Mittelmeer an der Schmalstelle bei Gibraltar (Westzieher), während die Weißstörche aus dem östlichen Norddeutschland bis Russland sich zum Schmalfrontzug verdichten, um das Schwarze Meer westlich (am Bosporus) und südlich zu umfliegen.

Der Schmalfrontzug ist bei vielen Tagziehern und Arten verbreitet, bei denen das Führen von Jungvögeln im Familienverband mit der Weitergabe von Traditionen (Erlernen der Zugwege) eine Rolle spielt, und auch zum Teil bei Arten, die segelnd oder gleitend

Thermikstraßen zum Wandern benötigen. Wenn Gebiete, die als Rast- oder Zielgebiete prinzipiell geeignet sind, im „Zugschatten" zwischen den Brutgebieten und Ruhezielen des Schmalfrontzugs liegen, werden sie von den Vögeln nicht oder nur ausnahmsweise erreicht. Moderne Artenschutzprojekte machen sich inzwischen mit zunehmendem Erfolg die Möglichkeit der Ausbildung neuer Zugtraditionen durch Erlernen zunutze, indem handaufgezogener Vogelnachwuchs Ultraleichtfliegern als „Leitvögel" in neue und sicherere Ruheziele folgt und nach der selbstständigen Rückkehr ins Brutgebiet das so Erlernte dann an seinen eigenen Nachwuchs weitergibt (s. S. 67, 132).

Trichtern und Auffächern

Wie schon oben beschrieben, überfliegen die Westzieher unter den Weißstörchen das Mittelmeer bei Gibraltar an seiner schmalsten Stelle. Grund ist die fehlende Thermik über dem Wasser, die den Störchen kräftezehrende Flugleistungen abverlangt. Neuere Dokumentarfilme zum Vogelzug zeigen sehr eindrücklich, wie Störche oft mit „letzter Kraft" und gefährlich tief über den Wellen des Mittelmeers im Ruderflug gerade noch Afrika erreichen. In gleicher Weise wird die Meerenge am Bosporus von den Ostziehern genutzt. So entsteht aus dem Schmalfrontzug ein Trichterzug, der sich nach den kritischen Passagen wieder als Fächerzug verbreitert. Im Osten wird der Trichterzug ab Ägypten wieder zum Fächerzug.

Rekordzugkonzentrationen von jährlich über 1 Million ziehender Greifvögel stellen sich trichterbedingt in Südisrael bei Eilat und am Panamakanal ein. Die rekordverdächtigen Zugvogelkonzentrationen über Israel waren und sind ein sehr ernstes Vogelschlagproblem für die israelische Luftwaffe. Doch aus diesem Konflikt hat sich eine weit über 30-jährige Kooperation zwischen Luftwaffe und Ornithologen als Win-win-Situation für beide Seiten entwickelt. Die Zahl der ernsthaften Luftzwischenfälle mit riskanten Situationen ging um 76 % zurück. Durch Erfassungen der Zughöhe, Zugrichtung und Größe der ziehenden Vogelgruppen und die Weitermeldung der Daten an die Luftfahrt kann rasch mit einem eventuellen Lande- und Startverbot reagiert werden. Bis zum Beginn der Ausarbeitung von solchen Zugroutenkarten starben drei Piloten bei Kollisionen ihrer Maschinen mit Großvögeln. Seitdem gab es trotz durchschnittlich 258 Kollisionsereignissen pro Jahr keine Zwischenfälle mehr mit Todesfolgen. Auch konnten die teuren, durch Vogelschlag verursachten Reparaturkosten an

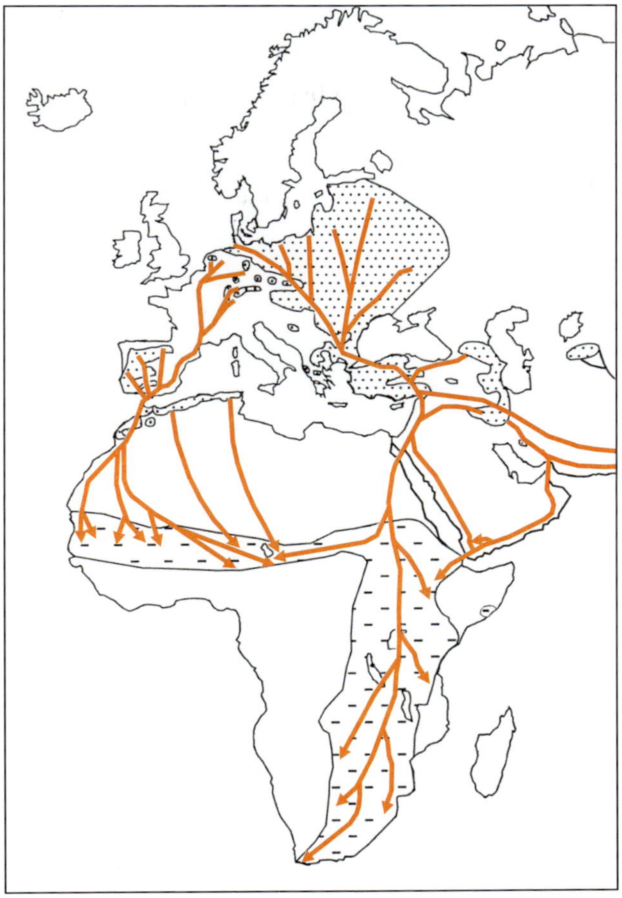

Die beiden Hauptzugrouten des Weißstorchs (*Ciconia ciconia*): im Westen über die Iberische Halbinsel, im Osten am Ostrand des Mittelmeers entlang sowie die Nebenzugrouten (schematische Darstellung) aus den Brutgebieten (punktiert) in die Ruheziele (gestrichelt).

den Flugzeugen dadurch deutlich gesenkt werden. Für die Vogelzugforschung wiederum sind die Ergebnisse unbezahlbar: Durch die regelmäßigen Erfassungen beispielsweise von seltenen und gefährdeten Greifvogelarten wie dem Schreiadler (*Aquila pomarina*) und dem Kurzfangsperber (*Accipiter brevipes*), von denen annährend der gesamte Weltbestand diese Route nutzt, können die langfristigen Bestandsentwicklungen erkannt werden. Während die Zahl der durchziehenden Schreiadler über Jahre nahezu konstant blieb, zeigen die geringeren Durchzugszahlen beim Kurzfangsperber den bedenklichen Zustand dieser Art. Zum einen wird der Weltbestand des Kurzfangsperbers gerade mal auf 7700 Brutpaare geschätzt, zum anderen leidet er in seinen Brutgebieten vor allem unter der Zerstörung seines Lebensraums, insbesondere der natürlichen Flussauen. Eine zweite Form des Trichterzugs entsteht, wenn Zugvogelarten meist aus ihren großen Brutgebieten in den höheren Breiten sich in kleinen Ruhezielen zusammenfinden. Solcherart Zugverhalten wird auch als Konzentrationszug bezeichnet. Ein Beispiel dafür liefert die Klappergrasmücke (*Sylvia curruca*). Sie wandert aus ihrem riesigen eurasischen Brutgebiet in zwei

99 Der riesige Umweg, den Neuntöter als Brutvögel in Westeuropa alljährlich auf ihrem Langstreckenzug in Kauf nehmen, ist der letzten Eiszeit geschuldet.

relativ kleine Winterquartiere in Ostafrika und Indien und bildet dabei zwei benachbarte Zugtrichter. Einen klassischen Trichterzug bilden auch viele nordamerikanische Waldsängerarten, wenn sie aus ihren Brutgebieten, die von Nordwestalaska bis Ostkanada reichen, nach Mittelamerika zum Überwintern fliegen. Wenn sich Arten in ihren Ruhezielen genauso weit oder noch weiter als in ihren Brutgebieten verteilen, handelt es sich um einen Streuungszug. Dieser trifft insgesamt für viel mehr Arten zu als der Konzentrationszug.

Vorteil von Zugscheiden

Sogenannte Zugscheiden haben sich oft dort ausgebildet, wo in geleiteter Breitfront oder in Schmalfront Barrieren zu umgehen sind oder für die jeweilige Population günstiger liegende Ruheziele erreicht werden können. An ihnen trennen sich die Zugwege von Vogelpopulationen. Immerhin liegen in Europa und Afrika mit den Alpen, dem Mittelmeer und der Sahara drei gewaltige Barrieren quer zur Nord-Süd-Richtung des Vogelzugs. Für Weißstörche wären sie ohne das Ausweichen nach Westen und Osten und das Ausnutzen der Meerengen bei Gibraltar und am Bosporus unüberwindbar. Ohne eine Zugscheide wären ein Teil der Tiere infolge der dazu erforderlichen großen Umwege deutlich benachteiligt. Wie bereits vorab beschrieben, nutzen neben dem Weißstorch auch mindestens 16 unserer Singvogelarten Zugscheiden (s. S. 70).

Tradition verpflichtet – auch bei Umwegen

Wenn wir uns die geografische Lage Europas zu Afrika anschauen und dabei die Barrierewirkung des Mittelmeers für die Zugvögel im Auge behalten, ist es eigentlich klar ersichtlich, dass viele Langstreckenzieher aus Mitteleuropa und dem nördlichen Europa nach der Brutzeit über die Iberische Halbinsel in ihre afrikanischen Ruheziele wandern. Arten, die weiter als nach Westafrika bis in ihre zentral- oder sogar südafrikanischen Ruheziele fliegen (z. B. Grasmücken, Laubsänger), vermeiden durch diesen Umweg nicht nur die Barriere Mittelmeer, sondern auch die riskante Kreuzung der zentralen Sahara. Warum aber tanzen Neuntöter (*Lanius collurio*), die in Westeuropa bis Portugal und Nordspanien brüten, völlig aus der beschriebenen Zugreihe, indem sie die Iberische Halbinsel in östlicher Richtung verlassen, danach Norditalien queren, durch Jugoslawien und Griechenland ziehen, dann mit ihren Artgenossen der mittel- und nordeuropäischen Populationen das Mittelmeer im östlichen Bereich überqueren, um schließlich in ihre ost- und südafrikanischen Ruhe-

100 Auch die Langstreckenzieher Kampfläufer gelangen alles andere als auf kurzem Weg in ihre westafrikanischen Ruheziele – wohl auch, weil das Festhalten an ihren konservativen Wanderwegen für sie bisher nicht nachteilig war.

ziele zu gelangen? Die Vogelforscher haben für diesen Umweg der Neuntöter eine plausible Erklärung: Es ist anzunehmen, dass nach der letzten Eiszeit die Neuntöter von ihren östlichen Refugien aus Mittel- und Westeuropa besiedelten. Deren Nachfahren folgen bis heute auf ihrem Wegzug immer noch den historischen Einwanderungswegen. Ob aber der andere Zugweg von der Iberischen Halbinsel nach West- und Zentralafrika als Ruheziele für die Neuntöter bis heute unbemerkt blieb oder er mangels günstiger Überwinterungsmöglichkeiten und eventuell hohem Konkurrenzdruck nicht erfolgreich war, bleibt reine Spekulation. Die Neuntöter sind nicht die einzigen Vögel mit einem derart umständlichen Wanderverhalten. So erreichen die im nordwestafrikanischen Küstenbereich und auf Mittelmeerinseln brütenden Eleonorenfalken (*Falco eleonorae*) ihr fernes Ruheziel auf Madagaskar durch einen östlichen Schleifenflug quer über das Mittelmeer, über den Suezkanal, den Golf von Arabien und um das Horn von Afrika herum – ohne eine Abkürzung quer durch Afrika zu nehmen.

Äußerst umständlich wirken auch die Wanderungen der Kampfläufer (*Philomachus pugnax*), die zum Erreichen ihrer westafrikanischen Ruheziele 12.000 Reisekilometer aus ihren nordostsibirischen Brutgebieten auf sich nehmen. Dabei könnten die Kampfläufer zumindest theoretisch auch nähere Ruheziele in Südasien ansteuern, so wie es andere verwandte Arten aus derselben Brutregion tun. Das Festhalten an konservativen Wanderwegen scheint den Arten zumindest keinen Nachteil gebracht zu haben. Dennoch ist dieses Verhalten nicht für alle Ewigkeit zementiert. Wann immer neue, geeignete Ruheziele von einer Vogelart entdeckt werden, kann sich infolge entsprechender Selektionsvorgänge ihr Wanderverhalten durchaus auch rasch ändern (s. S. 34).

Zugknicks und Bogenzüge

Der Wiener Maler, Architekt und Umweltschützer Friedensreich Hundertwasser (1928–2000) war sein ganzes Leben lang ein Gegner gerader Linien, die in der Natur nicht vorkommen und die er deshalb für „gottlos" hielt. Auch wenn er dabei sicher nicht den Vogelzug im Blick hatte, gilt dies auch für dieses Naturphänomen. Die wenigsten Vögel wandern auf dem kürzesten Weg zwischen ihren Zielen. Und wenn, dann ist dieser Weg wohl nie eine gerade Linie. Auch wenn man die Beringungs- und Wiederfundorte traditionell mit einer Geraden verbindet, muss klar sein, dass dies nicht dem tatsächlichen Wanderweg des jeweiligen Vogels entspricht. Wie der in der Realität aussieht, wird neuerdings erst durch den Einsatz von Datenloggern und Satellitentelemetrie genauer erkenntlich (s. S. 119).

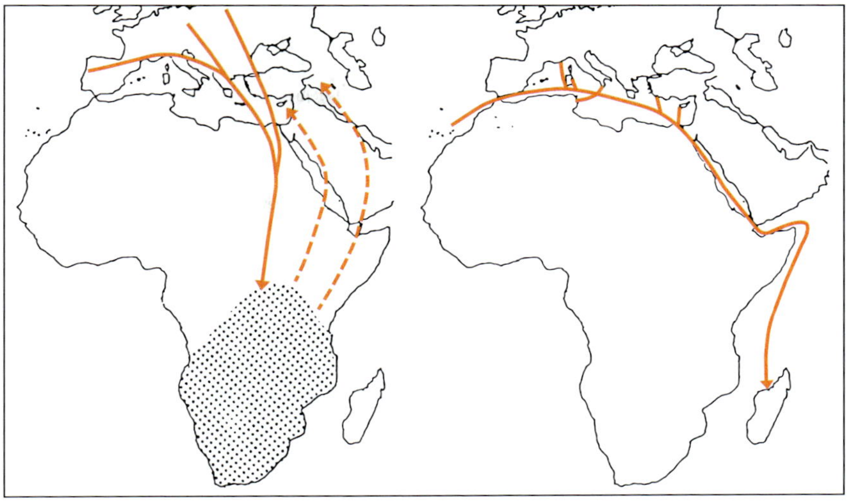

Historisch bedingte Umwege. **Links:** Wanderwege des Neuntöters beim Wegzug (durchgezogen) und Heimzug (gestrichelt) zwischen Brutgebieten und Ruhezielen. **Rechts:** Der Eleonorenfalke zieht aus seinen nordwestafrikanischen und mediterranen Brutgebieten in einer weiten Schleife über das Mittelmeer zu den Ruhezielen im Gebiet von Madagaskar.

Logisch, dass unsere Afrikazieher, die über die Iberische Halbinsel wandern, ihre Zugrichtung ändern müssen, um schließlich in Afrika ankommen zu können und nicht im nassen Grab des Atlantiks enden zu müssen. Was sie vollführen, wird als Zugknick oder Hakenzug bezeichnet. Wenn die Richtungsänderung weniger stark ist, sondern eher allmählich geschieht, spricht man von einem Bogenzug. Zugknicks und Bogenzüge kommen in vielen Gebieten vor – so auch im östlichen Mittelmeerraum. Bei Arten, die bis zum Ruheziel mehrere Zwischenziele ansteuern, etwa zur Mauser, sind Zugknicks besonders häufig. Arten, die auf ihren Wanderungen vom Brutgebiet ins Ruheziel und wieder zurück unterschiedliche Routen wählen, führen einen Schleifenzug durch. Manche Schleifenzüge verlaufen gegen den Uhrzeigersinn, andere im Uhrzeigersinn. Ursachen und Bedeutung dieser weit verbreiteten Zugform sind längst noch nicht befriedigend untersucht. Häufig dürfte der Vorteil in der rascheren Rückkehrmöglichkeit ins Brutgebiet liegen.

Von Ketten und Überspringern

Bei den meisten Vogelarten wandern die Tiere der einzelnen Populationen „schön" nacheinander aus ihren Brutgebieten in die Ruheziele und wieder zurück – quasi in einer Kette. Bei einigen Arten werden aber auch die Tiere anderer (zum Teil sesshafter) Populationen im Brutgebiet oder unterwegs über-

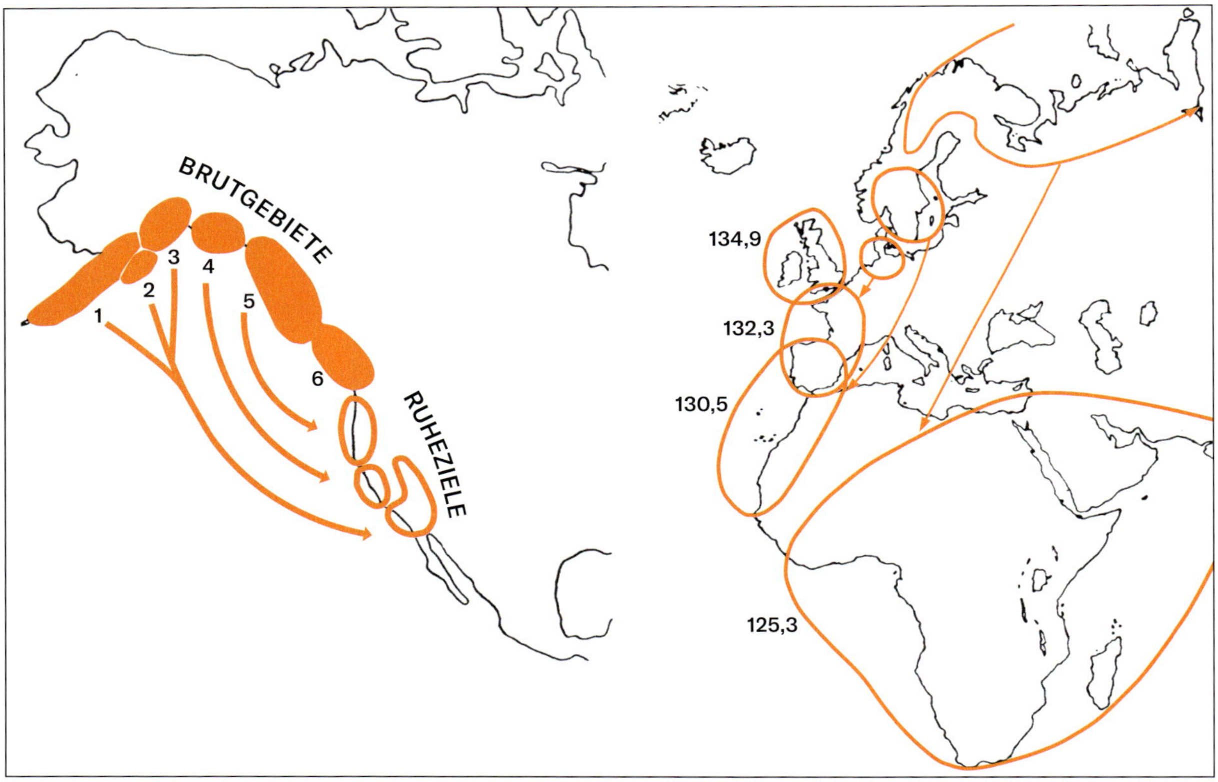

Ketten- und Überspringzug am Beispiel der Fuchsammer (*Passerella illaca*) im westlichen Nordamerika (links) und des Sandregenpfeifers (*Charadrius hiaticula*) in Eurasien und Afrika. Bei der Fuchsammer überwandern bei ihrem Wegzug aus den Brutgebieten fünf Rassen die nicht ziehende (residente) Rasse *P. i. fuliginosa* in unterschiedliche Ruheziele. Beim Sandregenpfeifer ziehen die nördlichen Populationen weiter als die südlichen (Zahlen: durchschnittliche Flügellängen der einzelnen Populationen).

101 Sandregenpfeifer (*Charadrius hiaticula*) brüten hauptsächlich an Küsten, Stränden, im Watt und an Schlammufern, im Norden und Osten auch in der Tundra oder an grasigen Seeufern. Je nach Brutgebiet sind sie Kurz- und Langstreckenzieher, wobei die Vögel aus nördlichen Populationen in weiter südliche Ruhegebiete wandern als ihre Artgenossen aus den südlicheren Brutgebieten. Dieses Überwandern führt im Ergebnis zu einem Überspringzug.

sprungen, überrollt oder überwandert. Wenn dies der Fall ist, wird aus dem Kettenzug ein Überspringzug, wobei in der Regel die Populationen umso weiter in ihre Ruhegebiete wandern, je weiter nördlich sie brüten. So wandern beispielsweise Sandregenpfeifer der nördlichsten Populationen Skandinaviens und Russlands bis nach Zentral- und Südafrika, während die Tiere aus Dänemark und Norddeutschland sich mit Wanderungen bis nach Westafrika begnügen und die der Britischen Inseln sogar sesshaft sind.

Wenn Jungvögel nach dem Flüggewerden auf eine Wanderschaft gehen, die über die normale Jugendstreuung hinausgeht, spricht man von Zwischen- und Frühwegzügen. Sie führen nicht zu den bekannten Ruhezielen, sondern in der Regel zu günstigen Nahrungsressourcen, die in ganz anderer Richtung liegen können. Bei Staren beginnen solche Zwischenzüge bereits Mitte Juni, um im August zu enden. Neben dem Star ist diese Zugform auch beim Kiebitz und bei einigen Reiherarten üblich. Wenn sich die Jungvögel dabei stark verteilen, wie es bei Nachtreihern der Fall ist, wird dieses Phänomen auch drastisch als „Granateneffekt“ bezeichnet. Der Vorteil all dieser Aktionen liegt darin, dass durch die Verteilung gleich nach der Brutzeit die Nahrungskonkurrenzen verringert wird und neue Nahrungsquellen entdeckt werden können.

Wenn das Wetter wechselt

Nicht selten treffen früh zurückziehende Arten beim Heimzug auf Nachwintereinbrüche unterwegs oder in ihrem Brutgebiet. Darauf können die Heimzieher mit einem Rückzug wieder in Richtung ihres Ruheziels reagieren. Mit der nächsten Warmfront wird dann wieder Richtung Brutgebiet gewandert. Wenn die Wetterbedingungen sich mehrfach ändern, kann aus dem Umkehrzug oder der Zugumkehr ein Wetterpendeln werden. Ein Phänomen, das übrigens schon Friedrich II. beschreibt. Warum aber kann es auch beim Wegzug aus den Brutgebieten zur Zugumkehr kommen? Die unmittelbare Ursache dafür sehen Vogelforscher in den Windverhältnissen wie starkem Gegenwind oder fördernden Winden entgegen der üblichen Zugrichtung.

Nachtzieher im Vorteil

Es ist schon auffällig, dass nicht nur von Haus aus nachtaktive Vogelarten nachts ziehen, sondern der Nachtzug eine über viele Vogelgruppen verbreitete, nahezu durchgängige Zugweise ist. Vogelforscher haben in sieben Hypothesen diskutiert, worin der Vorteil dessen liegen könnte:

1. Die Zwangszug-Hypothese nimmt an, dass der Nachtzug (wie der Tagzug bei Nachtziehern) sich daraus ergibt, dass Meere von Arten, die nicht aufs Wasser niedergehen, „zwangsweise" in Nonstop-Flügen überquert werden. Sie kann damit aber nicht die weite Verbreitung des Nachtzugs über Land befriedigend erklären.
2. Auch die Reduzierter-Feinddruck-Hypothese, die davon ausgeht, dass Nachtzieher sich dem Zugriff von Greifvögeln eher entziehen, ist nicht besonders schlüssig. Denn mit Ausnahme der Eleonoren- und Schieferfalken ist der Einfluss der Greifvögel auf Tagzieher während des Flugs nicht besonders groß. Dafür könnten Eulen nachts potenziell zuschlagen.

3. und 4. Wesentlich plausibler erscheinen die Zeitgewinn- und die Tageszeitliche Nahrungsaufnahme-Hypothesen. Weil die Hauptnahrungsaufnahme tagsüber stattfindet, ist es zeitlich wie energetisch von Vorteil, diese Zeit hauptsächlich zur Nahrungsaufnahme und die Nacht zum Ziehen zu verwenden.

5. Die Energiespar-Hypothese hat im Blick, dass das Fliegen in kühlerer, dichterer Luft zusammen mit den nachts geringeren horizontalen Windrichtungen energetisch günstiger ist und vor allem den Langstreckenziehern in der Summe Vorteile bringt.
6. Die Hypothese erhöhter physischer Sicherheit geht davon aus, dass für nachts wandernde Arten aufgrund niedrigerer Umgebungstemperaturen und höherer Luftfeuchte das Risiko einer Überhitzung oder Austrocknung geringer ist.
7. Die siebte und letzte Hypothese sieht den Vorteil für Nachtzieher in der Anwendbarkeit eines Sternenkompasses. Diese Orientierungsform ist zwar für eine Reihe von Arten nachgewiesen, kann aber nur dann eingesetzt werden, wenn die Sterne sichtbar sind (s. S. 91). Dass die Anwendung des Sternenkompasses die Entstehung des Nachtzugs begünstigt hat, ist sehr fraglich. Eher „lernten" Nachtzieher, ihn zu nutzen.

Wohl am wahrscheinlichsten für die Entstehung des Nachtzugs sind nach aktueller Forschermeinung die Hypothesen 3 und 6 und die möglicherweise noch in Kombination.

Kilometerleistungen der Zugvögel

Die Zugstrecken der Arten, die vor dem Winter nur bis in tiefere Lagen ziehen (Vertikalzieher) bzw. nur gelegentliche Winterfluchten unternehmen (Winterflüchter), liegen deutlich unter 100 km, teilweise sogar unter 1 km. Dagegen ziehen die Kurzstreckenzieher unter unseren Brutvogelarten durchaus bis nach Westfrankreich, um vom milderen Meeresklima zu profitieren. Die Mittelstreckenzieher legen Strecken von etwa 1000 km bis in den Mitteleerraum zurück. Unsere Langstreckenwanderer kommen dagegen leicht auf 3500 km, bis sie über die Sahara ihre afrikanischen Ruheziele erreicht haben. Brutvögel aus Skandinavien oder Sibirien legen sogar 10.000 bis 15.000 km auf ihrem Reiseweg bis nach Südafrika zurück. Mit ihrer Rückkehr ins Brutgebiet kommen diese Langstreckenzieher auf eine Jahreszugleistung von bis zu 30.000 km, ohne damit auch nur annähernd die Zugrekorde mancher Arten zu erreichen (s. S. 115).

Vogelzug – wann und wie lang?

Es vergeht kein Tag, an dem nicht irgendwo auf der Welt Vögel ziehen. Und selbst bei uns gibt es nicht wirklich irgendwelche jahreszeitlichen Pausen beim Zuggeschehen. Die kleine Insel Helgoland, auf der die Vogelwanderungen rund um die Uhr erfasst werden, kennt praktisch keine zugfreie Zeit. Während unsere Langstreckenzieher bereits brüten, sind nordische Brutvögel noch auf dem Heimzug. Und wenn diese noch voll beim Brutgeschäft sind, gehen die Jungvögel südlicherer Arten schon auf ihre Zerstreuungswanderungen, und Nichtbrüter beginnen mit dem Wegzug. Weil die lange Zeit des Wegzugs schon früh im Juli beginnt, um sich bis in den Dezember hinzuziehen, überschneidet sich dieser mit dem Heimzug spät brütender Arten. Die meisten Langstreckenzieher gehen in Mitteleuropa im August und September auf ihre Reise zu den Ruhezielen, die sie nicht vor November oder Dezember, oft auch noch später erreichen. Sie sind damit für ein Vierteljahr Reisende. Nach Berechnungen von Vogelkundlern sind die Langstreckenzieher unter den europäischen Kleinvögeln im Mittel 88 Tage auf ihrem Wegzug unterwegs, die Mittelstreckenzieher 42 Tage und die Kurzstreckenzieher immerhin noch 32 Tage. Sehr viel länger unterwegs sind die oft extrem weit ziehenden Seevögel wie z. B. Seeschwalben (s. S. 115). Dagegen können für Winterfluchten kurze Zeiten – unter Umständen nur wenige Stunden – ausreichen.

Legt man die lange Wegzugzeit der Langstreckenzieher zugrunde, dann rücken viele der Arten täglich nur um etwa 50 km vor. Die Vorrückzeit bei Kleinvögeln kann aber auch 100 km und mehr betragen. Mittelstreckenzieher erreichen um die 50 km, Teilzieher gut 25 km. Rauchschwalben schaffen 150 km und erreichen damit die Vorrückzeiten von Seeschwalben und größeren Limikolen (150 bis 200 km). Die Vorrückgeschwindigkeit der Wandervögel erhöht sich aber allgemein mit der abnehmenden geografischen Breite, also nach Süden hin, sowie grundsätzlich beim Überqueren von Barrieren (z. B. Wüsten). Obwohl Nachtzieher meist nicht die ganze Nacht fliegen, sind ihre Etappen länger. Bei manchen Arten wandern auch die Altvögel schneller als ihre Jungvögel. Nonstop-Flüge und wenige Etappen bei weit entfernten Zielen kommen nur bei wenigen Arten vor und sind dann fehlenden Rastplätzen oder breiten Barrieren geschuldet. Der Heimzug der Zugvögel erfolgt wohl aus verschiedenen Gründen (unter anderem wegen besserer Fettdepots) sehr viel schneller, nämlich um ein Drittel bis zur Hälfte rascher als der Wegzug. Dies gelingt durch Verlängerung der Etappen und kürzere Rastpausen.

Tab. 1 Gemessene Zughöhen in der Übersicht (aus Berthold 2012)

Wer	Wo	Wann	mittlere Höhe	max. Höhe
Kleinvögel und Limikolen	Norddeutschland	Heimzug nachts Wegzug tagsüber	910 m 430 m (hauptsächlich Limikolen)	3000 m
	Schweizer Mittelland	Heimzug nachts Wegzug tagsüber	700 m 400 m	2000 m
Streifengänse	Himalaja		7000 bis 10.000 m	über 10.000 m
Schwäne	Europa			8000 bis 8500 m
Kleinvögel	Europa			7000 m
Transatlantikzieher (Nordamerika)	Karibik		4000 m	über 6000 m
Zugvögel über großen Wüsten	Negev-Wüste		ab 200 m, Konzentrationen bei 1000 bis 3000 m	bis 7000 m
	Sahara		250 bis 1500 m	

Reiseflughöhe erreicht – wie hoch Zugvögel ziehen

Die Flughöhen der Zugvögel können sehr unterschiedlich sein. Sie reichen von unter Meeresspiegelhöhe vor allem bei im Windschatten ziehenden Kleinvögeln bis über 10.000 m bei den Himalaja-Überfliegern (s. S. 113). Dank Radaruntersuchungen kennen wir inzwischen die Höhenverteilung von Zugvögeln über verschiedenen Gebieten und in den unterschiedlichen Zugperioden (s. Tab. 1).

Trotz vieler Unterschiede lassen sich einige Regeln hinsichtlich der Zughöhe und des Zugverhaltens feststellen:

- Der normale Zug über Land ist im Allgemeinen recht niedrig.
- Nachtzieher wandern im Allgemeinen höher als Tagzieher.
- Beim Nachtzug fehlt der sehr niedrige, bodennahe Zug meist vollständig.
- Bei den Tagziehern wandern die im Ruderflug ziehenden Arten niedriger als die segelnden Arten.
- Bei Gegenwind werden niedrigere Höhen mit geringeren Windgeschwindigkeiten aufgesucht.
- Über dem Binnenland und kleineren Gewässern werden geringere Höhen eingehalten als bei vielen Transozeanflügen (mit Ausnahme der dynamischen, unmittelbar über den Wellen ziehenden Segelflieger).
- Niederungsgebiete, Tiefebenen usw. werden allgemein in relativ größeren Höhen überflogen als

bergige Gebiete, vor allem Hochgebirge, die Zugvögel oft relativ niedrig und teilweise über Pässen überqueren.

- Schnellere Flieger bevorzugen größere Höhen als langsamer fliegende Arten.
- Die jeweils günstigsten Flughöhen bezüglich der atmosphärischen Bedingungen (Wind, Temperatur, Luftfeuchte) werden von den Vögeln wohl durch auf- und absteigende Suchflüge während des Zugs herausgefunden.

Feste und weniger feste Ruheziele

Viele Zugvögel suchen immer wieder die gleichen Ruheziele auf, um dort die gesamte Zeit nach dem Wegzug bis zum Heimzug zu verbringen. Nordische Singschwäne steuern beispielsweise jedes Jahr die gleichen Bereiche des Bodensees an und bleiben dort stationär bis zu ihrem Heimzug. Höchstens menschliche Störungen oder Vereisungen ihrer Gewässer können sie zur Aufgabe ihres Überwinterungsgebiets veranlassen. Auch Kraniche besitzen feste Ruheziele, wie wir das beim amerikanischen Schreikranich schon kennengelernt haben. In Asien ist es der sibirische Nonnenkranich oder Schneekranich (*Grus leucogeranus*), dessen zentralsibirische Teilpopulation bis zu ihrem völligen Erlöschen im Jahr 2002 den Winter im indischen Keoladeo-Nationalpark bei Bharatpur verbrachte. Selbst viele Kleinvögel fliegen in feste Ruheziele, um dort zum Teil jedes Jahr an denselben Plätzen paarweise oder nach Geschlechtern getrennt ihre Territorien zu bilden und sie mit ihrem Gesang zu markieren und gegen Artgenossen zu verteidigen – und das manchmal für längere Zeiträume als die, die sie in ihren Brutrevieren verbringen. Andere Arten wiederum streifen in ihrem Ruheziel oft weit und nomadisierend umher.

Eile mit Weile oder Eile tut Not

Zugvögel nehmen also aufgrund unterschiedlicher auf ihr Zugverhalten wirkender Faktoren kaum den kürzesten Weg zwischen ihrem Brutgebiet und dem Ruheziel. Erst mithilfe von Messmethoden, die eine ständige Lokalisation des Vogels ermöglichen, lassen sich die tatsächlichen Kilometerleistungen sowie Flugetappen und Zwischenstopps erfassen. Um annäherungsweise einen Eindruck von den Zugleistungen der Vögel zu bekommen, ist es interessant, sich einmal die anhand von Ringvögeln ermittelten Zuggeschwindigkeiten anzuschauen (s. Tab. 2 u. 3).

Tab. 2 Fluggeschwindigkeiten von Ringvögeln auf dem Zug (aus Curry-Lindahl 1982)

Art	Entfernung (km)	Zeit (Tage)	km/24 h
Steinschmätzer (*Oenanthe oenanthe*)	800	1	800
Steinwälzer (*Arenaria interpres*)	800	1,1	727
Stockente (*Anas platyrhynchos*)	890	2	445
Gelbschenkel (*Tringa flavipes*)	3100	7	443
Basstölpel (*Morus bassanus*)	358	1	358
Kurzschwanz-Sturmtaucher (*Puffinus tenuirostris*)	10.000	53	189
Kurzschnabel-Schlammläufer (*Limnodromus griseus*)	3700	20	185
Blaukehlchen (*Luscinia svecica*)	3244	21	154
Küstenseeschwalbe (*Sterna paradisaea*)	14.000	114	123

Tab. 3 Durchschnittliche Fluggeschwindigkeit künstlich versetzter Vögel (aus Curry-Lindahl 1982)

Art	Entfernung (km)	Zeit (Tage)	km/24h
Brieftaube	1620	1,5	1080
Alpensegler (*Apus melba*)	1620	3	540
Laysanalbatros (*Phoebastria immutabilis*)	5150	10	515
Schwarzschnabel-Sturmtaucher (*Puffinus puffinus*)	5300	12,5	424
Noddi (*Anous stolidus*)	1739	5	348
Silbermöwe (*Larus argentatus*)	1400	4,1	341
Weißstorch (*Ciconia ciconia*)	2260	11,9	190

102 Auch die seltenen und bedrohten asiatischen Schneekraniche haben feste Ruheziele.

103 Blaukehlchen (*Luscinia svecica*) sind Mittel- und Langstreckenzieher. Ein Ringvogel legte in 21 Tagen eine Flugstrecke von 3244 km zurück, was theoretisch einer Leistung von 154 km in 24 Stunden entspricht.

104 Weißstörche legen auf dem Zug große Strecken segelnd und gleitend zurück und sparen so Energie.

Zusammenfassend lässt sich festhalten, dass Flugleistungen der Zugvögel von mehr als 800 km pro Tag eher die große Ausnahme bleiben. Die Helgoländer Vogelforscher vermelden als „ihr Rekordtier“ eine Singdrossel, die in einem Tag die Strecke von Helgoland nach Bordeaux schaffte und damit mindestens 1215 km flog. Die zweit- und drittplatzierten „Helgoländer Rekordzugvögel“ sind eine weitere Singdrossel und ein Gartenrotschwanz mit Tagesleistungen von 954 bzw. 853 km. Solche hohen Einzelleistungen sind nur bei besonders günstigen Wetterbedingungen mit anhaltendem Rückenwind möglich. Der Normalfall sieht nach Kenntnis der Zugvogelforschung anders aus. Kurz- und Mittelstreckenzieher kommen beim Heimzug auf eine mittlere Tagesleistung von 38 km, Langstreckenzieher auf 57 km.

Der Vogelzugforscher Curry-Lindahl (1982) hat in seinem Übersichtswerk auch gestoppte Höchstgeschwindigkeiten von Vögeln auf dem Zug angegeben. Allgemein ist festzustellen, dass ziehende Vögel eiliger unterwegs sind, als sie es in anderen Situationen sind, dass im Schwarm schneller als allein geflogen wird, dass sich bei Rückenwind die Fluggeschwindigkeit fast verdoppeln kann (Kraniche), dass die Fluggeschwindigkeit aber auch bei derselben Art in Abhängigkeit von der Beschaffenheit der Landschaft gewaltig variieren kann. Deshalb sollen die folgenden „Höchstgeschwindigkeitsmessungen“ nur einen Eindruck vermitteln, was Zugvögel in Sachen Tempo zu leisten imstande sind (Curry-Lindahl 1982):

- Stockente und einige Greifvögel 90 km/h
- Kranich über 100 km/h
- Dohle und Wachtel je 91 km/h
- Tordalk 53,3 km/h
- Spießente 81 km/h
- Mornell 80 km/h
- Star 78 km/h
- Saatkrähe, Turteltaube, Kiebitz und Regenbrachvogel je 72 km/h
- Gänse 70 km/h
- Austernfischer 67 km/h
- Wanderfalke, Rauchschwalbe und Kreuzschnabel je 59 km/h
- Wiesenpieper 53 km/h
- Buchfink 52 km/h
- Steinschmätzer und Zeisig je 51 km/h
- Schafstelze 48 km/h

105 Turteltaube (*Streptopelia turtur*). Bei diesen Langstreckenziehern treffen oft die Männchen als Erste Ende April bis Mitte Mai aus ihrem afrikanischen Winterquartier kommend im Brutgebiet ein.

Die Energiespartricks der Zugvögel

Noch viel interessanter als die Kenntnis der Höchstgeschwindigkeiten von Zugvögeln ist die Klärung der Frage, wie die unterschiedlichen Arten ihre kräftezehrenden Wanderungen meistern. Die meisten Zugvögel bewältigen ihren Zug im normalen Flugmodus, dem Ruder- oder Schlagflug. In jeweils arttypischer Weise wird dabei durch den Flügelschlag ein Auf- und Vortrieb erzeugt. Beim Ziehen geht es nicht um Höchstgeschwindigkeiten, sondern um die optimale Reisegeschwindigkeit. Situationsabhängig können dabei die möglichst große Reichweite, die minimale Reisedauer oder auch die optimalen Flugmöglichkeiten das Ziel sein. Reisegeschwindigkeiten reichen bei Singvögeln und Kolibris von 30 bis 60 km/h, bei Vögeln von Taubengröße von 70 bis 80 km/h und bei Enten und Gänsen von 90 bis 100 km/h. Nur im Sturzflug, der nichts mit dem Zugverhalten zu tun hat, können Greifvögel Geschwindigkeiten von über 250 km/h erreichen. Weil selbst die optimalen Reisegeschwindigkeiten die Vögel sehr viel Energie kosten – etwa das 20-Fache

106 Noch „unsortiert“ fliegt die bunte Schar verschiedener Gänse- und Entenarten in ihrem Rastgebiet auf. Während des Zugs fliegen dann viele Entenvögel aus Energiespargründen in Formation.

ihres Grundumsatzes – haben sie darauf mit energiesparenden Anpassungen reagiert.

Weit verbreitet ist bei vielen Arten ein hüpfender Flug, der durch die eingelegten Flügelschlagpausen muskelphysiologisch Vorteile bringt und dadurch die Reichweite erhöht. Auch Formationsflüge und vor allem der Segelflug sparen viel Energie (s. S. 69).

107 Rosapelikane leben zu allen Zeiten, so auch auf dem Zug, gesellig. Sie zählen zu den elegantesten Segel- und Gleitfliegern, die Aufwinde zu nutzen vermögen, was man ihren mächtigen Körpern gar nicht zutraut. Mit ihren langen (Flügelspannweite von 2,70 bis 3,20 m) und breiten Flügeln können sie sich von Thermikschläuchen nach oben treiben lassen, um danach lange Strecken im Segel- und Gleitflug zurückzulegen.

Bei einem Körpergewicht um die 20 kg endet die Flugfähigkeit von Vögeln. Arten aus dieser Gewichtsklasse können sich daher keine zusätzlichen Fettdepots als Energietanks für den Zug erlauben. Deshalb können Störche, Pelikane und große Adler nur ihre Zugleistungen durch Einschalten von Gleitphasen erbringen. Denn der Gleitflug verbraucht nur etwa 15 bis 30 % der Energie, die der Ruderflug kosten würde. Der übliche Segel- oder Gleitflug ist ein passives Thermik- oder Überlandsegeln. Dazu steigen die Vögel mit ausgebreiteten Schwingen mit maximal 5 m/s in Thermikzonen oder -blasen auf, um dann unter stetigem Höhenverlust von Thermik zu Thermik (Thermikstraßen) zu gleiten. In gebirgigen Gegenden können Aufwind- und Hangsegler auf diese Weise praktisch ohne Flügelschlag große Strecken zurücklegen. Bisweilen geschieht das auch im gemischten Gleit- und Ruderflug. Weil durch das Kreisen beim Aufsteigen die Flugstrecke einer Wanderung sich nahezu verdoppeln kann, hat sich nach Expertenansicht die Gleitflugtechnik deshalb wohl nicht generell bei Zugvögeln durchsetzen können. Eine andere Technik setzen die über die Meere wandernden Albatrosse und Sturmvögel ein. Sie bewältigen große Flugstrecken flügelschlaglos in Form eines dynamischen Segelflugs. Das Wellensegeln gelingt durch geschicktes Ausnutzen der horizontalen Geschwindigkeitsunterschiede des Seewindes über den Wellen, der abwechselnd zum Hochtragenlassen und Vorwärtsgleiten genutzt wird. Beim Wandern entlang von Gebirgskämmen kann ein sogenanntes Leewellensegeln Zugvögel in große Höhen führen.

Viele Vögel ziehen im Verband, teilweise auch mit Individuen verschiedener Arten. Das spart insgesamt auch Energie. Oft fliegen Zugvogelschwärme in mehr oder weniger dichten Haufen, wie etwa Stare und Finken (s. S. 51), oder in einer langen breiten Reihe, wie etwa Kiebitze und Tauben. Manche Verbände ziehen aber auch in Keilform, V-Form, Doppel- oder Mehrfach-V-Form oder in einfacher Schrägform. Bei all diesen Formationen fliegt das nachfolgende Individuum immer versetzt hinter dem voranziehenden. Ein weiteres Merkmal ist ein immer wieder erfolgender Wechsel der Anführer, die nach einer Zeit ausscheren, um sich weiter hinten in die Formation wieder einzugliedern. Diese Technik hilft den quasi im Windschatten des Anführers fliegenden Vögeln, Energie zu sparen. Eine Leistungsberechnung ergab eine Energieersparnis von etwa 20 %. Sie könnte im Idealfall theoretisch sogar über 50 % betragen. Doch dieser Wert ist in der Realität wohl nicht erreichbar, denn dazu müssten auch die Flügelschläge aufeinander abgestimmt und mit der Atmung koordiniert werden.

108 Rosapelikan (*Pelecanus onocrotalus*) im Flug. Weit mehr als die gesamte europäische Brutpopulation dieser bis zu 15 kg (Männchen) schweren Vögel lebt im Donaudelta.

Nicht alle Berichte von „Huckepackflügen“ kleinerer Vogelarten auf dem Rücken größerer Arten müssen unbedingt als Märchen abgetan werden (s. S. 11). Allerdings handelt es sich dabei wohl kaum um echtes Wanderverhalten, sondern wohl eher um eine Notlandung eines Geschwächten auf einer „fliegenden Rettungsinsel“.

109 Seltenes Dokument eines Huckepackflugs auf Sri Lanka: Ein Sri Lanka Drongo (*Dicrurus lophorinus*) greift einen über dem Dschungel kreisenden Malaienadler (*Ictinaetus malaiensis*) an und konnte dabei fotografiert werden.

110 Nach der Landung auf dem Adlerrücken flog der Drongo ein ganzes Stück Huckepack auf dem Adler mit und hackte dabei auf den Nacken des Adlers ein. Auch wenn hier ein Verteidigungsverhalten Auslöser für den Huckepackflug ist, zeigt das Dokument dennoch, dass ein „Mitfliegen“ auf einem Großvogel möglich ist.

Was ist sicherer – daheimbleiben oder ziehen?

Wenn wir gefragt würden, welche Lebensform der Vögel uns sicherer erscheint, die der Standvögel oder die der Zugvögel, würden viele von uns die „Heimatverbundenheit" als weniger riskant einschätzen. Schließlich wissen wir von den Gefahren, die uns eventuell auf langen Reisen und dann vor Ort an fremden Zielen erwarten. Auch für Zugvögel sind ihre Reisen sowie die Situationen an den Zielen nicht ohne Risiko und oft mit Verlusten verbunden. Dennoch ist festzuhalten, dass im Vergleich Zugvögel weniger Gefahren ausgesetzt sind als Standvögel. Die Jungenproduktion der Standvögel beträgt deshalb häufig ein Mehrfaches im Vergleich zu der der Zugvogelarten. Langstreckenzieher produzieren im Allgemeinen weniger Nachkommen und weisen eine geringere Mortalität als die Standvögel auf. Während z. B. Langstreckenzieher wie Klappergrasmücke und Sumpfrohrsänger pro Brutsaison nur ein Gelege von etwa vier bis fünf Eiern haben, von denen im Mittel zwei bis drei Junge flügge werden, produzieren Standvögel meist mehr Eier (Meisen oft über zehn) pro Gelege und ziehen zudem mehrere Jahresbruten auf. Trotzdem sind die Populationen beider Vogelgruppen im Mittel weitgehend stabil. Demzufolge haben Standvögel höhere Verluste als ihre ziehende Verwandtschaft. Während Letztere sich gut programmiert rechtzeitig auf Reisen macht, erleiden Standvögel, vor allem in höheren geografischen Breiten oft hohe Winterverluste. Das manchmal auftretende wetterbedingte Massensterben von Vögeln ist kein Argument gegen oder für das Ziehen. Es kann sich sowohl auf dem Zug wie in heimischen Gefilden bei Sturm und Hagel ereignen. Dass inzwischen auch gerade viele Langstreckenzieher Bestandsabnahmen zeigen, hat kaum etwas mit den „Gefahren auf dem Zug", sondern viel eher mit den durch Menschen veränderten, das heißt verschlechterten, Umweltbedingungen in den Durchzugs- und Ruhezielen und auch in den Brutgebieten zu tun (s. S. 101).

Blickwechsel – unsere Zugvögel in Afrika

Vogelarten, die regelmäßig bei uns vorkommen und sich bei uns fortpflanzen, betrachten wir gern als die Unsrigen, als „unsere heimischen Vögel". Dabei verbringen die Zugvögel unter ihnen nicht unbedingt die meiste Zeit im Jahr in unseren Gefilden. Mauersegler halten sich gerade einmal für dreieinhalb Monate bei uns zur Fortpflanzung auf, segeln aber bis zu sechs Monate über ihrem zentralafrikanischen Überwinterungsgebiet. Unsere Trauerschnäpper erreichen im September die nördliche Elfenbeinküste Westafrikas und besetzen dort sechs lange Monate feste Reviere, die sie in oft stundenlangen Kämpfen gegen Artgenossen verteidigen. Als Rekordhalter erwies sich dabei ein farbberingter Trauerschnäpper, der sich 188 Tage am Stück in seinem nur 1 ha großen selbsterwählten Territorium aufhielt. Es muss gute Gründe dafür geben, dass sich einige unserer Zugvögel so lange und teilweise so ortsfest an ihren

Ruhezielen aufhalten und andere wiederum weit umherschweifen. Untersuchungen zur Überwinterungsökologie der europäischen Zugvögel in Afrika sind immer noch recht rar. Ein Grund dafür ist, dass früher das Hauptinteresse der Vogelzugforschung in Afrika sich darauf richtete, die Überwinterungsgebiete der einzelnen Arten zu finden und nachzuschauen, wie sich die Zugvögel mit den Arten vor Ort arrangieren. Der zweite Grund lag schlichtweg in den fehlenden Beobachtungsmöglichkeiten. Dank neuer Kennzeichnungs- und Überwachungsmethoden (s. S. 128 ff.) gelingen heute viel genauere Einblicke in die Lebensumstände der Zugvögel, die uns deren Populationsdynamik sowie Anpassungsstrategien besser verstehen lassen.

Dem Regen hinterher

Nicht Temperaturschwankungen, sondern die Wechsel von Trocken- und Regenzeiten bestimmen die saisonalen Unterschiede im tropischen Afrika. Die zeitliche Abfolge wird durch die Nord-Süd-Bewegung der sogenannten Innertropische Konvergenzzone geregelt, die etwa zwischen dem 20. nördlichen und dem 20. südlichen Breitengrad liegt. Während

111 Im afrikanischen Winterquartier bewegen sich Weißstörche so selbstverständlich zwischen Elefanten wie bei uns zwischen Weidetieren.

unseres Sommers wandert die von Niederschlägen begleitete Konvergenzzone vom Äquator Richtung Norden bis zum Sahara-Südrand, um dort im Juli ihre nördlichste Stellung zu erreichen. Ab da bewegt sie sich wieder nach Süden, überquert den Äquator und erreicht die südlichste Linie im Januar. Damit fallen die Regenzeiten nördlich des Äquators vor allem in den europäischen Sommer, die Regenzeiten im südlichen Afrika dagegen in unseren Winter. Nicht nur ihr Zeitpunkt, auch die Dauer der Regenzeiten ist unterschiedlich und unterliegt folgender Regel: Die Regenzeit beginnt mit zunehmender Entfernung vom Äquator später, dauert kürzer, und es fallen außerdem weniger Niederschläge. Anders herum betrachtet bedeutet dies, dass es innerhalb der Innertropische Konvergenzzone weit im Süden und im Norden außerhalb der Regenzeit besonders trocken ist. Wenn unsere europäischen Zugvögel beim Wegzug die Sahara überquert haben, erwarten sie im Herbst Savannen, die kurz nach der Regenzeit durch die Vegetationsentwicklung ein Maximum an Insektennahrung zu bieten haben. Weil die Trockenzeit schnell fortschreitet, werden sich die Verhältnisse für die Insektenfresser jedoch rasch wieder verschlechtern. Wer als Zugvogel im europäischen Herbst südlich des Äquators ankommt, wird hier auf trockene Lebensräume treffen, die erst wieder durch die Regenzeit ab Oktober und die folgende Vegetationsentwicklung während des europäischen Winters ausreichend Insektennahrung bieten können.

112 Gartenrotschwanz (*Phoenicurus phoenicurus*). Der Wegzug des Langstreckenziehers nach Westafrika findet großenteils von Mitte August bis Anfang Oktober statt. In der dann gerade nahrungsreichen Sahelzone angekommen, verlassen Gartenrotschwänze während ihres gesamten Afrikaaufenthalts ihr Ruheziel nicht mehr.

Durch den Zusammenhang von Trocken- und Regenzeit mit dem Mangel bzw. der Verfügbarkeit an Nahrungsressourcen wird klar, warum viele unserer Zugvögel in ihrem „Ruheziel“ Afrika nicht wirklich ruhen, sondern ausgedehnte Wanderungen unternehmen (müssen). Aber auch dabei gibt es je nach Erstankunftsruheziel in Afrika sowie artabhängig unterschiedliche Formen des Vorrückens. Die in Westafrika eintreffenden europäischen Zugvögel verweilen zunächst zum großen Teil in der dann gerade nahrungsreichen Sahelzone. Die darunter befindlichen Arten Gartenrotschwanz, Zilpzalp, Berglaubsänger und Dorngrasmücke verlassen diese Region während ihres gesamten Afrikaaufenthalts nicht mehr. Dagegen folgen Nachtigall, Drosselrohrsänger und Gartengrasmücke den weiter nach Süden fortschreitenden Niederschlägen. Die meisten Zugvögel, die es nach Westafrika zieht, bleiben aber nördlich des Äquators. Die über das Nildelta oder über die Arabische Halbinsel kommenden Zugvögel nutzen zunächst das reichhaltige Nahrungsangebot infolge der Regenzeit in den nördlichen Savannen. Einschließlich ihrer Mauser verbringen sie dort zwei bis drei Monate. Im November und Dezember fressen sie sich dann erneut ein Fettdepot an, das ihnen zur Bewältigung einer zweiten bevorstehenden Etappe dient, die sie tief ins südliche Afrika mit seiner jetzt ertragreichen Regenzeit führt. Durch Geolokation konnten Vogelforscher für den Sprosser nachweisen, dass er auf seinem Zug vom nördlichen ins südliche Afrika noch einen mehrwöchigen Zwischenstopp in Kenia einlegt. Den Heimzug führen dagegen alle Arten in der Regel direkt und relativ zügig durch (s. S. 76).

Der Vorteil des Wanderns immer der Nahrung nach ist so gut nachvollziehbar. Worin ist aber der Vorteil der Sesshaftigkeit im Überwinterungsgebiet zu suchen? Auch ihm liegt wohl eine einfache Kosten-Nutzen-Berechnung zugrunde: Eine erfolgreiche, ortsgebundene Überwinterung macht es wahrscheinlich, dass die Bedingungen auch in den Folgejahren ähnlich günstig sein werden und reduziert die Kosten, die bei der Suche nach geeigneten Winterlebensräumen unweigerlich entstehen würden.

Tanken in der Wüste

Afrika zeichnet sich durch das Vorkommen unterschiedlicher Großlebensräume aus. Neben den großen Wüsten im Norden und Süden finden sich unter anderem Übergänge wie die Sahelzone im Anschluss an die Sahara, Steppen- und Savannen, ausgedehnte Regenwälder, Küstenwälder und Hochland. Dass Zugvögel die unwirtliche Sahara möglichst rasch zu überqueren versuchen, verwundert nicht. Weniger bekannt ist, dass auch der tropische Regenwald trotz seiner ungeheuren Artenfülle ein ungeeignetes Ruheziel ist und von den Zugvögeln gemieden wird. So fanden sich beispielsweise erst auf den Kahlschlägen im westafrikanischen Regenwald Schafstelzen ein. Längere Zeit galt es als Paradoxon, dass ausgerechnet die trockene Sahelzone so attraktiv als Ruheziel für viele Zugvögel ist. Selbst vor dem Heimzug tanken Millionen von ihnen hier ihre Fettreserven vor der Saharaquerung auf. Das Geheimnis verbirgt sich in den zur trockensten Zeit in voller Blüte stehenden Baum- und Buscharten. Durch Nektartrinken einerseits und zum anderen durch den Verzehr der Beeren des am Südrand der Sahara weitverbreiteten Salzbuschs (*Salvadora persica*) können die Vögel ihren Energiehunger stillen.

Wie es um die Konkurrenz bestellt ist

Eine weitere spannende Frage ist, ob und wie Zugvögel mit den afrikanischen Arten, vor allem mit ihren engeren Artverwandten, in Konkurrenz um die Nahrungsressourcen stehen. Man war lange Zeit der Ansicht, dass, wenn Ressourcen von den einheimischen Arten genutzt werden, die Zugvögel nur in den Regionen satt werden, in denen es zeitweiligen Nahrungsüberschuss gibt. Bei kritischer Betrachtung dieser Theorie zeigt sich jedoch, dass ein friedliches Nebeneinander von afrikanischen Arten und Zugvögeln ebenso möglich ist wie das zeitgleiche Zusammentreffen vieler Zugvögel. Dennoch ist eine räumliche Verteilung von Zugvögeln und einheimischen Arten zu beobachten, für die aber eine mögliche Konkurrenz nicht der einzige Grund ist. Die neuen Theorien haben eher Aspekte der Vogelanatomie und der Lebensweise im Blick. So bringen lange, spitze Flügel den Langstreckenziehern für ihre Wanderungen Vorteile (s. S. 53), erweisen sich aber als nachteilig beim Bewegen in dichten Lebensräumen. Die „Nischentheorie" wiederum meint, dass viele Zugvögel in ihren Brut- und Überwinterungsgebieten ähnliche Habitate nutzen. Eine weitere Eigenschaft vieler Zugvögel ist ihre größere Flexibilität gegenüber den afrikanischen Artverwandten. Diese kann sich sowohl in einer breiteren Habitat- wie auch Nahrungswahl ausdrücken. Für das zeitliche Zusammenleben von afrikanischen Arten und hinzukommenden Zugvögeln gilt wohl, dass weder die Konkurrenz das Geschäft belebt, noch dieses verhindern kann. Wir müssen unsere Zugvögel wohl eher als das betrachten, was sie wirklich sind: nämlich als ein Bestandteil der afrikanischen Vogelwelt.

Die Erkenntnis, dass das, was in Afrika passiert, auch Auswirkungen bei uns hat, hat spätestens seit den ebenso großen wie dramatischen menschlichen Migrationsbewegungen neue Nahrung erhalten. Das gilt aber auch und gerade für unsere Zugvögel. Die ursächliche Verbindung der Brut- und Überwinterungsgebiete von Vogelpopulationen wird mit dem Begriff „Konnektivität" umschrieben. Erstmals im größeren Maßstab wurden diese Zusammenhänge auffällig, als infolge der großen Dürre in der westafrikanischen Sahelzone Ende der 1960er-Jahre in Westeuropa einige Populationen von Langstreckenziehern zusammenbrachen. Östliche Populationen, die ihre Ruheziele nicht in den von der Dürre am stärksten betroffenen Gebieten hatten, waren dagegen weit weniger betroffen. Für das Verständnis der Bestandsentwicklung unserer Vögel – und den wirkungsvollen Einsatz von Hilfsmaßnahmen zum Stoppen von langfristigen Rückgängen – wird es zunehmend wichtig, zu erfassen und zu verstehen, welche Voraussetzungen die Zugvögel für eine möglichst erfolgreiche Fortpflanzungssaison bei uns bereits aus Afrika mitbringen. So können optimale Nahrungsangebote im Winterquartier zu einer früheren Ankunft bei uns und zu einer höheren Wahrscheinlichkeit von Zweitbruten führen (z. B. bei Rauchschwalben). Bei der obligatorischen, immer auch riskanten Mauser im Winterquartier kann in unterschiedlichen Habitaten das Infektionsrisiko für Vogelmalaria unterschiedlich hoch sein, was wiederum Auswirkungen auf die folgende Brutsaison haben kann.

Während die Globalisierung für uns relativ neu ist, existiert sie für Zugvögel schon sehr viel länger. Die Folgen unserer Globalisierung schlagen sich aber zunehmend auch bis auf die Gefiederten durch. Nicht nur in Europa schwinden ihre Lebensräume und deren Qualitäten. Auch in Afrika ist dies schon längst ein Trend. Die Auswirkungen sind nicht nur von wissenschaftlichem Interesse. Davon hängt auch das Überleben der Zugvögel zunehmend ab.

Konzentrationspunkte des Vogelzugs

Zugplanbeobachtungen

Wie wir an anderer Stelle schon erfahren haben, stellen vor allem Meere und Ozeane, aber auch Gebirgszüge und Wüsten für viele Zugvögel ein großes Hindernis dar. Die Meere werden daher von vielen Arten an topografisch günstigen Stellen wie Meerengen oder von Landzungen aus überquert. Die Südspitze Schwedens bei Falsterbo oder die Meerengen von Gibraltar und der Bosporus sind solche weltbekannten Konzentrationspunkte des Vogelzugs. Dagegen verläuft der Vogelzug in anderen Regionen, so auch in weiten Teilen Deutschlands, anders. Hier wandern die allermeisten Vogelarten in breiter Front über das Land und bleiben dabei meist unauffällig (s. S. 43). Dennoch kann es auch hier, z. B. bei der Überquerung von Mittelgebirgen, mitunter zu stärkeren Konzentrationen des Vogelzugs kommen. Diese Orte sind ideal für sogenannte Zugplanbeobachtungen, an denen sich auch in Deutschland eine zunehmende Zahl von Vogelkundlerinnen und Vogelkundlern beteiligt. Bei der Zugplanbeobachtung sind die Beobachterinnen und Beobachter darauf angewiesen, Vögel in wenigen Augenblicken auch unter widrigen Bedingungen zu bestimmen. Die in den Feldführern angegebenen optischen Merkmale reichen dabei in der Regel nicht aus. Kenntnisse über Zugrufe sind unverzichtbar. Körperhaltung, Flügelform und Flügelschlagfrequenz, Truppform, -dichte und Schwarmverhalten in Verbindung mit der Fluggeschwindigkeit und dem davon abhängigen interspezifischen Sozialverhalten müssen darüber hinaus so interpretiert werden, dass eine Einordnung nach Arten notfalls auch ohne „Verhören" der Zugrufe erfolgen kann. Zugvogelplanbeobachtungen erfordern sehr gute feldornithologische Kenntnisse und sind daher eine anspruchsvolle Aufgabe für Fortgeschrittene. Ein idealer Lernort für künftige Zugvogelplanbeobachter ist das Randecker Maar, ein herausragender Lehrer für dieses Spezialfach ist sicher Wulf Gatter (s. S. 44).

113 Kiebitze (*Vanellus vanellus*) sind Kurzstreckenzieher, die schwarmweise ziehen.

114 Schreiadler (Altvogel, noch nicht ganz ausgefärbt). Die Nahrung dieses kleinen Adlers ist außerordentlich vielseitig und setzt sich vor allem aus bodenbewohnenden Tieren zusammen: von Großinsekten bis Junghasen, wobei Wühlmäuse oft den Hauptanteil bilden. An Vögeln werden vor allem schlecht fliegende Jungvögel und Bodenbrüter geschlagen. Schreiadler jagen im niedrigen Suchflug oder vom Ansitz aus und nicht selten auch zu Fuß.

Konzentration der Schreiadler am Bosporus

Schreiadler (*Clanga aquila*) sind die Rekordhalter im Langstreckenzug unter den heimischen Greifvögeln. Während z. B. unsere Rotmilane (*Milvus milvus*) nach Südeuropa, bevorzugt nach Spanien ziehen, legen Schreiadler bis in ihre Ruheziele im südlichen Afrika 10.000 Flugkilometer zurück. Sie ziehen bei uns etwa Mitte September ab, um dem Sommer auf der Südhalbkugel zu folgen. Als Thermiksegler nutzen Schreiadler die Aufwinde über Land, damit sie weite Strecken ihres Zugs nahezu kräftefrei gleitend zurücklegen können. Diese Flugtechnik schließt eine Überquerung von Meeren praktisch aus. Die Satellitentelemetrie zeigt, dass erfahrene Altvögel der Adler aus Deutschland auf einer sehr engen Route über den Bosporus ziehen, an dem sich praktisch der Weltbestand aller Schreiadler trifft. Nach dem Überfliegen der Meerenge zwischen Europa und Kleinasien passieren die Vögel die Sinai-Halbinsel, um mit der Überquerung des Suezkanals schließlich Afrika zu erreichen. Mitte November kommen die Schreiadler schließlich in Ost- und Südafrika an. Dort folgen sie den Regenfronten in die gering bewaldeten Savannen und nutzen das dann reichlich vorhandene Nahrungsangebot. Ihr Nahrungstisch ist so üppig gedeckt, dass manchmal Gruppen von bis zu 1000 Schreiadlern anzutreffen sind. Zwei ganz unterschiedliche Nahrungsquellen stehen weit oben auf der Beuteliste der Schreiadler während ihres Afrikaaufenthalts: Zum einen sind es die Jungen des Blutschnabelwebers (s. Kasten S. 88), und zum anderen stehen die Adler auf kleine Eiweißbomben in Form von Termiten.

Gut genährt brechen die Adler spätestens Ende Februar wieder zum Heimzug auf derselben Route in ihre europäischen Brutgebiete auf. Darunter sind auch die wenigen (etwa 110) Paare, die noch in Deutschland – und hier nur noch in Brandenburg und Mecklenburg-Vorpommern – brüten. Aufwendige Schutz- und Pflegemaßnahmen im Wald und im Offenland im Rahmen eines laufenden Schutzprogramms sind notwendig, um unseren Schreiadlerbestand, der seit den 1990er-Jahren um 25 % zurückging, zu stabilisieren und wieder aufzubauen. Hierzu gehört auch das Freihalten der Schreiadlerreviere von Windenergieanlagen (s. S. 158). Es ist fatal, wenn – wie schon mehrfach geschehen – die Adler zwar 20.000 gefahrvolle Zugkilometer überleben, um schließlich doch noch ihr Leben an den Rotoren eines Windrads in ihrem Brutrevier zu verlieren.

Zum Ziehen geboren

Wie keine andere Tiergruppe sind wohl die Vögel durch ihr Flugvermögen und die dazu entwickelten Merkmale für weite Wanderungen prädisponiert. Das Zusammenspiel von ihrem leichten Körperbau mit pneumatischen (hohlen) Knochen, dem stromlinienförmigen Körper, den aerodynamisch günstigen Schwänzen, einem besonders effizienten Herz-Kreislauf- und Atmungssystem, großen Brustmuskeln als „Hauptflugmotoren“ und roten Muskelfasern mit hoher Sauerstoffkapazität erlaubt langes, ausdauerndes Fliegen. Die besonders langen und spitzen Flügel, wie sie Langstreckenflieger besitzen, beeinträchtigen zwar etwas die Manövrierfähigkeit des Fliegers, erweisen sich aber aufgrund günstiger Luftverwirbelungseigenschaften auf Streckenflügen als besonders effizient.

Die Brustmuskeln können bei ausgeprägten Zugvögeln bis 35 % des Körpergewichts ausmachen und sitzen an einem großen Brustbein mit dementsprechend großer Ansatzfläche. Langstreckenzieher haben die schmalsten Muskelfasern in Kombination mit der höchsten Dichte an Blutkapillaren und damit relativ kurze Sauerstoffdiffusionsabstände. Die Muskelfasern bei Kurzstreckenziehern haben dagegen eine geringere oxidative Kapazität. In der Zugzeit können sich die Unterschiede zwischen den Zugtypen teilweise durch Verdickung und Umbau der Muskeln sowie andere leistungssteigernde Änderungen noch verstärken. Bei Drosseln und anderen Zugvögeln kann es durch erhöhte Nahrungsaufnahme und Früchteverzehr zu Vergrößerungen des Magendarmtraktes und physiologischen Anpassungen des Verdauungssystems kommen. Bei erwachsenen Vögeln und deren Nachwuchs finden schon Vorgänge und Verhaltens-

115 Blutschnabelweber. Der rote Schnabel gab dieser Webervogelart den Namen.

Blutiger Kampf gegen „Afrikas gefiederte Heuschrecke“

Der kleine, kurzschwänzige, vom Habitus an unseren Stieglitz erinnernde Blutschnabelweber (*Quelea quelea*) aus der Familie der Webervögel (*Ploceidae*) besiedelt Afrika südlich der Sahara außerhalb des Regenwaldgürtels vor allem in Trocken- und Dornstrauchsavannen und vielerorts in der Kulturlandschaft. Namensgebend sind die roten Schnäbel der Männchen zur Brutzeit. Blutschnabelweber gehören zu den häufigsten Vogelarten der Erde. Nach der Brutzeit, wenn die Population mit vielen diesjährigen Vögeln ein jährliches Maximum erreicht, wird der Gesamtbestand teils auf 1,5 Milliarden Exemplare geschätzt, womit die Art sogar der häufigste wild lebende Vogel überhaupt sein könnte. Die riesigen Brutkolonien umfassen bis zu 110 ha mit Millionen von Nestern. Bis zu 6000 der kleinen, kugeligen, von den Männchen gebauten Grasnester können in einem Baum sein. Innerhalb der Kolonien erfolgt das Brutgeschäft so synchron, dass es manchmal innerhalb von 40 Tagen abgeschlossen und die Kolonien wieder komplett geräumt sind. Die Brutzeit variiert je nach geografischer Lage und scheint mit größeren Regenfällen zu korrelieren, nach denen genug Nahrung, vor allem Pflanzensamen, und Nistmaterial vorhanden sind. Wo sie regional in riesigen Schwärmen auftreten, verursachen die Körnerfresser bedeutende Ernteschäden in Getreideanbaugebieten und werden deshalb vielerorts massiv bekämpft. Das geschieht mit Sprengstoff, Benzinexplosionen und Chemikalien. Zu den Letzteren zählt vor allem das Organophosphat Fenthion, das unter dem Markennamen Queletox® (benannt nach dem wissenschaftlichen und englischen Namen des Blutschnabelwebers *Quelea*) vertrieben wird. Es handelt sich um ein Kontaktgift, das vor allem für Insekten und Vögel tödlich ist und mit dem Flugzeug über den Massenschlaf- oder -rastplätzen der Art versprüht wird. Die Kollateralschäden sind dabei erheblich, da das Gift auch andere Vögel und Insekten trifft und auch für Mensch, Vieh und Gewässer nicht ungefährlich ist. Werden die toten Webervögel gefressen, sterben daran auch ihre Verzehrer. Davon können auch europäische Zugvögel wie Weißstörche betroffen sein, wenn sie die kontaminierten toten Blutschnabelweber fressen. Obwohl etwa in Südafrika in einem Monat teils bis zu 21 Millionen, in einem Jahr bisweilen etwa 180 Millionen der Blutschnabelweber vernichtet werden, bleiben diese Aktionen wenig erfolgreich. Den nicht abzustreitenden Ernteverlusten versucht man durch Anpflanzen neuer Getreidezüchtungen oder geänderte Anbauzeiten entgegenzuwirken.

116 Schwarm von Blutschnabelwebern. Die Vögel bilden riesige Brutkolonien, in denen die Jungen eine sichere Nahrungsquelle für die in Afrika überwinternden Schreiadler sind.

änderungen statt, bevor sie sich überhaupt auf die großen Wanderungen begeben.

Die Bereitschaft zum Ziehen, die sogenannte Zugdisposition, ist bei den ausgeprägten Zugvögeln ein sehr komplexer verhaltensphysiologischer Zustand. Hierzu zählt eine beschleunigte Jugendentwicklung, die teilweise schon vor dem Schlupf im Ei ihren Anfang nimmt und die vor dem großen Aufbruch abgeschlossen sein muss. Dazu laufen einige Entwicklungsprozesse in kürzerer Zeit ab oder sind aus Zeitersparnisgründen ineinander verschachtelt. Meist schon vor Zugbeginn setzt bei den Zugvögeln eine verstärkte Nahrungsaufnahme ein, die der Bildung von Fettdepots als „Treibstoff" für die lange Reise dient. Dies ist oft verbunden mit der Verdoppelung des Körpergewichts. Weiterhin findet eine Umstellung auf den Fettstoffwechsel unter Reduktion der Kohlehydratreserven statt. Der kräftezehrende Zug verlangt zum Teil auch eine Ballastreduktion, die durch Dehydrierung und während des Zugs durch zeitweise Rückbildung des Magen-Darm-Trakts und anderer Organe erreicht wird.

Wie schon weiter oben beschrieben stellen viele Arten ihre Ernährung um. So werden Insektenfresser omnivor (allesfressend), weil der Verzehr von Früchten die Bildung von Depotfett begünstigt. Auch findet eine Reihe hormoneller Veränderungen statt, vor allem die Höhe von Hormonspiegeln betreffend. Weiterhin bilden sich die für den Zug erforderlichen, typischen Verhaltensweisen bereits vor dem Zugbeginn aus. So reduzieren Arten, die Nachtzieher sind, vor allem in der zweiten Tageshälfte ihre Tagaktivität und entwickeln gleichzeitig ihre Bereitschaft zur nächtlichen Zugaktivität. Viele Arten bilden jetzt auch Zuggemeinschaften. Diese bieten auf der Wanderung eine ganze Reihe von Vorteilen: Dank des „Windschatteneffekts" können im Verbandflug Kräfte gespart werden. Nahrungsquellen, Rastplätze und Thermikzonen lassen sich gemeinsam besser finden. Auch lässt sich in der Gemeinschaft das Risiko des Einzelnen mindern, von Beutegreifern erwischt zu werden (s. S. 143). Und selbst die Orientierungsleistung wird in den Zuggemeinschaften verbessert (s. S. 69).

Vogelnavis und ihre Entschlüsselung

Navigieren auf vielfältige Art

Seit über 60 Jahren untersuchen Forscher, wie es den Vögeln gelingt, scheinbar mühelos über riesige Distanzen, manchmal um den ganzen Globus, zu ziehen und trotzdem immer am Ziel anzukommen. Mittlerweile ist bekannt, dass sich die Vögel gleich mehrerer Navigationsmöglichkeiten (Referenzsysteme) bedienen, wobei die Informationen sogar in Kombination zur Zielfindung eingesetzt werden können. Grundsätzlich dienen allen Vögeln Sonne, Sterne und das Erdmagnetfeld als Kompass. Darüber hinaus ist es einigen möglich, anhand von Landmarken (großen Flüssen, Bergen und sogar Autobahnen) sowie Gerüchen und vielleicht auch Ultraschall zu navigieren. Obwohl die meisten Vögel kein ausgeprägtes Geruchsvermögen besitzen, zeigten Untersuchungen mit italienischen Brieftauben, dass die zum Heimkehren in den Schlag über recht kurze Strecken auch Gerüche als Navigationshilfen nutzen können.

117 Die von der Felsentaube abstammende Brieftaube ist für Orientierungsforscher ein wichtiges Versuchstier.

Obwohl die Forschung zu den Orientierungsmechanismen der Vögel in den letzten gut 60 Jahren große Fortschritte gemacht hat, sind viele Fragen immer noch ungelöst, ist manches noch spekulativ. Viele Verhaltensweisen der Vögel, die der Orientierung dienen, sind zum Teil hoch komplex und zudem mit schwer erfassbaren physiologischen Vorgängen sowie einwirkenden Umweltfaktoren verbunden, was das Finden passender Untersuchungsansätze nicht gerade leicht macht. Auch herrscht vielfach noch die Meinung, dass die über riesige Strecken wandernden Zugvögel über ganz besondere oder besonders ausgeprägte Orientierungsfähigkeiten verfügen müssten. Die aktuellen Forschungsergebnisse sprechen aber eher gegen eine solche Annahme.
Als höchst mobile Tiere sind Vögel wohl generell mit sehr gut funktionierenden Orientierungsmechanismen ausgerüstet, wobei die meisten dieser Fähigkeiten wohl schon bei viel primitiveren Vorfahren angelegt waren und lediglich weiterentwickelt wurden. Auch Meeresschildkröten als Reptilien können über gewaltige Strecken in den Weltmeeren wandern und finden trotzdem wieder ihre traditionellen Eiablagestrände. Selbst Standvögel ohne Zugverhalten kehren nach Versetzungsversuchen schnell wieder zu ihrem Brutplatz zurück. Auch sie können demnach navigieren. Aus den hervorragenden Orientierungsleistungen der Brieftauben machten ihre Züchter sogar eine sportliche Disziplin, den Brieftaubensport. Für die Orientierungsforscher wurde die Brieftaube sogar zum Versuchstier Nr. 1. Und das alles, obwohl Brieftauben von der Felsentaube (*Columba livia*) abstammen, die als Standvogel nicht wandert, aber über die gleichen Fähigkeiten bei der Orientierung wie die Brieftaube verfügt. Und schließlich fand man durch Versuche heraus, dass Vögel, die Nahrung verstecken, diese mithilfe des Sonnenkompasses wiederfinden (z. B. Eichelhäher, Meisen). Fazit: Um navigieren zu können, muss ein Vogel kein Zugvogel sein.

Vögel haben in ihrem genetischen Programm fest verankert, wann der Zeitpunkt zum Wegziehen gekommen ist und in welche Richtung es dann gehen soll. Das haben z. B. Untersuchungen an gekäfigten jungen Grasmücken gezeigt. In Orientierungskäfige gesetzt, wählten die Tiere immer eine Flugrichtung aus, die ihrer natürlichen Richtung beim Wegzug entsprach. Durch Kreuzungsexperimente konnten die Forscher nachweisen, dass dieses angeborene Richtungsverhalten erblich ist. Wenn Grasmücken aus einer Population, die westlich um die Alpen zieht, mit Ostrouten-Ziehern gekreuzt wurden, trafen sich ihre Nachkommen „in der Mitte“: Diese Vögel wählten genau die mittlere, zwischen den Elternrouten liegende Zugrichtung schnurstracks nach Süden. Kreuzte man Grasmücken aus Standvogelpopulationen mit artgleichen Langstreckenziehern, wurden die Nachkommen Mittelstreckenzieher.

Der Sonne nach

Mitte des 20. Jahrhunderts begannen Vogelforscher, das Zugverhalten von in Gefangenschaft gehaltenen Zugvögeln genauer zu untersuchen. Unter Ausnutzung der Zugunruhe und Kenntnis der Zugrichtung (s. S. 95) wollte man herausfinden, welche Informationen die Tiere zur Orientierung benötigen. Die erste, ebenso sensationelle wie richtungsweisende Entdeckung gelang dem Biologen und Vogelforscher Gustav Kramer an in Rundkäfigen gehaltenen Staren. Wurden die Vögel tagsüber zur Zugzeit zugunruhig, tendierten sie bei Sicht der Sonne in eine Richtung, die der jeweiligen Zugrichtung freilebender Stare (*Sturnus vulgaris*) entsprach. Bei bedecktem Himmel war diese Richtungsbevorzugung nicht gegeben. Der Nachweis zur Bestätigung des Anfangsverdachts, dass die Sonne Richtgröße für dieses Orientierungsverhalten ist, gelang schließlich durch einen Spiegelversuch, durch den man die Einfallrichtung des Sonnenlichts mittels Spiegel an der Käfigseite veränderte. Die Stare änderten jetzt vorhersagbar je nach künstlich geändertem Sonnenstand ihre Richtungspräferenzen. Damit war der Sonnenkompass der Vögel entdeckt. Diese Erkenntnis gelang übrigens fast zeitgleich mit der Entdeckung des Sonnenkompasses bei der Orientierung der Bienen durch den späteren Nobelpreisträger Karl von Frisch.

Spätere Untersuchungen zeigten, dass nicht die Höhe des Sonnenstandes, sondern der auf den Horizont projizierte Sonnenwinkel, der Azimut, ausschlaggebend für die Orientierung ist. Weiterhin fand die Vogelzugforschung heraus, dass die Orientierung nach dem Sonnenkompass von den Vögeln in einer frühen Prägungsphase erlernt und mit ihrer „inneren Uhr“, der circadianen Rhythmik, synchronisiert werden muss. Einige Vogelarten scheinen zudem noch ihren magnetischen Kompass als weitere Orientierungsmöglichkeit anhand des Polarisationsmusters der untergehenden Sonne täglich neu zu kalibrieren.

Auf den Spuren der Seefahrer

Mithilfe eines Sextanten konnten Seefahrer bereits vor vielen Jahrhunderten auch nachts ihre Position auf den Weltmeeren anhand von Fixsternen (Polarstern) bestimmen, um sicher an ihre Ziele zu gelangen. Wobei wohl nicht den Portugiesen die Ehre als Erstanwender gebührt, sondern Seefahrern aus dem islamisch-arabischen Raum, deren mathematisch-physikalische Kenntnisse wesentlich älter (und besser) als die der Europäer waren. Nicht nur die Seefahrer, auch die vielen Nachtzieher unter den Vögeln müssen ein zusätzliches Referenzsystem nutzen können, wenn die Sonne nicht zur Verfügung steht. Tests mit Zugvögeln im Planetarium ergaben, dass eine Orientierung am Sternenhimmel nicht nur grundsätzlich möglich ist, sondern dass sie sich am Rotationszentrum ausrichten. Wenn den handaufgezogenen Vögeln im Planetarium ein „falsches“ (verändertes) Rotationszentrum gezeigt wurde, orientierten sich die Zugvögel später relativ an diesem mit Verschiebung ihrer Zugrichtung. Vögeln ist also die Suche nach rotierenden Lichtpunkten am Himmel angeboren. Das Finden des Rotationsmittelpunkts und Interpretieren als Norden, ist Lernsache. Was aber, wenn dichte Wolken Sonne und Sterne verbergen?

Vom Magnetfeld zum Magnetsinn

Dass Vögel, wie einige andere Tierarten auch, das Magnetfeld der Erde wahrnehmen können und zur Orientierung einsetzen, gehört zu den faszinierendsten Erkenntnissen aus der neueren Orientierungsforschung. Doch bevor wir uns mit dem Magnetsinn von Lebewesen und speziell der Vögel beschäftigen, sei noch ein kleiner Ausflug zur Entstehung und Funktionsweise des Erdmagnetismus erlaubt. Unsere Erde ist ein großer Magnet. Allerdings ist die mittlere Stärke des Magnetfelds der Erde relativ gering. Sie beträgt nur etwa 50 Mikro-Tesla. Trotz dieses geringen Wertes richtet sich eine frei bewegliche Magnetnadel entsprechend des Verlaufs der Feldlinien aus. Das wird von uns schon lange Zeit zur Bestimmung der Himmelsrichtung mithilfe eines Kompasses genutzt. Die magnetischen Pole der Erde fallen allerdings nicht mit den geografischen Polen zusammen, beide Polarten sind aber doch so nahe beieinander, dass man sich mit einem Kompass relativ einfach auf der Erdoberfläche in Richtung Nord orientieren kann. Der magnetische Südpol befindet sich dabei in der Nähe des geografischen Nordpols. Das Erdmagnetfeld induziert einen elektrischen Strom in dem leitfähigen und flüssigen Material im Inneren der Erde, der dem Abbau dieses Felds entgegenwirkt. Die dabei auftretenden Strömungsprozesse sind extrem kompliziert und wurden bislang auch noch nicht vollständig verstanden. Das gesamte die Erde umgebende Magnetfeld wird als Magnetosphäre bezeichnet. Die von der Sonne ausgehenden elektrisch geladenen Teilchen verformen die Magnetosphäre. In Richtung zur Sonne reicht sie deshalb nicht so weit in den Weltraum hinaus, wie auf der sonnenabgewandten Seite der Erde. Das Erdmagnetfeld schützt uns so vor den teilweise sehr energiereichen Teilchen in der Sonnenstrahlung. Treffen diese Teilchen auf die Magnetosphäre, werden sie gezwungen, sich entlang der magnetischen Feldlinien zu bewegen. Sie wandern entlang dieser Feldlinien zu den magnetischen Polen und treten erst dort in die Erdatmosphäre ein. Die dabei auftretende Leuchterscheinung nennt man Polarlicht. Die Lage der Magnetpole ist nicht konstant. In großen Zeiträumen können auch Umpolungen des Erdmagnetfelds auftreten.

Einige Tiere besitzen einen Magnetsinn, so z. B. Bienen, Blindmäuse, Lachse, Meeresschildkröten, Haie, wahrscheinlich auch Wale, Haustauben und die Zugvögel. Alle nutzen das Erdmagnetfeld zur räumlichen Orientierung. Auch einige in Gewässern vorkommende mikroaerophile Bakterienarten werden durch das Erdmagnetfeld parallel zu den Feldlinien ausgerichtet. Im Inneren dieser magnetotaktischen Einzeller befinden sich Reihen von Magnetosomen, die die ferromagnetischen Minerale Magnetit oder Greigit enthalten. Die Magnetosomen wirken wie Kompassnadeln und drehen so die Bakterien parallel zu den Feldlinien des Erdmagnetfelds. Die Bakterien schwimmen in nördlichen Breiten zum magnetischen Südpol, in südlichen Breiten zum magnetischen Nordpol. Dadurch und wegen der Inklination des Magnetfelds schwimmen die Bakterien stets schräg nach unten, wo sie dicht über dem Sediment ein

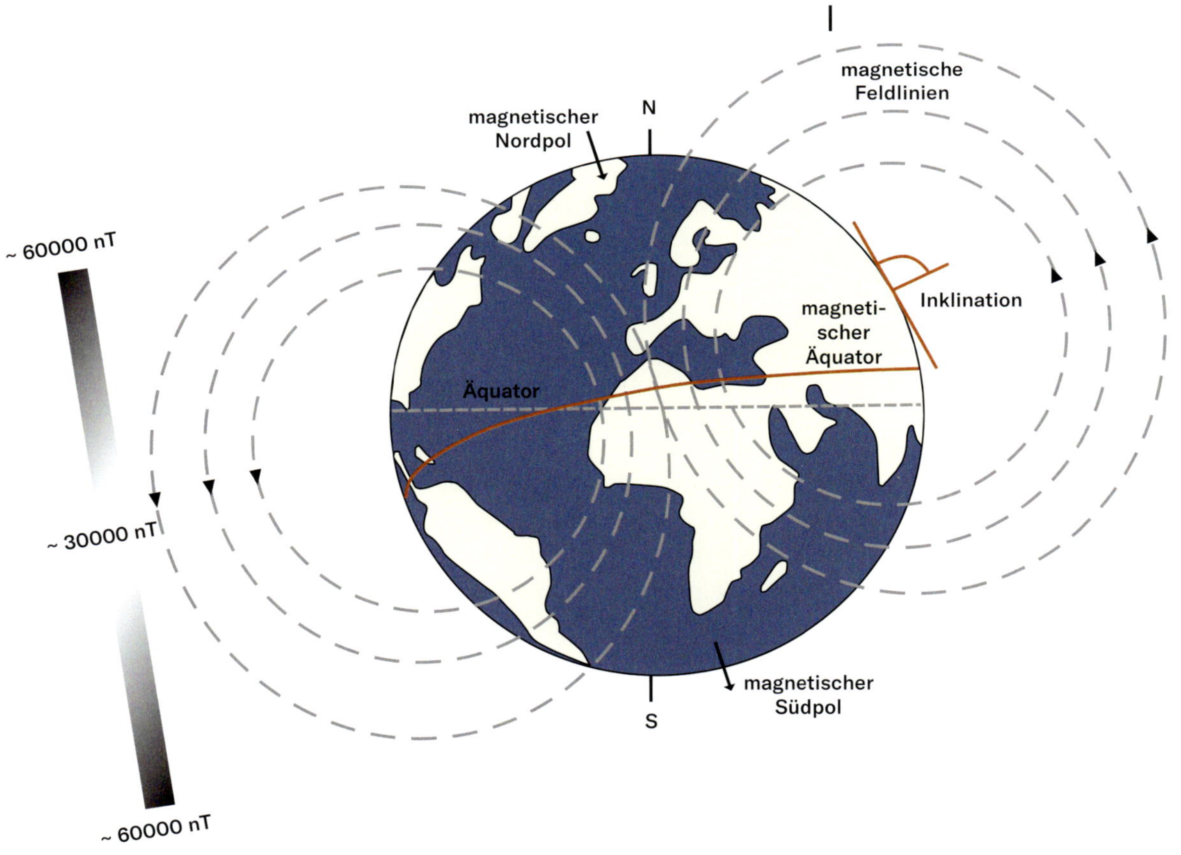

Schematische Darstellung des Erdmagnetfeldes. Es ist am magnetischen Süd- und Nordpol mit ca. 60.000 nano-Tesla am stärksten. Die Feldlinien stehen dort senkrecht zur Erdoberfläche. Zum magnetischen Äquator hin werden die Magnetfeldstärke und der Winkel zwischen den magnetischen Feldlinien und der Erdoberfläche immer kleiner. Mithilfe des Inklinationswinkels und der Magnetfeldstärke kann daher die ungefähre Nord-Süd-Position bestimmt werden. Und da die magnetischen Feldlinien überall zum magnetischen Nordpol zeigen, kann das Erdmagnetfeld auch als Kompass dienen.

von ihnen bevorzugtes Milieu mit niedrigen O2-Konzentrationen vorfinden. Und nicht unerwähnt sollte bleiben, obwohl auf den ersten Blick wie eine Fake-News wirkend, der Einfluss des Erdmagnetfelds auf das „große Geschäft" unserer Hunde: Sie hocken sich nicht wahllos hin, um ihr „Geschäft" zu erledigen. Vielmehr richten sie sich dabei nach dem Erdmagnetfeld aus. Diese Erkenntnis zogen Wissenschaftler der Universitäten Duisburg und Prag aus mehr als 7000 ausgewerteten Beobachtungen von 70 Hunden verschiedener Rassen. Die Auswertung ergab, dass sich die Vierbeiner beim Koten (und auch beim Harnen) vorzugsweise entlang der magnetischen Nord-Süd-Achse ausrichteten.

Die Stärke des Magnetfelds und seine wechselnde Intensität lassen sich fast wie eine Landkarte darstellen. Zum einen erhöht sich die Magnetfeldstärke relativ linear von 30.000 Nano-Tesla (nT) am Äquator bis auf 60.000 nT an den Polen. Zum anderen gibt es weltweit Anomalien des Magnetfelds, die ebenfalls ein potenziell nutzbares Muster für die Orientierung ergeben. Als Inklinisation wird der Neigungswinkel des Erdmagnetfelds zur Horizontalen bezeichnet, also der Winkel zwischen der Erdoberfläche und den Magnetfeldlinien. Ihr Wert beträgt 0° am Äquator und 90° an den Polen. Damit hat das Erdmagnetfeld für einen Vogel sowohl Karten- wie auch Kompassqualitäten. Bleibt die Frage, wie Vögel das Magnetfeld wahrnehmen können. Dazu gibt es drei Hypothesen: Die erste und älteste geht davon aus, dass im Vogelkörper kleine, kompassähnliche Strukturen in Form von Magnetitkristallen vorhanden sind. Die zweite Hypothese nimmt an, dass das Magnetfeld im Vogelauge durch Moleküle wahrgenommen wird, deren Lichtempfindlichkeit von der Ausrichtung des Magnetfelds abhängt, das so von den Vögeln quasi „gesehen" wird. Die dritte Hypothese geht davon aus, dass über die „Lagena", einen Teil des Gleichgewichtssinns im Innenohr, das Magnetfeld wahrgenommen werden kann.

Aktuell spricht vieles dafür, dass Vögel den magnetischen Kompass in den Augen und einen magnetischen Kartensinn im Oberschnabel haben. Nicht nur gelang die Entdeckung des Rezeptormoleküls Chryptochrom in der Retina von ziehenden Singvögeln. Auch die zugehörigen Verarbeitungsstellen von magnetischen Kompassinformationen im Gehirn der Vögel konnten bestimmt werden. Damit ist es jetzt sicher, dass ziehende Singvögel ihren magnetischen Kompass im Auge haben und sie die magnetischen Feldlinien visuell wahrnehmen können. Um zu navigieren, braucht es neben einem Kompass auch eine Karte. Und solche magnetischen Sensoren für Karteninformationen meinten Forscher in Form von Eisenmineralstrukturen, die mit dem Nervengewebe in Verbindung stehen, im Vogeloberschnabel gefunden zu haben. Zwar haben andere Wissenschaftler diese Eisenmineralstrukturen im Labor als Zellen des Immunsystems erkannt und nicht als spezielle Sensoren. Dennoch konnten weitere Versuche zeigen, dass der Nerv, der aus dem Oberschnabel der Vögel Informationen ins Gehirn überträgt, auch magnetische Informationen wahrnimmt. Denn ohne diesen intakten Nerv konnten Teichrohrsänger ihre Ost-West-Versetzung während des Frühjahrszugs nicht mehr kompensieren. Auch auf die Erkennung eines bestimmten Magnetfelds trainierte Tauben konnten nach Ausfall dieses Nervs ihre Aufgabe nicht mehr lösen. Damit scheint der Oberschnabel beim „Lesen" magnetischer Karten beteiligt zu sein, ohne dass man die Rezeptoren, die diese Informationen aufnehmen, tatsächlich gefunden hat.

Als man Teichrohrsänger von Rybachy in das 1000 km entfernte Zvenigorod versetzte, konnten die Vögel ohne einen intakten trigeminalen Nerv, der die magnetischen Informationen aus dem Oberschnabel ins Gehirn überträgt, ihre Verfrachtung nicht bemerken (**1**), während unbehandelte Vögel mit intaktem Magnetsinn, die Versetzung kompensierten (**2**).

Ob der Magnetsinn bei Vögeln nach einem System oder sogar in Kombination verschiedener Systeme funktioniert, bleibt weiteren Forschungen abzuwarten. Faszinierend bleibt allemal, dass unsere Vögel Wahrnehmungen haben, deren Bilder sie sicher zu ihren Zielen führen, die für uns aber unsichtbar sind.

Die Auslöser für den Start

Es sind nur wenige Arten, bei denen die Jungen beim Wegzug einfach ihren Eltern folgen. Diese Form des Zugverhaltens kennen wir von Kranichen, Gänsen und Störchen (s. S. 67). Die meisten Zugvögel, selbst die erstmals ziehenden Jungvögel, machen sich allein und zudem nachts auf ihre Wanderschaft Richtung Ruheziel. Aber woher soll eine junge Grasmücke oder ein junger Gartenrotschwanz wissen, wann es Zeit zum Aufbruch ist, wo das Ruheziel liegt und auf welchem Zugweg man hingelangt? Wie weiß ein junger Kuckuck gar all diese Dinge, der seine Eltern nicht kennt und bei Wirtseltern aufwuchs, die nicht einmal Langstreckenzieher zu sein brauchen?

Lange Zeit dachte man, dass der Vogelzug durch Umweltfaktoren ausgelöst wird. Dabei hatte man die Winterfluchten von Mäusebussarden, Eichelhähern oder Buchfinken beim Auftreten von Kaltfronten oder nach starkem Schneefall im Auge. Auch frühzeitige Rückwanderungen von Kiebitzen etwa in ihre mitteleuropäischen Brutgebiete nach Warmlufteinbrüchen sprechen für die spontanen Reaktionen von wandernden Vogelarten auf sich ändernde Umweltbedingungen. Doch was für Standvögel und Kurzstreckenzieher plausibel erscheint, kann für Langstreckenzieher, die in den Tropen überwintern, so nicht gelten. Denn sie verlassen uns schon im Sommer bei besten Umweltbedingungen und kehren ihren tropischen Ruhezielen wieder den Rücken, obwohl da die Umweltbedingungen ziemlich konstant sind. Das Ganze geschieht zudem mit großer Präzision, denn diese Vögel kehren alljährlich nahezu zum gleichen Termin zurück. Als Zeitgeber hinter dem präzisen Zugablauf vermutete man die jahreszeitlichen Schwankungen in der Tageslänge, die Fotoperiode. Nach dieser Vorstellung sollte die abnehmende Tageslänge im Sommer und Herbst der Auslöser für

den Zug Richtung Süden sein, während die zunehmende Tageslänge im Frühjahr dann wieder den Zug Richtung Norden auslösen sollte.

Doch solch eine angedachte Tageslängenuhr kann für Zugvögel mit Ruheziel am Äquator nicht funktionieren. Dort steht sie bei ganzjährig nahezu gleicher Tageslänge quasi still. Und trotzdem wissen auch diese Vögel, wann es Zeit ist, in ihre Brutgebiete zurückzukehren. Sie kommen bei uns mit einer solchen Präzision an, dass man ihnen auch schon den Namen „Kalendervögel“ gab. Ihr Kalender ist aber weder die Phänologie noch die Tageslänge, sondern eine angeborene innere Uhr mit – wie es sich für eine richtige Uhr gehört – einer Unruh(e). Bei den richtigen Uhren ist die Unruh die Kurzbezeichnung für ein Unruh-Spirale-Schwingsystem, wie es in mechanischen Uhrwerken verwendet wird. Das Schwingsystem dient als Gangregler für Kleinuhren. Die Unruhe bei Vögeln ist den Haltern von Zugvögeln schon seit Jahrhunderten bekannt. Ihre gefangen gehaltenen Tiere werden während ihrer Zugzeiten zugunruhig, indem sie in ihrem Käfig umherflattern und hüpfen oder im Sitzen mit hoch erhobenen Flügeln „schwirrend“ schlagen. Diese Zugunruhe ist besonders auffällig bei der großen Vogelgruppe der Nachtzieher. Während die Vögel außerhalb der Zugperiode normalerweise nachts ruhen, sind sie zu den Zugzeiten nachts aktiv, mitunter sogar ohne Unterbrechung.

Die Zugunruhe deutete man als Ausdruck eines Zugtriebs. Es war Johann Naumann (1795–1817), der wohl als Erster einen Zusammenhang zwischen der Dauer der Zugunruhe und der Länge der Zugperiode und der Wanderstrecke vermutete. Aus der lang andauernden Zugunruhe seiner gekäfigten Pirole und Trauerschnäpper schloss der Vogelkenner, dass beide Arten „... sehr weit, vermuthlich bis nach Afrika ziehen“. In speziell konstruierten Registrier- oder Orientierungskäfigen können Vogelforscher schon seit Längerem die Zugunruhe vor allem von Nachtziehern quantitativ erfassen. Diese Käfige funktionieren nach dem Prinzip, dass die Vögel durch Landen auf beweglichen Sitzstangen Kontakte auslösen, die von Registriergeräten aufgezeichnet werden. Auch die Fußkratzer der Vögel am Boden des Registrierkäfigs können als Aktivitäten aufgezeichnet und ausgewer-

118 Singschwäne (*Cygnus cygnus*). Sie haben unter den Schwänen im Bestand am höchsten zugenommen. Mit der Ausdehnung ihres nordischen Brutgebiets nach Süden in klimatisch günstigere Gebiete scheint der Bruterfolg gestiegen zu sein. Der Großteil des Rastbestands der Singschwäne konzentriert sich auf die Ostseeküste und das nordostdeutsche Binnenland. Als Folge der Bestandszunahme kam es auch zu einer Erweiterung des binnenländlichen Überwinterungsareals.

tet werden. Die ermittelten Zugunruhemuster von Individuen und ganzen Versuchsgruppen werden von den Zugvogelforschern über die ganze Zugperiode erfasst und mit den Zugmustern der freilebenden, ziehenden Artgenossen verglichen. So konnte Peter Berthold mit seiner Arbeitsgruppe an der Vogelwarte Radolfzell durch Untersuchungen der Zugunruhe von über 100 Arten zeigen, dass sie regelmäßig dem Zugverhalten der wilden Artgenossen entspricht und so Auskünfte über den echten Zugverlauf liefern kann. Nachdem die Aufnahmetechnik mittels Einsatz von Fotozellen, Ultraschall, Luftdruckschaltern und Videoaufnahmen im für die nächtlich zugaktiven Vögel unsichtbaren Infrarotbereich immer weiter ergänzt und verfeinert werden konnte, stellten die Vogelforscher fest, dass sich die Zugunruhe hauptsächlich im eingangs bereits erwähnten Schwirren manifestiert, also dem Flügelschlagen oder Schwirrflug im Sitzen.

Auch bei Tagziehern ist die Zugunruhe messbar. Hierzu wird die gesamte Tagesaktivität fortlaufend gemessen, und die Tagesaktionsprogramme der Perioden außerhalb der Zugzeiten werden von denen während der Zugzeiten abgezogen. Die Differenz ergibt dann die Menge der Zugunruhe. Nachdem man inzwischen von der großen Bedeutung genetischer Faktoren bei der Zugsteuerung weiß, hat die Erfassung der Zugunruhe immer mehr an Bedeutung gewonnen. Denn durch Kreuzungen verschiedener Populationen einer Vogelart lassen sich wichtige Erkenntnisse über die Entstehung und Änderung des Zugverhaltens im Rahmen der experimentellen Mikroevolutionsforschung gewinnen.

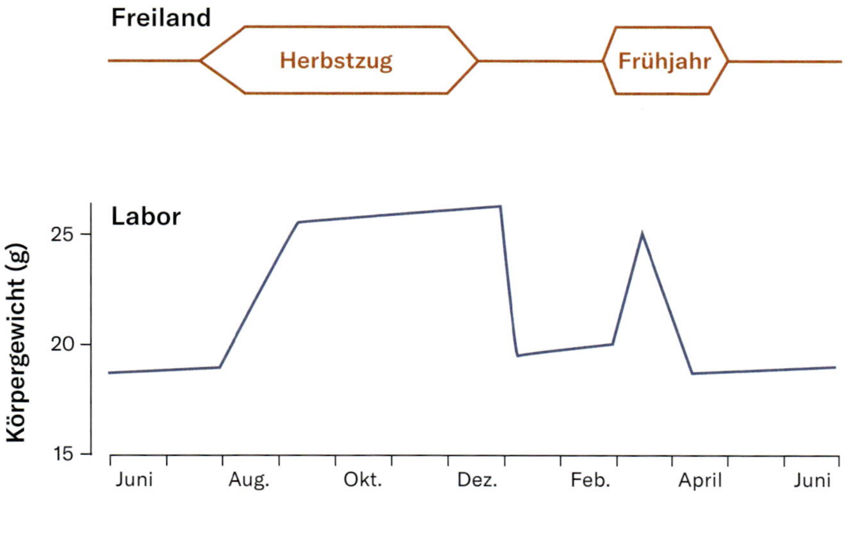

Gekäfigte Grasmücken werden nur in den Zeiten fett, in denen sie im Freiland ziehen würden. Wobei die kürzere Zeit des Fettwerdens im Frühjahr dem schnelleren Zugverlauf beim Heimzug entspricht.

Fett und weg

Die stark erhöhte Nahrungsaufnahme (Hyperphagie) und das Fettwerden (Fettdisposition) von Vögeln zur Zugzeit ist schon seit Jahrhunderten bekannt. Nicht selten wurde und wird die Verfettung gekäfigter Vögel als eine pathologische Erscheinung eingestuft. Inzwischen ist es zweifelsfrei erwiesen, dass die Zugvögel einem periodischen Wechsel von Fett- und Magerwerden unterliegen, der vielfach durch endogene Körperrhythmen gesteuert wird und ohne den es nicht möglich wäre, den notwendigen „Treibstoff" für die Wanderungen zu speichern. Die deponierte Fettmenge bestimmt, wie lange ein Vogel ohne „nachzutanken" unterwegs sein kann, also seine „Reichweite" und damit die Flugdistanz. Manche Arten legen nur kleine Fettdepots an, die entlang von Rastplätzen mit „Tankstellen" (Nahrungsaufnahme) immer wieder aufgefüllt werden. Andere, wie beispielsweise die Gartengrasmücke, speichern solche Fettmengen, dass sie ihr Gewicht mehr als verdoppeln. Während Gartengrasmücken vor dem Herbstzug und im afrikanischen Ruhegebiet 17 bis 18 g auf die Waage bringen, wiegen sie zur Zugzeit im Herbst wie im Frühling über 37 g. Welche Mechanismen und Strategien für die Fettdisposition verantwortlich zeichnen, sind Fragen, die Franz Baierlein, Direktor des Instituts für Vogelforschung „Vogelwarte Helgoland" in Wilhelmshaven, mit seiner Arbeitsgruppe zu klären versucht. Die Wissenschaftler fragen nach den Voraussetzungen für das erfolgreiche Fettwerden, woher die Vögel wissen, wann sie schwer genug sind und nicht noch weiter zunehmen sollten und wie sie „ihre Pfunde", das Fett, in kürzester Zeit wieder loswerden. Dazu führen sie Untersuchungen unter kontrollierten Bedingungen durch und ergänzen diese durch Freilanduntersuchungen. Als Versuchstier für das Freiland wählten die Forscher den Steinschmätzer als Fernwanderer mit Ruheziel in der afrikanischen Sahelzone. Zum einen ziehen Steinschmätzer vor der „Haustür" der Forscher auf Helgoland in großer Zahl durch, zum anderen bieten die Offenlandbewohner gute Beobachtungsmöglichkeiten. Indem sie den Steinschmätzern in ihre Rastgebiete folgten und die farbberingten Vögel dort mit einem Köder auf eine Waage lockten, gelang es den Forschern erstmals, vertiefte Einblicke in das Rastverhalten einer Art zu bekommen.
Die Ergebnisse solcher Untersuchungen lassen uns nicht nur die Fettdisposition mit all ihren Facetten verstehen, wie etwa die Bedeutung von Rastgebie-

ten, sie schaffen auch erst die Voraussetzungen für erfolgreiche Schutzmaßnahmen.

Inzwischen weiß man, dass die Fettdisposition zur Zugzeit sehr rasch mit einer täglichen Fettbildungsrate von über 10 % der fettfreien Körpermaße erfolgt. Gartengrasmücken mit einem fettfreien Gewicht von 15 g können in einem guten Rastgebiet täglich bis zu 1,8 g Gewicht zulegen. Nicht nur ein größerer Appetit und eine bessere Nahrungsverwertung, wie das für Grasmücken nachgewiesen wurde, auch eine Ernährungsumstellung zur Zugzeit hilft bei der Fettdisposition. Während Gänse in dieser Phase zu besonders proteinreichen Kräutern und Gräsern tendieren, stellen viele Singvögel ihre Ernährungsweise ziemlich radikal um: Aus Insektenfressern werden Beeren- und Früchteliebhaber. In den herbstlichen Rastgebieten im Mittelmeerraum und vor ihrem Rückzug aus Afrika spielt bei vielen von ihnen die vegetarische Kost eine dominierende Rolle. Nicht umsonst wird unsere Gartengrasmücke in Italien deshalb „Feigenfresser" genannt. Zunächst mag uns Fettwerden durch „Früchtediät" widersprüchlich erscheinen. Doch die Experimente der Forscher, die Grasmücken gleichzeitig verschiedenes Futter anboten, von Insekten bis Früchten, und dabei den „Testessern" freie Wahl ließen, brachten die Klärung. Die Zugvögel entwickelten Heißhunger auf fettreichere Früchte mit ihren ungesättigten Fettsäuren. Das Zugfett der Vögel besteht im Gegensatz zu vielen anderen tierischen Fetten zu über 60 % aus ungesättigten Fettsäuren, die von ihnen nur über die Nahrung aufgenommen

119 Steinschmätzer (*Oenanthe oenanthe*). Die Langstreckenzieher tanken unterwegs an Rastplätzen durch Nahrungsaufnahme ihre Energiereserven für den Weiterflug auf.

120 Mönchsgrasmücken an Feigen. Fettreiche Früchte wie Feigen sind wichtige Energiespender.

werden können und die, was noch nicht völlig geklärt ist, wohl für den Ausdauerflug sehr wichtig sind. Wo Durchzugs- und Rastgebiete viele Früchte im Angebot hatten, waren die dort gefangenen Zugvögel wesentlich schwerer und zeigten eine viel stärkere Fettdisposition als in anderen Gebieten. Durchzügler profitierten bei Budapest vom Schwarzen Holunder ebenso wie Rastvögel im Mittelmeergebiet von Feigenbäumen.

Zwischen dem Früchteangebot und der Häufigkeit von durchziehenden Vögeln in Rastgebieten besteht ein enger Zusammenhang. Von geeigneten Rastplätzen hängt ganz entscheidend ab, ob der Zug erfolgreich ist. Wobei der Erfolg nicht nur das Ankommen an den Zielen meint, sondern sogar noch Auswirkungen auf den Bruterfolg haben kann. Wenn arktische Gänse ihre Rastgebiete bei uns untergewichtig verlassen, ist ihr Bruterfolg in der Tundra deutlich geringer als der von normalgewichtigen Tieren. Auch unsere Weißstörche brüten nur mit einer im Winterquartier angefressenen Kondition erfolgreich. Und die 15 Millionen arktischen Watvögel brauchen das Wattenmeer als überlebenswichtige Raststation, um weiter nach Afrika zu ziehen oder sich im Frühjahr dort erneut für den weiteren Rückflug in die arktischen Brutgebiete mit Energie zu versorgen. Wo die hauptsächliche Fettdisposition erfolgt, hängt von den erreichbaren „Tankstellen“ (Rastgebieten) ab. Während dies Gartengrasmücken, die auf der südwestlichen Route ziehen, in Nordwestafrika unmittelbar vor der Saharaquerung gelingt, müssen die Vögel auf der östlichen Route bereits nördlich des Mittelmeers auftanken. Denn hier reicht die Wüste bis an den Südrand des Mittelmeers. Für den erfolgreichen Rückzug im Frühjahr würden die Vögel ohne Zwischenstopp in Oasen die Saharaquerung nicht schaffen.

121 Graugans (*Anser anser*). Wie viele andere Zugvögel auch, entwickeln Graugänse in Rastgebieten eine starke Fresssucht.

Wie die Graugans zur Hausgans werden konnte

Wie keine zweite unserer paläarktischen Gänsearten brachte die Graugans die Voraussetzungen mit, dass aus dem Wildtier ein Haustier werden konnte. Als wandernde Arten mit ausgeprägtem Zugtrieb sind Gänse eigentlich als Haustiere wenig geeignet. Denn selbst wenn man sie durch reiche Futtergaben an ihr Ruheziel bindet, werden sie sich mit dem erwachenden Zugtrieb wieder auf die Wanderschaft gen Norden begeben. Einzige Ausnahme unter den europäisch-nordasiatischen Großgänsen sind einige südliche Populationen der Graugans, die nur kurze Strecken wandern. Ihre Zugunruhe erschöpft sich teilweise in kurzzeitigen Rundflügen. Während ihre geringe Zugbereitschaft in gewisser Weise ihr Alleinstellungsmerkmal ist, teilen die eher „stationären“ Graugänse die zweite Eigenschaft, die sie begehrlich für Menschen macht, mit allen ihren Artverwandten: die Fettdisposition. Ihre „Fresssucht“ (Hyperphagie) wurde und wird von Menschen in teils tierquälerischer Weise ausgenutzt, indem die Hausgänse nicht nur gemästet („Hafermastgans“), sondern auch gestopft werden. So ist die besonders in Frankreich hochgeschätzte Gänsefettleber, die pro 100 g 150 mg Cholesterin, 44 g Fett und einen Brennwert von 462 Kalorien hat, letzten Endes die perverse Ausnutzung einer verhaltensphysiologischen Eigenschaft, die Vögeln – hier Gänsen – erst das Ziehen und damit das Überleben ermöglicht.

Oasen und Felsen

So lebensfeindlich wie es auf den ersten Blick scheint, ist die Sahara nicht. Zwar ist sie für 200 europäische Vogelarten, die sie alljährlich zweimal auf ihrem Zug zu den Ruhezielen im tropischen Afrika und zurück überqueren müssen, eine gewaltige Barriere von 2000 bis 3000 km Breite. Doch sie muss keineswegs im Nonstop-Flug überwunden werden. Die Oasen können Nahrung bieten und die zahlreichen Gebirge und Felsregionen können Schatten spenden. Und der ist für die Nachtzieher, die tagsüber rasten, entscheidend wichtig zum Sparen von Energie und Wasser. Denn der Flug kostet nicht nur Energie, er produziert durch die Muskelleistung sehr viel Wärme. Und diese muss abgeführt werden, um eine bedrohliche Erhöhung der Körpertemperatur zu vermeiden. Vögel führen deshalb die Wärme durch Wasserabgabe aus dem Körper ab. Anstelle des fehlenden Trinkwassers kann das Oxidationswasser treten, das beim chemischen Abbau der Fette entsteht. Somit tragen Vögel nicht nur ihren Energietank auf dem Flug mit, sondern gleichzeitig noch ihre Wasserflasche. Mit dem Oxidationswasser können allerdings nur etwa 10 % der Extrawärme abgeführt werden. Alles Weitere geht auf Kosten des Körperwassergehaltes und würde letztlich zum Austrocknen führen. Um nicht in gefährliche Bereiche zu kommen, ziehen die Vögel nachts, suchen günstige Luftschichten auf, ruhen tagsüber im Schatten und müssen sich vor allem vor Barrieren viel Fett anfressen. Womit nochmals die Bedeutung intakter Lebensräume als unersetzliche „Tankstellen" klar wird – besonders in einer Zeit wie der unsrigen, in der die anthropogenen Veränderungen äußerst rasch und nachhaltig geschehen.

122 Hausgänse. Die schwergewichtigen Tiere haben längst ihr Flugvermögen eingebüßt. Als man die Graugans zum Haustier machte, kam dem Menschen der starke Fresstrieb von Grauganspopulationen, die gleichzeitig noch eine geringere Neigung zum Ziehen haben, entgegen. Durch Füttern waren sie irgendwann nicht mehr in der Lage zu fliegen.

123 Ortolan (*Emberiza hortulana*). Die lebenserhaltende Neigung der auch „Gartenammer“ genannten Langstreckenzieher zum Fettwerden für den energieraubenden Flug, nutzen Vogelfänger aus, indem sie ziehende Ortolane fangen und mästen, bis diese als gebratene „Fettammern“ zum perversen Gaumenkitzel werden.

Der Ortolan – eine hoch bedrohte Art

Der hübsch gefärbte, sperlingsgroße Ortolan, auch Gartenammer genannt, hat mit 84 % Bestandseinbußen seit 1980 den größten Rückgang unter allen europäischen Sperlingsvögeln zu verzeichnen. Zwar sind so gut wie alle Vögel von den Auswirkungen der agroindustriellen Landwirtschaft auf ihre Ernährungsgrundlagen betroffen. Auch wurden und werden viele der Zugvögel nach wie vor gejagt (s. S. 144). Doch keiner zweiten Art wird so gezielt nachgestellt, um ihrer habhaft zu werden, sie zu mästen und schließlich in fast ritueller Art zu verzehren. Zentrum des „Ortolan-Kultes“ ist das französische Department Landes in der Gegend von Bordeaux. Vor allem als Neujahrsgericht wird der in Armagnac gegarte Vogel in einer Schale zum Abendessen serviert, um vom Feinschmecker mit Haut, Knochen und Innereien unter einer über den Kopf gezogenen Serviette, die eine Aromenflucht verhindern soll, gegessen zu werden. Damit er zum Gaumenkitzel werden kann, muss der Ortolan in Lebendfallen auf dem Zug gefangen, im Dunkeln gehalten, alternativ auch durch Entfernen seiner Augen, und gut 14 Tage gemästet werden. Wobei er das Schicksal alljährlich mit etwa 30.000 seiner Artgenossen teilt, denen allesamt ihre angeborene, lebenserhaltende Neigung zum Fettwerden das Leben kostet. Denn auf ihrer Route nach Westafrika müssen die hübschen Ammern von Nord- und Osteuropa kommend leider über Frankreich ziehen (weil so „programmiert“), wo im Südwesten der Singvogelfang immer noch weit verbreitet ist. Dem illegalen Treiben fallen immer noch alljährlich rund eine halbe Million der geschützten Sänger zum Opfer. Darunter auch die etwa 30.000 Ortolane als „Fettammern“. Doch es gibt einen Hoffnungsschimmer, seitdem der Singvogelfang erfolgreicher geahndet wird (s. S. 146).

Ruheziele, Rastgebiete und Rekorde

Die Brutgebiete

So unterschiedlich wie die Arten, so verschieden können ihre Ansprüche an die Brutgebiete sein. Für alle Arten gilt, dass die für ihre Lebensweise geeigneten Brutplätze und Nahrungsgrundlagen in ausreichendem Maß vorhanden sein müssen. Letztere müssen für viele Arten während der Brut- und Aufzuchtphase in räumlicher Nähe vorrätig sein, um den erhöhten Energieaufwand, der bei der Versorgung des Brutpartners und vor allem durch die Fütterung der Jungen entsteht, so gering wie möglich zu halten. Und schließlich muss die engere oder weitere Umgebung der Brutgebiete den Zugvögeln ausreichend Nahrung für die Anlage ihrer für den nächsten Zug erforderlichen Fettdepots liefern. Von daher sind für das Überleben der Zugvögel auch die Zustände in ihren Brutgebieten von mitentscheidender Bedeutung. Wie in vorangegangenen Kapiteln festgestellt, entscheidet schon die Energieversorgung im Ruheziel nicht unerheblich über den Fortpflanzungserfolg im Brutgebiet. Dennoch müssen auch im Brutgebiet die Rahmenbedingungen wie Brutplatzangebot und verfügbare Nahrung stimmen, weil es sich schließlich nicht nur von Luft (unter den Flügeln) und Liebe (Paarverhalten) leben lässt.

Den Vorteil der extremen Tageslänge in der nordischen Tundra für den Nahrungserwerb der dort brütenden Zugvögel haben wir schon kennengelernt (s. S. 34). Für andere, bei uns sich reproduzierende Zugvögel können die Qualität und Größe des Lebensraums die entscheidenden Faktoren sein, etwa bei den Wiesenlimikolen wie Großer Brachvogel, Uferschnepfe oder Kiebitz. Auch das Vorhandensein bestimmter Sonderstrukturen kann wichtig sein: wie Kiesinseln für Flussseeschwalben, Kies- und Sandgruben (anstelle von Wildflusslandschaften) als Ersatzlebensräume für den Flussregenpfeifer oder alte, großkronige Waldbäume als Nestplatz für den Schwarzstorch in Nachbarschaft zu kleinen Fließgewässern, die als Nahrungsquelle dienen. Wenn es sich bei den Brutgebieten um naturnahe oder extensiv genutzte Gebiete handelt, die sich oft durch eine hohe Vielfalt an Pflanzen und Tierarten auszeichnen, stehen sie oftmals inzwischen unter einem Schutzstatus als Naturschutz- oder Natura-2000-Gebiet. Damit ist zumindest die Grundvoraussetzung für den Erhalt des Gebietscharakters und damit für seine Funktion im Hinblick auf die Zugvögel gegeben. Dass das oft nicht ausreicht, zeigen Gebietsmonitorings und Checks, wie sie von Birdlife durchgeführt werden (s. S. 147).

Vor allem aber jenseits der Feuchtgebiete im Offenland, das nicht nur landwirtschaftlich genutzt wird, sondern auch Lebensraum von Zugvögeln ist, stellt sich die Situation für die darin lebenden Arten inzwischen dramatisch dar. Es ist schon länger bekannt, dass mit dem Produktionsdruck in der modernen Landwirtschaft die Ackerschläge und Wiesen maschinengerecht größer wurden und gleichzeitig einer intensiveren Nutzung unterliegen. Säume, Hecken, Feldgehölze und blühende Ackerränder als wichtige Lebensraumelemente für Insekten und Vögel schwinden, was zur Abnahme ihrer Bewohner und Nutzer führt. Welchen entscheidenden Einfluss Vielfalt und „Einfalt" auf die Vogelwelt haben, sei am direkten ornithologischen Vergleich zweier aneinandergrenzender Flächen in der Mittelhessenregion Wetterau nördlich von Frankfurt gezeigt. Hier haben Ornithologen die Vogelwelt einer kleineren Fläche im Wettertal, auf der sich Hecken, Feldgehölze, ein Bahndamm, eine Sandgrube und ein kleines Hofgut finden, mit der auf unmittelbar angrenzenden, fast doppelt so großen Ackerschlägen verglichen. Der von 2012 bis 2016 durchgeführte Vogelzensus ergab, dass im kleineren Wettertal 151 Vogelarten erfasst werden konnten, davon 100 Brutvögel. Im Ackerland brüteten dagegen nur 19 Arten, davon als häufige Brutvögel nur Feldlerche und Wiesenschafstelze.

Die Gründe für die abnehmende Biodiversität auf den landwirtschaftlichen Intensivflächen sind bekannt:

- Entkoppelung von Mähzeitpunkt und Häufigkeit der Mahd im Grünland von den Rhythmen der Tier- und Pflanzenwelt (Brutzeiten, -dauer, Junge führen, Blühzeit, Fruchtzeiten von Gräsern und Blühpflanzen)
- Vereinfachung der Fruchtfolge und Zunahme des Maisanbaus (als Futter- und Energiemais)
- Verschwinden von Brachflächen und weitgehend naturbelassenen Feldrainen
- infolge hoher Saatgutreinigung Reduzierung der Artenvielfalt
- durch Trockenlegung und Nivellierung des Wasserhaushaltes Zerstörung von Biotopen und Habitaten
- durch Einsatz von Dünger und vermehrtes Aufkommen von Pestiziden direkte Vertreibung und Vernichtung von Insekten und Kräutern und davon abhängiger Vogelarten
- weitere Beschleunigung in Richtung Artenarmut durch Hybridzüchtungen und Gentechnik

Ein europaweites Monitoring häufiger Brutvogelarten zeigt, dass von 111 Arten, die auch bei uns brüten, seit 1980 über 40 % in ihrem Bestand abnahmen. Heute gibt es in Europa 421 Millionen Vögel weniger als noch vor 30 Jahren. Eine Analyse der hoch professionellen englischen Vogelschutzorganisation „Royal Society for the Protection of Birds“ (RSBP) in Zusammenarbeit mit der Universität Exeter und dem Paneuropäischen Monitoringprogramm für häufige Arten zeigt, dass die Individuenzahlen von 39 (ehemals häufigen) Feldvogelarten um mehr als 50 % in den letzten 30 Jahren zurückgingen. Hier die größten Verlierer und ihr Rückgang von 2008 bis 2011 in Prozent:

- Star 52 %
- Feldsperling 57 %
- Bluthänfling 62 %
- Wiesenpieper 66 %
- Grauammer 63 %
- Rebhuhn 94 %
- Turteltaube 73 %
- Braunkehlchen 71 %
- Ortolan 87 %

Neben den „Sesshaften“ (vgl. Rebhuhn) sind vom „Ausverkauf der Feldflur“ vor allem auch unsere Zugvögel betroffen, mit Arten wie dem Ortolan (s. S. 100) und der Turteltaube in der Spitze.

Erst trifft es die Insekten, dann den Rest

Neue Langzeitstudien zeigen, dass der Pestizideinsatz in der Landwirtschaft dramatische Folgen für Insekten hat – und auch für Vögel. Einen wichtigen Anstoß lieferten die repräsentativen Untersuchungsergebnisse des Entomologischen Vereins Krefeld über 27 Jahre an 60 beprobten Standorten in geschützten Offenlandbiotopen des deutschen Tieflands. Demnach gingen die Fluginsekten dort um 75 % zurück. Nachdem Klima- und Biotopveränderungen als Hauptverursacher ausgeschlossen werden konnten, zeigen diese Ergebnisse zusammen mit anderen Untersuchungen, dass der Einsatz von Glyphosat und Neonicotinoiden ursächlich für dieses Desaster verantwortlich ist. Als Bienenkiller stehen die Pestizide der Neonicotinoid-Gruppe schon länger in der Kritik. Immerhin drei von ihnen dürfen deshalb in der EU nur noch eingeschränkt eingesetzt werden. Bis kürzlich galten Neonicotinoide allerdings nur als schädlich für Insekten und andere wirbellose Tiere. Denn die Pestizide dieses Typs binden an einen bestimmten Rezeptor im Nervensystem der Wirbellosen und lösen so Lähmungen und letztlich den Tod aus. Weil Wirbeltiere einen modifizierten Rezeptor besitzen, sind sie für das Gift weniger anfällig. Allerdings geriet der Einsatz dieser Pestizide dennoch in den letzten Jahren zunehmend in die Kritik. Denn Studien zeigen, dass die Neonicotinoide Bienen und Wasserorganismen stärker schädigen als angenommen. Zudem werden diese Pestizide nur langsam abgebaut, sie bleiben daher in Wasser und Boden lange erhalten.

Bisher war allerdings unklar, welche Folgen diese Anreicherung für die Nahrungskette und im Speziellen für höhere Tiere hat. Jetzt konnten niederländische Forscher eine weiterreichende und fatale Wirkung dieser Pflanzenschutzmittel ermitteln: Sie sind wahrscheinlich mit verantwortlich für das allmähliche Schwinden der typischen Feld- und Wiesenvögel. Denn die Pestizide reichern sich in den Gewässern an und töten dort die Larven der Insekten, die vielen Singvögeln als Nahrung für sich und ihre Jungen dienen. Als Folge gehen überall dort, wo viel Neonicotinoide in der Umwelt nachweisbar sind, die Vogelzahlen zurück. Die Forscher werteten dazu Daten der Jahre 2003 bis 2010 von zwei Langzeitstudien aus – zum einen aus einer landesweiten regelmäßigen Zählung häufiger Brutvögel und zum anderen aus Messungen der Wasserqualität. Dadurch konnten sie vergleichen, ob es einen Zusammenhang zwischen erhöhten Pestizidwerten in den Gewässern und der

< **124** Braunkehlchen (*Saxicola rubetra*). Offene, extensiv genutzte Kulturlandschaften mit Vorhandensein von Sitzwarten sind der Lebensraum dieser Bodenbrüter und Langstreckenzieher.

< **125** Wiesenlandschaften wie diese sind ein idealer Lebensraum für Braunkehlchen. Durch Lebensraumzerstörung wurde aus dem früheren Allerweltsvogel eine seltene und bedrohte Art und das Braunkehlchen zum Symbolvogel für den Naturschutz in Wiesenlandschaften.

Vogelhäufigkeit gab. Das Ergebnis fiel überraschend eindeutig aus. Für 14 von 15 untersuchten Vogelarten gab es eine Korrelation: Überall dort, wo die Konzentration des Neonicotinoids Imidacloprid im Wasser 20 ng pro Liter überstieg, sanken die Vogelzahlen um 3,5 % pro Jahr ab. Um sicherzustellen, dass nicht eine veränderte Landnutzung oder andere Faktoren an diesem Schwund schuld waren, überprüften die Wissenschaftler zusätzlich die Entwicklung der Vogelpopulationen von 1984 bis 1995 – und damit in der Zeit vor der Einführung des Pestizids. Wie sich zeigte, gab es klare Unterschiede zum aktuellen Trend. Während Neonicotinoide bisher immer als selektive Gifte galten, deuten die Ergebnisse der niederländischen Wissenschaftler jetzt darauf hin, dass diese Pestizide das gesamte Ökosystem beeinträchtigen und damit ein viel größeres Risiko darstellen als angenommen. Es bleibt abzuwarten, ob, in welchem Umfang und wie schnell die Politik durch entsprechende Gesetzgebung auf diese Erkenntnisse weiter reagiert. Ob erst noch langjährige Untersuchungen zu den indirekten, über die Nahrungskette wirkenden Effekten der Pestizide als notwendige Voraussetzung für eine Einschränkung/ein Verbot angesehen werden, bleibt abzuwarten. Viel Zeit zum Gegensteuern bleibt uns nicht mehr.

Raststationen

Ziel aller Zugvögel ist das Ankommen im Brutgebiet oder Ruheziel (Winterquartier). Mit Erreichen des Ziels wird die Wanderung beendet. Ob sie ihre Wanderungen im Nonstop-Flug durchführen oder Zwischenstopps einlegen, ist je nach Vogelart, Zugdistanz und Zugstrategie höchst unterschiedlich. Extrembeispiele für Nonstop-Flieger finden sich bei einigen Limikolen. Pfuhlschnepfen aus Alaska lagern bereits im Umfeld ihrer Brutgebiete vor Beginn ihrer Wanderung so viele Energiereserven ein, dass sie ihre weit entfernten neuseeländischen Winterquartiere ohne eine einzige Rast erreichen können (s. S. 115). Am anderen Ende dieser Skala finden sich einige Singvogelarten, bei denen auf jede nächtliche Flugetappe ein Rasttag folgt, damit sie ihre mehrere Tausend Kilometer entfernten Ziele auch schaffen. Zugvogelforscher kennen vier Gründe, die zur Beendigung einer Zugetappe führen. Dies sind: die Energiereserven, die Rastgebiete, die Zugstrategie und das Wetter.

Wenn der „Tank“ fast leer ist, die Energiereserven also zu Ende gehen, dann muss der kräftezehrende Flug im Sinne einer Art Notlandung abgebrochen werden. Nach dem Wiederauffüllen der Energiereserven während der Rast kann wieder gestartet werden. Vorbeugend ist es allemal günstiger, unabhängig von der Menge der momentan noch verfügbaren Reserven, nach einer Flugphase geeignete und deshalb auch oft traditionelle Zwischenrastgebiete anzufliegen. Viele in der Paläarktis brütende und in Afrika überwinternde Limikolen haben solche obligatorischen Zwischenziele in den Wattenmeeren der Nordsee und in Westafrika. Singvögel brauchen „Energietankstellen“, um ökologische Barrieren wie das Meer oder die Wüste überqueren zu können. Wiesenweihen z. B. suchen regelmäßig Rastgebiete zum Auftanken (Beute machen) in Nord-Marokko vor dem Weiterflug auf.

Vögel, die entweder nur nachts oder nur tagsüber ziehen, haben dafür entsprechende Zugstrategien entwickelt. Die Nachtzieher scheinen bereits ab der zweiten Nachthälfte über optische oder akustische Informationen, vielleicht auch in Kombination beider Sinne, günstige Rastgebiete zu suchen. Sind diese gefunden, wird die Flugetappe beendet. Bei günstigen Windbedingungen verlängern nachtziehende Singvögel ihre Flugstrecke auch in den Morgen hinein. Solche von äußeren Bedingungen abhängige Wahlmöglichkeiten für die Länge ihrer Flugetappen haben die Landvögel nicht mehr, wenn der Flug übers Meer ansteht. Dann müssen sie einfach bis zur nächsten Rastmöglichkeit an Land weiterfliegen. Als Tagflieger unterwegs sind die auf Thermik angewiesenen Segelflieger (z. B. Störche), auch die meisten im Schlagflug fliegenden Greifvögel, viele Kurzstreckenzieher und Schwalben. Alle legen Rastpausen ein. Eine Ausnahme sind die Segler. Mauersegler können zum Ruhen einfach in der Luft bleiben (s. S. 116).

Das Wetter spielt beim Abzug vom Rastplatz wie beim Unterbrechen des Zugs eine entscheidende Rolle. In der Regel erfolgt der Wiederaufbruch vom Rastplatz nur bei gutem Wetter, das heißt, wenn kein Regen fällt und nur schwache Winde vorherrschen. Verschlechtern sich dann auf dem Zug die Bedingungen durch Regen oder Sturm, wird die Flugetappe abgebrochen. Wie lange der Aufenthalt am Rastplatz dauert, hängt stark vom Grund für den Abbruch der vorangegangenen Flugetappe ab. Waren es nur die Wetterbedingungen, kann der Flug oft sehr rasch wieder bei besseren Zugbedingungen fortgesetzt werden. Waren es aber die verbrauchten Energiereserven oder

126 Rastende Goldregenpfeifer (*Pluvialis apricaria*). Offene Flächen mit kurzer Vegetation bilden nicht nur die typischen Brutplätze der Goldregenpfeifer im Norden. Auch bei uns suchen sich die in Trupps ziehenden Kurzstreckenzieher ähnliche Rastplätze aus.

127 Nahrungsreiche Fischteiche in Israel entlang des Jordans und des Nebenflüsschens Harod sind wichtige Raststationen für Schwarzstörche (hier: mit Möwen, Braunen Sichlern und Graureihern vergesellschaftet).

128 Schwarzstörche beim Einflug in ihren Rastplatz.

129 Schwarzstörche und Seidenreiher bei der Futtersuche am Rastplatz. Die Motorpaddel bringen Luft zur Sauerstoffanreicherung in das Fischgewässer ein.

handelt es sich um ein bedeutendes Rastgebiet, wird so lange gerastet, bis die Energiereserven aufgefüllt sind. Dieses Auftanken geht aber immer langsamer als der Verbrauch von Energie während des Fliegens. Deshalb gilt allgemein, dass Zugvögel auf ihren langen Wanderungen mehr Zeit am Boden als in der Luft verbringen. Theoretische Berechnungen, nach denen Zugvögel auf ihren Wanderungen siebenmal mehr Zeit am Boden als in der Luft verbringen, konnten durch Freilanduntersuchungen bestätigt werden. Bei Steinschmätzern aus Alaska, die nach Ostafrika zum Überwintern flogen, wurde durch den Einsatz von Geolokatoren, die alle Aktionen der Vögel aufzeichnen, festgestellt, dass auf dem Herbstzug das Verhältnis Zeit im Flug zu Zeit am Boden 1:6 war. Da ihr Heimzug im Frühjahr 1,4-mal schneller war, verschob sich das Verhältnis Luft zu Boden auf 1:3.

Wie viel Energie in welcher Zeit getankt werden kann, hängt nicht nur vom Nahrungsangebot am jeweiligen Rastplatz ab. Inner- wie zwischenartlicher Konkurrenzdruck kann dazu führen, dass einige Vögel ausreichend Nahrung aufnehmen können, während andere Individuen trotz ausreichender Ressourcen kaum zur Nahrungsaufnahme kommen. Auch Beutegreifer entscheiden mit über die Nahrungsaufnahme. Je höher der Feinddruck, desto weniger Futter wird aufgenommen. Und schließlich spielt vor allem das Wetter für Insektenfresser eine entscheidende Rolle. Niedrige Temperaturen und Regen führen dazu, dass die Zugvögel nicht an ihre Energiequelle kommen. Zusammenfassend lässt sich feststellen, dass Rastplätze für Zugvögel als „Energietankstellen" umso wertvoller sind, je mehr und je großflächiger sie den Rastenden die adäquate Nahrung bieten können und – nicht weniger wichtig – wenn sie den Gästen einen möglichst ungestörten Aufenthalt garantieren. Nicht umsonst sind deshalb z. B. natürliche und naturnahe Feuchtgebiete von unverzichtbarer Bedeutung für eine Vielzahl von Zugvogelarten, die zudem noch in großen Zahlen rasten. Die Rastgebiete der Zugvögel können sich strukturell deutlich von ihren Zielgebieten unterscheiden. Manchmal müssen sie aber auch einen Hauch von (Brut-)Heimat verbreiten, wie das folgende Beispiel zeigt.

Mornellregenpfeifer – ein Freund offener Gebiete

In seinem 1925 erschienenen Buch „Mein Freund der Regenpfeifer" beschreibt der schwedische Naturfotograf und -schriftsteller Bengt Berg seine Erlebnisse mit dem Mornell (*Charadrius morinellus*) im schwedischen Fjäll. Durch die Vermenschlichung der

130 Zum Rasten suchen Mornellregenpfeifer in Trupps bei uns kurzrgrasige Wiesen und frisch gepflügte Äcker auf, die sich oft in Kuppenlagen befinden und von den Vögeln traditionell genutzt werden.

Verhaltensweisen dieses kaum amselgroßen, gelbbeinigen Vogels aus der Regenpfeiferfamilie schafft es Berg, dass sich seine Leser mit dem eher unauffälligen Vogel identifizieren können.

Die sehr stark aufgesplitterten Brutgebiete dieses paläarktischen Brutvogels, von dem keine Unterarten bekannt sind, reichen von Schottland über Skandinavien bis nach Ostsibirien. In Südwest- und Südeuropa sowie im Alpenbereich existieren noch Reliktvorkommen mit wenigen Tieren. Die Vögel bevorzugen trockene, weitgehend flache und überschaubare Gebiete mit nur spärlicher, niedriger Vegetation sowie vereinzelten steinigen, vegetationslosen Strukturen. Die relative Seltenheit dieser Habitatstrukturen in den eurasischen Tundrengebieten erklärt zum Teil die sehr aufgesplitterte Verbreitung des Mornellregenpfeifers. Auf ihrem Flug in ihre nordafrikanischen Überwinterungsgebiete überquert die europäische Mornell-Population Zentral- und Südeuropa. Während viele Vögel einen Nonstop-Zug durchführen, nutzt ein kleinerer Teil meist traditionelle Rastplätze. Dabei ist nicht von einer echten Rastplatztreue der einzelnen Individuen auszugehen, sondern davon, dass die Topografie und das Erscheinungsbild bestimmter Plätze einen Anziehungseffekt auf die wandernden Mornellregenpfeifer auslösen. Typische Mornell-Rasthabitate liegen bei uns auf offenen Plateaus mit sanften Kuppen oder in leichter Hanglage in der ausgeräumten (ohne Vertikalstrukturen) trockenen, steppenähnlichen Agrarlandschaft. Dort werden Stoppelfelder, frisch gepflügte Äcker und abgeräumte Rapsfelder bevorzugt zur Rast während des Herbstzugs von Mitte August bis Mitte September aufgesucht. Rund 70 solcher Plätze sind gegenwärtig in

Deutschland bekannt, die von einigen Tausend Tieren regelmäßig, aber immer nur für eine kurze Rastzeit genutzt werden. Für den Schutz der Art ist es wichtig, die Rastplätze zu kennen und vor Veränderungen, die zum Verlust ihrer Rastfunktion führen würden, zu bewahren. Dazu zählt z. B. die mögliche Besucherlenkung etwa über Wegeverbote, wenn die Rastgebiete in Vogelschutzgebieten liegen, vor allem aber das Freihalten dieser Plätze von Windkraftnutzung.

Winterquartiere

Über die Ansprüche der Zugvögel an ihre Winterquartiere ist an anderen Stellen im Buch schon vieles gesagt (s. S. 182). Zusammenfassend bleibt festzuhalten, dass die Winterquartiere (Ruheziele) der Vögel nicht weniger bedeutsam als ihre Brutgebiete sind. In der Regel ist unser Wissen über die Ansprüche der Arten an die Ausstattung (Nahrung, Strukturen usw.) ihrer Ruheziele deutlich geringer als das über die Ansprüche an ihre Brutgebiete. Vor allem bei der Erfassung der populationsbiologisch entscheidenden Faktoren in den Ruhezielen der Langstreckenzieher (in Afrika und teilweise in Asien) besteht noch großer Nachholbedarf. Erst mittels neuer (Satellitentelemetrie) und neuester Erfassungsmethoden (Icarus) können diese Erkenntnislücken langsam geschlossen werden (s. S. 119). Aber das Forschen über die Ansprüche unserer Zugvögel an ihre Winterquartiere wird zum Wettlauf mit der Zeit. Denn durch die Bevölkerungsexplosion, den Landhunger und die Folgen des Klimawandels verändern sich die Lebensräume der Zugvögel rasant. Hoffentlich können wir nicht nur die (negativen) Folgen für die Zugvögel dokumentieren, sondern gelingt es noch durch gemeinsame, internationale Anstrengungen, mit Maßnahmen wirkungsvoll lebensraumerhaltend gegenzusteuern. Einige Beispiele lassen hoffen (s. S. 163).

Arealausweitung

Zur Ausweitung des Verbreitungsgebiets von Vögeln kann es auf verschiedene Weise kommen. Vor allem nach der Rückkehr zu den Brutplätzen im Frühjahr können in der Phase der Revierbesetzung durch Ausweichen und Verdrängen neue Areale erschlossen werden. Andererseits können Vögel auf dem Heimzug auch durch Zugverlängerung über das eigentliche Ziel „hinausschießen" und so vorher von ihnen noch nicht besetzte, aber geeignete Gebiete zur Fortpflanzung nutzen. Und schließlich können auch Windverdriftungen zur Arealausweitung führen. Curry-Lindahl (1982) nennt hierfür beispielhaft den Karmingimpel (*Carpodacus erythrinus*), dessen in den 1950er- bis Anfang der 1960er-Jahren isoliertes Brutvorkommen in Mittelschweden wohl auf Winde und günstiges Wetter zurückzuführen war, was ihn die schwedische Küste während seiner ohnehin bereits laufenden Arealausweitung Richtung Nordwesteuropa erreichen ließ. Auch ein abgekürzter Zug infolge meteorologischer Auswirkungen kann zu einer Arealausweitung führen. Beispiele dafür sind nach Curry-Lindahl (1982) die Ansiedlung einer kleinen Rotkehlpieperkolonie (*Anthus cervinus*) 1948 in Schweden 500 Kilometer südlich ihres nächstgelegenen Brutgebiets in Lappland oder die dauernde Kolonisation des Mornell in niederländischen Poldergebieten in den 1960er-Jahren, die zumindest im Frühjahr in ihrer Struktur der trockenen Bergheide in der eigentlichen Brutheimat dieses Hochlandbrutvogels ähnelten.

Eine der auffälligsten Arealausweitungen ist die Ausbreitung des Kuhreihers (*Bubulcus ibis*). Der ursprünglich nur im tropischen Afrika und Asien beheimatete Teilzieher und Begleiter von Weidetieren besiedelte mit der zunehmenden Weideviehhaltung Südafrika um 1930, Ende des 19. Jahrhunderts Europa sowie Nord- und Südamerika, erreichte 1981 Alaska, 1948 Australien und 1963 Neuseeland.

Die Expansion bis vor unsere „Haustür" führt uns die Türkentaube (*Streptopelia decaocto*) vor. Der ursprüngliche Standvogel in Indien stieß über die Türkei 1930 bis nach Ungarn vor, erreichte 1943 Wien und in den 1950er-Jahren Süddeutschland. Der Eroberungszug der Türkentaube führte über ganz Europa, Westasien und Nordafrika. Die ausgesprochenen Kulturfolger leben und brüten größtenteils im Siedlungsbereich, profitieren so von der ganzjährigen Verfügbarkeit von Nahrungsquellen (auch Futterhäuschen und Hühnerfutter) und entgehen zudem durch die Menschennähe der Jagd und dem Druck vieler Feinde. Halbdomestiziert brüten Türkentauben fast rund ums Jahr. Ein Brutpaar kann so in fünf bis sieben Jahresbruten mindestens fünf Junge großziehen. Expandierende Arten in Europa sind auch die Reiherente (*Aythya fuligula*) mit ihrem Vordringen in Mitteleuropa, der Eissturmvogel (*Fulmarus glacialis*) im Nordseeraum oder der Seidensänger (*Cettia cetti*) im Mittelmeergebiet.

131 Kuhreiher (*Bubulcus ibis*). Der etwa hühnergroße Schreitvogel ist von allen europäischen Reihern am wenigsten von Wasser abhängig. Als Begleiter von pflanzenfressenden Großsäugern in Afrika und Asien sowie überall von Weidetieren profitiert er davon, dass sich in deren Nähe Insekten konzentrieren und vor allem auch von ihnen aus dem Gras aufgescheucht werden. Im Laufe des 20. Jahrhunderts haben sich die Koloniebrüter, die in Europa als Teil- und Kurzstreckenzieher in Spanien überwintern, über riesige Entfernungen ausgebreitet und sind heute fast in allen wärmeren Ländern der Erde anzutreffen.

132 Obwohl Standvogel, konnte sich die Türkentaube von Indien über die Türkei nach Ungarn und weiter über ganz Europa expansionsartig ausbreiten. In Europa hat sie ihre Brutvorkommen fast ausnahmslos in Dörfern und Städten, die sich durch ganzjährige Nahrungsverfügbarkeit und geringeren Feinddruck auszeichnen.

133 Der Karmingimpel (*Carpodacus erythrinus*) ist ein weiteres Beispiel für eine expandierende Vogelart. Seine Ausbreitung erfolgte seit der ersten Hälfte des 19. Jahrhunderts in mehreren Schüben mit zwischenzeitlicher Räumung der Areale. Mitteleuropäische Karmingimpel sind Langstreckenzieher mit Winterquartieren in asiatischen Gebieten: vom Iran über Pakistan und Indien bis Süd- und Südostchina. Beim Wegzug fliegen die Vögel zunächst in östliche Richtung (hier: Männchen im Prachtkleid).

Standvögel weiten ihr Areal hauptsächlich infolge einer positiven Populationsentwicklung aus. Ein Beispiel dafür ist der Kolkrabe (*Corvus corax*), der als Jahresvogel durch intensive Verfolgung in großen Teilen Europas immer seltener wurde bzw. ganz verschwand und sich dank eines verbesserten Schutzes wieder ausbreiten konnte. Großräumige Arealausweitungen kommen bei Zugvögeln weitaus häufiger als bei Standvögeln vor. Vor allem in Skandinavien haben in den letzten 100 Jahren einige Arten ihr Brutareal nach Norden verschoben (z. B. Kiebitz, Amsel, Heckenbraunelle, Grünlaubsänger). In Richtung Norden sind, bedingt durch die Klimaerwärmung, auch zukünftig immer mehr Arealvorstöße von Vogelarten zu erwarten.

Unter Geiern

Bis ins Mittelalter gehörten Gänsegeier (*Gyps fulvus*) noch zur heimischen Vogelfauna. Die fehlende Tierkörperbeseitigung und die weit verbreitete Weidewirtschaft ermöglichten den Aasverzehrern noch Bruten auf der Schwäbischen Alb und im heutigen Rheinland-Pfalz. Weitere ehemalige Brutplätze dürfte es auch am Mittel- und Oberrhein gegeben haben. Noch im 19. Jahrhundert tauchten Gänsegeier unregelmäßig in Ungarn, Polen und weiter westlich auf. Mit dem fortschreitenden Rückgang der Brutpopulationen wurden danach die „Gastauftritte" der Gänsegeier nördlich der Alpen immer seltener. Das sollte sich kurz nach der Jahrtausendwende ändern: Ab 2001/2002 wurden in den Niederlanden und in Belgien wieder größere Gänsegeiergruppen mit bis zu 18 Individuen gesichtet. Im Frühsommer 2005 flog ein Geiertrupp von 54 Tieren in die Schweiz, ein Einzelvogel sogar bis Finnland. 2006 sollte dann in Deutschland zum besten „Geierjahr" mit 176 dokumentierten Tieren werden.

134 Kolkraben (*Corvus corax*) sind ein Beispiel für Standvögel, die ihr Areal infolge ihrer positiven Bestandsentwicklung (beim Kolkraben Wegfall der direkten Verfolgung) ausweiten konnten.

Einer davon bzw. eine (es war ein weiblicher Vogel, wie sich später herausstellte) sollte Medienstar werden. Gefunden wurde das adulte Tier völlig erschöpft und auf gerade noch 5 kg abgemagert am 29. Mai 2006 bei Darmstadt. Einen Tag später war der unberingte und nicht gechipte Vogel bereits in der Staatlichen Vogelschutzwarte in Frankfurt. Nachdem der sonst gesunde Wildvogel bis auf fast 8 kg wieder hochgepäppelt werden konnte, sollte das jetzt Fulvio genannte Tier am 17. Juli 2006 auf dem 120 km² großen Truppenübungsplatz Baumholder wieder freigelassen werden. Die Beteiligten an der Aktion hatten sich gegen eine Rückführung in eines der Wiederansiedlungsprogramme und für eine „kontrollierte Rückkehr aus eigener Kraft" entschieden. Ein Satellitensender auf dem Rücken von Fulvio, durch Oliver Krone vom Leibnitz-Institut für Zoo- und Wildtierforschung Berlin angebracht, erlaubte eine tägliche Ortung des Vogels. Würde der Geier auf dem durchaus geierfreundlichen Truppenübungsplatz mit den Schafherden und einigen Schafkadavern bleiben oder sich möglichst schnell in Richtung seiner vermuteten Herkunftsregion in Südwesteuropa bewegen? Nachdem Fulvio bei laufenden Kameras mehrerer Fernsehstationen abgehoben hatte, blieb er zwei Tage in Baumholder, um nur einen Tag später auf einem Truppenübungsplatz bei Paris zu landen. Weitere drei Tage später zog er weiter nach Westen und dann zügig nach Süden, um schon zehn Tage später über den Pyrenäen zu kreisen. Sein zielgerichteter Flug ohne Umwege lässt vermuten, dass das Tier aus Südwesteuropa kam. Bis zum 8. August hielt sich das Sendertier in verschiedenen Teilen der französischen und spanischen Pyrenäen auf, mit Entfernungen von bis zu 200 km zwischen den einzelnen Positionen. Die danach letzte Ortung stammte vom 19. September 2006 aus den südfranzösischen Cevennen. Dort hielt sich Fulvio mindestens 14 Tage in einem Gebiet auf, in dem seit den 1980er-Jahren Gänsegeier ausgewildert wurden, die inzwischen eine stabile Population bilden.

Es sind die anwachsenden Gänsegeierpopulationen Spaniens, wohl verbunden mit periodischen Nahrungsengpässen, die adulte und immature Gänsegeier meist ab Ende Mai bis in den Juli zu uns bis hoch zu den Nordseeinseln einfliegen lassen.

Zugwegverkürzung

Kurz- und Mittelsteckenzieher, bei denen alle Mitglieder einer Population auf Wanderung gehen, zeigen nicht selten ein differenziertes Zugverhalten, indem die Geschlechter und Alterskategorien unterschiedlich weite Ruheziele aufsuchen. Im Ergebnis können dadurch artspezifische Konkurrenzen etwa um Nahrungsressourcen vermieden werden. Bei Arten, bei denen die Männchen deutlich größer und schwerer sind als ihre Weibchen oder bei denen die Altvögel gewichtsmäßig die Jungvögel übertreffen, können die so bevorteilten Gruppen in höheren geografischen Breiten erfolgreich überwintern. Ein Beispiel ist die auf den Britischen Inseln brütende Population der Kampfläufer (*Philomachus pugnax*). Ihre Männchen überwintern mehrheitlich in Europa, während die Mehrzahl der Weibchen bis nach Afrika zieht. Bei vielen Kurz- und Mittelstreckenziehern kehren die Altvögel oder die Männchen aufgrund ihres kürzeren Zugweges auch wieder eher ins Brutgebiet zurück. Sie haben dadurch den Vorteil, die optimalen Brutplätze bzw. -reviere besetzen zu können. Dass Altvögel und Männchen weniger weit wegziehen als Jungvögel und Weibchen, lässt sich bei vielen Großvögeln, von Möwen und Greifvögeln bis zum Basstölpel (*Sula bassana*), feststellen. Dieses Zugmuster gilt auch für viele kurz- und mittelstreckenziehende Kleinvögel. Besonders deutlich wird dieses Zonierungsmuster bei Amseln und Buchfinken und einigen Limikolen. Bei ihnen verbleiben alte Männchen am nächsten zum Brutgebiet. Etwas weiter entfernt liegt dann das Ruheziel der jüngeren Männchen, gefolgt von dem der alten und schließlich der jungen Weibchen.

Eine fortlaufende Zugwegverkürzung kann schließlich zum teilweisen Einstellen des Wegzugs führen und aus Ziehern Teilzieher werden lassen. Für Mönchgrasmücken wiesen Forscher nach, dass das differenzierte Zugverhalten endogen bestimmt wird durch unterschiedlich programmierte Mengen an Zugaktivität bei den Geschlechtern. Beim Buchfink wirkt sich die Tageslichtdauer (Fotosensibilität) auf die Geschlechter aus. Für die Zugwegverkürzungen

135 Der Gänsegeier namens Fulvio wird nach dem Aufpäppeln mit einem Satellitensender ausgerüstet und auf dem Truppenübungsplatz Baumholder/ Rheinland-Pfalz wieder in die Freiheit entlassen.

136 Nach wenigen Flugmetern landet Fulvio nochmals kurz.

137 Auf breiten Flügeln verlässt Fulvio den Auslassungsort.

138 Die Freilassung Fulvios ist ein Medienereignis.

Das scheinbare Zölibat

Der wissenschaftliche Artname des Buchfinken, *Fringilla coelebs*, leitet sich von Zölibat ab. Er spielt auf die zölibatäre, also alleinstehende und unvermählte Lebensweise der Männchen außerhalb der Brutzeit an, die nicht oder weniger weit weg von ihren Brutgebieten in die Überwinterungsgebiete ziehen. Doch ihr Zölibat ist begrenzt. Denn nach Rückkehr der Weibchen verpaaren sich die „Unvermählten" wieder – die nicht ziehenden Vögel nicht selten sogar wieder mit demselben Partner aus dem Vorjahr.

139 Buchfinkmännchen (*Fringilla coelebs*). Weil die Männchen zeitweise ohne ihre weggezogenen Weibchen als Teilzieher oder Standvögel leben und die Weibchen bis zu vier Wochen später im Brutgebiet eintreffen, kam der Buchfink zu seinem Artnamen *coelebs* (= der Unvermählte).

innerhalb einer Art wurden eine Reihe von Hypothesen aufgestellt. Neben der endogenen Programmierung können Verhaltensmuster, Körpergröße, physiologischer Zustand, sexuelle Selektion, Dominanzen, Erstankunftseffekte oder auch Ankunftszeiten einzeln oder in Kombination als Ursachen infrage kommen. Klimaveränderungen können diesen Trend fördern und über eine ständig fortschreitende Zugwegverkürzung das künftige Vogelzuggeschehen stark verändern (s. S. 149).

Vom Winde verweht – Verdriftungen

Ganz „normal" für viele Vogelarten, auch für Standvögel, ist, dass sich ihre Jungvögel in alle Richtungen von ihrem „Geburtsort" aus verteilen. Sie dispergieren aktiv. Eine Dispersion erfolgt aber auch manchmal passiv. Es kann Alt wie Jung treffen, wenn durch starke Winde die Vögel buchstäblich verweht werden. Wie wir schon kennengelernt haben, haben Zugvögel Probleme mit Gegen- und Seitenwinden und neigen zum Fliegen mit Rückenwindunterstützung. Dafür suchen die Vögel für sie günstige Luftschichten auf. Wenn sie durch den Rückenwind von ihrer Sollrichtung abweichen, kann die Richtung teilweise auch später wieder korrigiert werden. Wann und wie die Vögel eine Driftkorrektur vornehmen, ist unterschiedlich. Beim Tagzug über Land in geringen Höhen sind Richtungskompensationen stark ausgeprägt, beim Zug über dem Meer, beim Nachtzug, beim Zug über Land in größeren Höhen sowie zu Beginn der Zugperiode dagegen eher weniger. Auch hier läuft es letzten Endes darauf hinaus, den Zugablauf hinsichtlich Energie- und Zeitaufwands möglichst optimal zu gestalten. Da kann es schon günstiger sein, sich erst einmal „treiben zu lassen", um dann nach erfolgter Landung von einer Zwischenetappe aus die Korrektur vorzunehmen. Wenn Windverdriftungen zu Beginn der Wanderung toleriert wurden, können sie sich durch spätere Verdriftungen in die Gegenrichtung sogar wieder aufheben. Deshalb kann es sinnvoll sein, erst gegen Ende der Zugperiode die Korrektur vorzunehmen, um das Zielgebiet sicher zu erreichen.

Die Stürme und anhaltenden Winde können aber so stark sein, dass Zugvögel völlig vom Kurs ab- und auf anderen Kontinenten ankommen. Eine ganz erhebliche Anzahl kommt so „vom Winde verweht" aus Nordamerika über den Atlantik nach Europa. Weil im Nordatlantik westliche Windrichtungen vorherrschen, verdriften mehr „Amerikaner" zu uns als europäische Vogelarten nach Nordamerika. Es sind vor allem Wasser- und Küstenvögel, erstaunlicherweise auch viele Singvögel, die von Nordamerika nach Europa und zum Teil auch an die afrikanische Westküste gelangen. Für die „Birder" unter den Vogelfreunden sind die bei uns in einer Vielzahl von Arten und Unterarten auftauchenden „Amerikaner" ein „gefundenes Fressen", da sie so die Zahl der von ihnen schon beobachteten Arten deutlich erhöhen können. Im südlichen Atlantik ist dagegen die Situation fast umgekehrt. In den subtropischen Meeresgebieten wehen die Winde vorwie-

140 Pfeifente (*Anas penelope*). Obwohl nur Kurzstreckenzieher, gelangen immer wieder Vögel aus eigenem Antrieb und windunterstützt nach Amerika.

gend von Osten. Reiher, Limikolen, Enten, Möwen und Seeschwalben, auch mal ein Turmfalke und Schneeammern besuchen so „ungewollt" die östlichen Westindischen Inseln oder die Ostküste Nordamerikas. Darunter sind Pfeifente und Lachmöwe regelmäßige Amerikabesucher, die wohl auch aus eigenem Antrieb dahin gelangen.

Rekorde: weiter, höher, schneller

Der höchste Flieger

Spätestens seit dem Erfolgsfilm „Nomaden der Lüfte" ist bekannt, dass Streifengänse (*Anser indicus*) alljährlich sogar die höchsten Erhebungen des Himalajas auf dem Zug zwischen Sommer- und Winterquartieren im Flug überqueren. Das sind immerhin satte 9000 Höhenmeter. Der absolute Höhenrekord im Tierreich liegt dennoch deutlich über dieser sich jährlich wiederholenden Leistung. Ihn stellte am 29. November 1973 ein Sperbergeier (*Gyps rueppelli*) über Abidjan an der afrikanischen Elfenbeinküste auf. In 11.277 m Höhe geriet er in das Triebwerk eines Verkehrsflugzeugs. Letzteres konnte nach Abschalten des schwer beschädigten Bauteils zwar noch sicher landen, aber der Sperber-

141 Auch unsere Lachmöwe (*Larus ridibundus*) fliegt recht regelmäßig nach Amerika. Das Verbreitungsgebiet der Teil- und Kurzstreckenzieherin reicht von Südgrönland und Island über fast ganz Europa und das mittlere Asien bis nach Kamtschatka, Ussuriland und Nordostchina. Seit der Wende vom 19. zum 20. Jahrhundert dehnen Lachmöwen ihr Brutareal mit gebietsweise starker Zunahme der Bestände weiter aus und besiedeln auch den Osten Nordamerikas.

142 Streifengänse (*Anser indicus*) überfliegen regelmäßig, ohne Stopp, auf dem Zug den Himalaya in über 9000 m Höhe. Durch einen möglichst bodennahen „Achterbahnflug" kommen sie auf eine durchschnittliche Höhe von unter 5000 m und nutzen so die sauerstoffreichere Luft in Bodennähe aus.

143 Pfuhlschnepfen (*Limosa lapponica*) mit Austernfischern an der Nordsee rastend. Sie sind Rekordhalter im Nonstop-Fliegen.

geier überlebte nicht und hatte leider so gar nichts von seinem Höhenrekord. Auch Singschwäne waren auf ihrem Überwinterungsflug von Island nach Irland über den Äußeren Hebriden schon in 8230 m Höhe unterwegs. Die meisten Zugvögel liegen allerdings mit ihren Reisehöhen unter 1500 m. Bleibt schlussendlich anzumerken, dass eigentlich den Streifengänsen der Höhenrekord zusteht: Sie erreichen diese Höhen nicht nur regelmäßig, sondern vor allem auch durch aktives, kraftaufwendiges Fliegen, während Geier als Thermiksegler vieles der aufsteigenden Wirkung der Luft überlassen, bevor ihnen die (Höhen-)Luft ausgeht.

Weiter: Weltrekord im Nonstop-Flug

Als bemerkenswerter Dauerflieger ohne partielle Schlafpausen in der Luft gilt die auch an der Nordseeküste zu beobachtende Pfuhlschnepfe (*Limosa lapponica*). Neuseeländische Wissenschaftler hatten 16 Tiere dieser mit der heimischen Uferschnepfe nahe verwandten Watvogelart mit kleinen Sendern ausgestattet, um die Flugleistungen zu messen. Während einige dieser Vögel auf ihrem Flug von den neuseeländischen Winterquartieren in ihre Brutgebiete – die arktische Tundra – eine Rast auf Papua-Neuguinea, den südlichen Philippinen oder einer mikronesischen Insel einlegten, flogen vier Sendervögel ohne Pause bis China oder Korea. Rekordhalter war ein Tier, das neun Tage lang von Neuseeland bis ans nördliche Ende des Gelben Meers fliegend unterwegs war und dabei mit 10.220 km den längsten bisher aufgezeichneten Nonstop-Flug eines Vogels zurücklegte. Wahrscheinlich könnten Pfuhlschnepfen solche Flugleistungen häufiger erbringen. Dem steht aber das Schwarmverhalten der Tiere auf ihren Wanderungen entgegen. Wenn ein Vogel der in kleinen Schwärmen von 30 bis 70 Tieren ziehenden Pfuhlschnepfen irgendwo erschöpft zur Erde runtergeht, fühlt sich wohl der ganze Schwarm zur Zwischenlandung veranlasst. Auch in Mitteleuropa sind Pfuhlschnepfen an der Küste häufige Durchzügler und Wintergäste, vor allem an der Nordsee. Ihre Winterquartiere sind die Küsten Westeuropas sowie die afrikanische Atlantikküste. Auch hier ziehen sie Tag und Nacht und können dabei etliche Tausend Kilometer Flugstrecke ohne Pause zurücklegen. Um Energie zu sparen, richten die Vögel ihre Flughöhe nach den jeweils günstigsten Windströmen aus. Woher weiß man das? Mithilfe von Zielfolgeradar lässt sich der Luftraum nicht nur militärisch überwachen, sondern er gibt so auch manche Geheimnisse unserer gefiederten Langstreckenflieger preis.

Der längste Flug

Küstenseeschwalben (*Sterna paradisaea*) sind die aussichtsreichsten Anwärter für den Rang des längsten Flugs. Wenn sie alljährlich von ihren Brutplätzen an den Küsten des Nordpolarmeers bis an das andere Ende der Welt in die Antarktis unterwegs sind, umfasst ihre Reisestrecke 16.000 km. Da die meisten Küstenseeschwalben jedoch nicht die direkte Route wählen, sondern den Küstenlinien folgen – schließlich gilt auch hier „nomen est omen“ – und dabei noch tägliche Futterflüge unternehmen, bewältigen viele Tiere jährlich mehr als 50.000 km. Noch viel längere Nonstop-Flüge unternehmen die Rußseeschwalben (*Onychoprion fuscatus*) sowie Arten der Seglerfamilie, zu der unser Mauersegler zählt. Jungvögel dieser Arten fliegen nach dem Verlassen ihrer Brutkolonien oft mehr als ein Jahr ohne Unterbrechung, bis sie als erwachsene Vögel an den Ausgangspunkt ihrer Flugreise zurückkehren. Für unseren Mauersegler wurde berechnet, dass er in den zwei Jahren vom Flüggewerden bis zum Zeitpunkt seiner ersten Landung am möglichen Brutplatz bis zu 500.000 km Nonstop zurückgelegt hat. Das gelingt nur durch eingelegte Segelstrecken und Kurzschlafphasen, in denen eine Hirnhälfte ruht, während die andere die Wachfunktion übernimmt – etwa so wie das Pilot und Copilot bei Langstreckenflügen tun. Verglichen mit *Apus apus* bleibt aber selbst die Airforce One, das legendäre Flugzeug des amerikanischen Präsidenten, eine flügellahme Ente.

144 Küstenseeschwalben (*Sterna paradisaea*) sind Rekordhalterinnen im Langstreckenflug. In Deutschland nisten die zirkumpolar verbreiteten Vögel relativ häufig an der Nordsee- und seltener an der Ostseeküste. Ihr Heimzug in die Brutgebiete findet Ende März bis Ende Mai, der Abzug aus dem Wattenmeer bis Ende September statt.

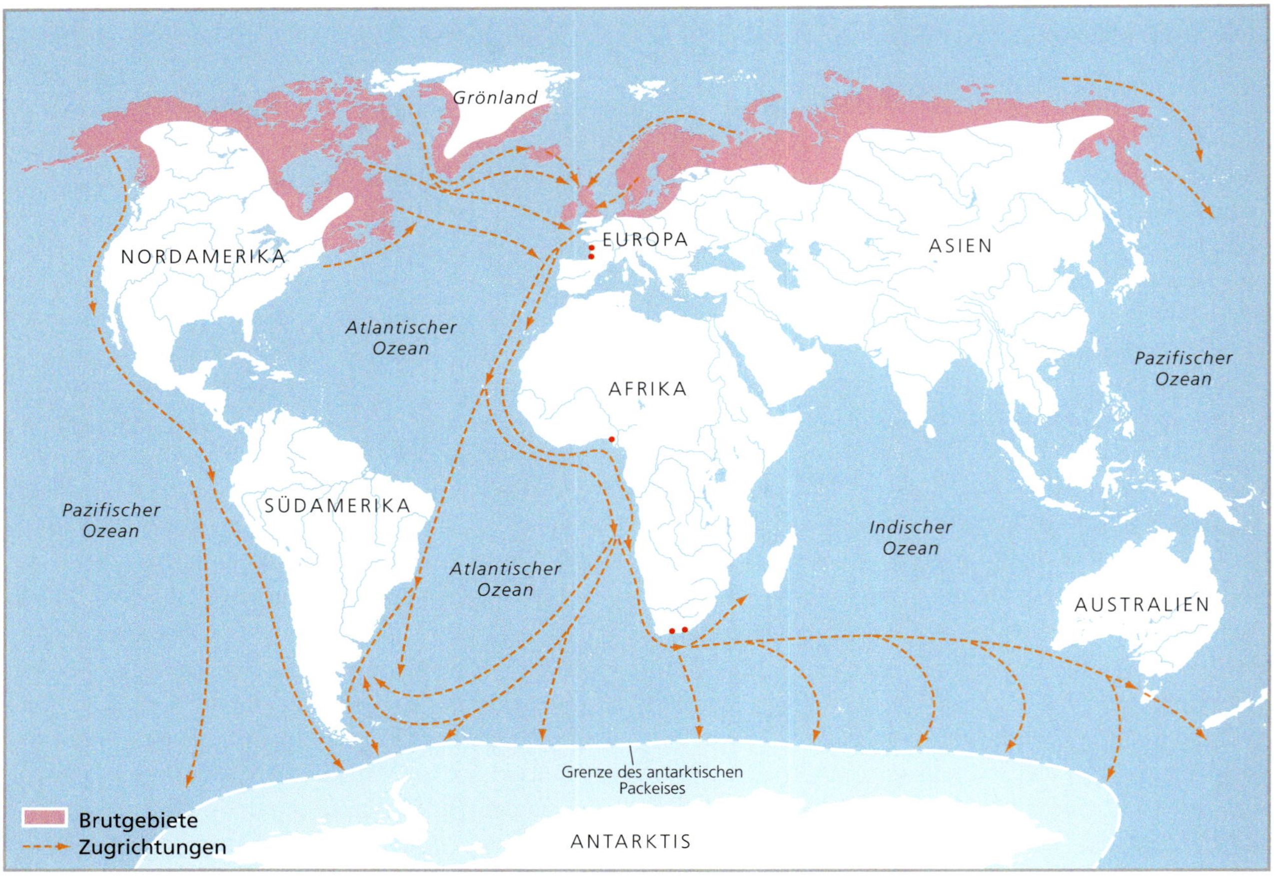

Zug der Küstenseeschwalbe von der Arktis in die Antarktis. Gefärbt: Brutgebiete und Grenze des antarktischen Packeises.

Mauersegler – fast dauernd in der Luft

Mauersegler (*Apus apus*) sind wohl die bekanntesten Wildvögel unserer Innenstädte. Auch wenn sie von vielen Menschen für Schwalben gehalten werden, haben Mauersegler und Schwalben von der wissenschaftlichen Systematik her nur wenig gemeinsam. Sie sind Vertreter unterschiedlicher Vogelordnungen, passten sich aber im Laufe ihrer Entwicklung in ähnlicher Weise dem Leben im Luftraum an und profitierten gleichermaßen schon früh von menschlichen Siedlungen. Ursprüngliche Brutplätze der Mauersegler sind Löcher und Spalten in Klippen und Felswänden, wohl auch Baumhöhlen. Entsprechende Nistmöglichkeiten bieten Gebäude mit Mauerlöchern oder dunklen Hohlräumen – freien Anflug und eine Höhe von etlichen Metern vorausgesetzt.

Die ausschließlichen Insektenfresser finden bei uns nur in der warmen Jahreszeit ihr Auskommen. Das Sommergastspiel der Mauersegler an ihren Brutplätzen ist mit 90 bis 100 Tagen besonders kurz. Diese Zeit reicht gerade für die Aufzucht einer Brut. In Trupps jagen die Luftakrobaten von Anfang Mai bis Ende Juli entlang von Straßen und um die Häuser. Im Geradeausflug erreichen sie dabei Geschwindigkeiten von bis zu 180 km/h, im Sturzflug sogar über 200 km/h. Ihre sichelförmigen Flügel überragen beim Sitzen den kurzen Gabelschwanz – wobei Mauersegler praktisch nur am Brutplatz sitzen. Nur während der Brutzeit haben sie Bodenberührung mit ihren kurzen Beinen. Zum Laufen ungeeignet, dienen die Füße mit vier nach vorn gerichteten Zehen, die gespreizt nach innen greifen, fast nur zum Festhalten und Klettern an glatten (Fels-)Wänden.

Beim Jagen, auf dem Zug und während des Winters in Afrika sind Mauersegler ständig in der Luft. Dort schlafen sie auch, indem sie in höhere Luftschichten aufsteigen, und dort können sie sogar fliegend kopulieren. Die extrem knappe Zeit, in der sie sich im Sommer bei uns aufhalten, reicht meist gerade nur zur Ausbesserung des Nestes am alten Brutplatz, wenn dann noch aus zwei bis drei Eiern in knapp dreiwöchiger Brutzeit die Jungen schlüpfen und in sechs Wochen groß gezogen werden sollen. Alles, was zur Brut benötigt wird, Nestmaterial und vor allem Insekten, sammeln Mauersegler in der Luft. Die Insektennahrung wird dabei zu Pellets geformt

145 Der Wegzug des Mauerseglers in die zentralafrikanischen Winterquartiere führt von uns aus nach Süden und Südwesten.

und den hungrigen Jungseglern in den Rachen geschoben. Wenn sich die Insekten in sommerlichen Kälteperioden verkriechen, verlassen die Altvögel gelegentlich aus Nahrungsmangel die Brutregion. Kurzzeitig können Nestjunge diese Phase durch eine Ruhestarre (Torpor) überstehen. Dauert diese länger als ein bis zwei Wochen, kommt es unausweichlich zu Brutausfällen. Wenn junge Mauersegler das erste Mal aus Afrika in unsere Städte zurückkommen, sind sie ein knappes Jahr alt und suchen Anschluss an eine bestehende Kolonie. Ehe die Vögel allerdings einen freien Brutplatz finden oder sich Wohnräume erkämpfen können, vergehen bisweilen Jahre. In den Morgen- und Abendstunden vollführen diese Nichtbrüter oft Flugspiele und umkreisen in Gruppen aus 10 bis 30 Tieren laut rufend die Gebäude, in denen sich besetzte Nistplätze befinden. Viele Segler können bis zur ersten Brut schon drei bis fünf Jahre alt sein.

In ihrem Brutgebiet wie auch im südafrikanischen Winterquartier halten sich Mauersegler nicht mehr als 3 bis 3,5 Monate auf. Die übrige Zeit des Jahres beanspruchen Weg- und Heimzug. Der Wegzug erfolgt kurz nach dem Ausfliegen der Jungvögel, in Mitteleuropa meist in der zweiten Julihälfte oder Anfang August. Erfolglose Brutvögel, Jungvögel und die noch nicht geschlechtsreifen Einjährigen wandern gewöhnlich zuerst ab, danach verpaarte Männchen und zuletzt die Brutpartnerinnen. Den längeren Aufenthalt am Brutplatz nutzen die Weibchen zum Wiederaufbau der Fettreserven. Der Zeitpunkt des Aufbruchs wird durch die Unterschreitung der Tageslänge von ungefähr 17 Stunden inklusive Dämmerungsphasen bestimmt. Deshalb brechen weiter nördlich brütende Vögel später auf, beispielsweise in Finnland erst in der zweiten Augusthälfte. Die vorherrschende Zugrichtung von Mitteleuropa aus ist Südwest bis Süd, die Alpen bilden dabei keine Barriere. Vor allem bei schlechtem Wetter folgen die Mauersegler allerdings Flussläufen, um ein besseres Nahrungsangebot ausnutzen zu können. West- und mitteleuropäische Populationen ziehen vorwiegend über die Iberische Halbinsel und Nordwestafrika. Am starken Durchzug im östlichen Mittelmeerraum beteiligen sich hauptsächlich Vögel aus Südosteuropa und Russland. Wo die Zugscheide verläuft, ist unklar. Westlich ziehende Segler folgen dann größtenteils der nordwestafrika-

146 Als Dauerflieger haben Mauersegler fast ausschließlich am Brutplatz Bodenkontakt. Obwohl als „Fußloser" bezeichnet, verfügt der Mauersegler zwar nur über sehr kurze, aber stark bekrallte Füße, mit denen er sich festzuhalten weiß und seinen begehrten, weil traditionell genutzten Nistplatz gegen Konkurrenten verteidigen kann.

nischen Atlantikküste, teilweise überfliegen sie auch direkt die Sahara. In den Feuchtsavannen Afrikas angekommen, scheint sich die Zugrichtung nach Südosten zu ändern, bis die Hauptüberwinterungsgebiete erreicht werden.

Während des „Übersommerns" in Afrika folgen viele Mauersegler ständig der Innertropischen Konvergenzzone, die dem Gebiet des Sonnenhöchststands mit einmonatiger Verzögerung nachfolgt (s. S. 84). In den dortigen Trockengebieten bewirken diese saisonalen Niederschläge vorübergehend ein reichhaltiges Angebot an Insekten, das die während dieser Zeit nahezu ununterbrochen in der Luft befindlichen Mauersegler konsequent nutzen. Einige Mauersegler, wahrscheinlich ein Teil der einjährigen Vögel, bleiben in Afrika. Der Großteil der heimziehenden Vögel zieht jedoch nordwärts durch Afrika, wobei die Zugrichtung etwas östlicher verläuft als beim Wegzug. Auch ziehen die Vögel beim Heimzug bevorzugt auf der Vorderseite von Tiefdruckgebieten, um die südwestliche Strömung im Warmsektor des Tiefs auszunutzen. Im Gegensatz dazu nutzen sie während des Wegzugs die nordöstlichen Winde auf der Rückseite eines Tiefs.

In Mitteleuropa treffen die Mauersegler meist in der zweiten Aprilhälfte bzw. im ersten Maidrittel ein – und zwar in Niederungen und Gewässernähe früher als in höheren Lagen. Das Wetter während des Zugs hat großen Einfluss auf die Zugdauer, sodass der Ankunftszeitpunkt auch lokal um etwa drei Wochen variieren kann. Aber er ist dann eine örtliche „Punktlandung": direkt am Brutplatz der vorigen Jahre. Es ist schon erstaunlich, dass sich ein Vogel, der den größten Teil seines Lebens weitgehend unabhängig von festen Zielen in der Luft verbringt, zumindest an seinem Brutplatz als äußerst „geerdet" erweist.

Vom Ring zur Raumstation

Satellitentelemetrie – revolutionärer Durchbruch

Fast 100 Jahre lang konnten Vogelzugforscher nur über Ringfunde und direkte Beobachtungen etwas über die Leistungen und Strategien der Zugvögel erfahren. Immerhin gelang es der Forschung damit, die großräumige Lage der Brut-, Rast- und Überwinterungsgebiete vieler Arten aufzuzeigen. Jedoch erhält man durch Beringung im Regelfall nur zwei Punkte. Nämlich den Ort der Beringung und den des Wiederfundes. Erst durch die seit Mitte der 1980er-Jahre in der Wildbiologie eingeführte Satellitentelemetrie – mit immer kleineren und leichteren Sendern in den Folgejahren – gelang auch in der Vogelzugforschung ein revolutionärer Durchbruch. Denn damit waren erstmals umfassende, auf Individuen bezogene Analysen der Jahreslebensräume von Vögeln möglich – und das auch noch oftmals über mehrere Jahre. Die Satellitentelemetrie kam mit der Einrichtung des ARGOS-Systems (s. u.) in den 1970er-Jahren auf. Das System bestand zunächst nur aus zwei Satelliten, die Sender wogen etwa 1 kg. Sie wurden in den 1980er-Jahren erstmals wandernden Tieren wie Eisbären und Karibus angelegt. Mit zunehmender Verkleinerung der Sender zur Überwachung von Fahrzeugen konnten sie ab einem Gewicht von unter 200 g auch in der Vogelforschung eingesetzt werden. Ab dem Jahr 1984 wurden erste Versuche an Weißkopfseeadlern, Pfeif- und Trompeterschwänen und Riesensturmvögeln durchgeführt. So wurde am 21. Juli 1984 ein Weißkopfseeadler in den USA erstmals mit einem 170 g schweren Satellitensender ausgestattet, der bis zum 19. März 1985 Daten übermittelte. Seitdem verzeichnete die Weiterentwicklung der Satellitentelemetrie stürmische Fortschritte insbesondere seit Beginn der 1990er-Jahre. Ab 1990 stattete man in Europa erstmals Zwergschwäne und einen Gänsegeier mit diesen Sendern aus. Seit 1991 wurden über 80 Weißstörche telemetriert. Die stark verkleinerten Sender können mit Solarenergie betrieben werden, wodurch sie jahrelang funktionieren. 1998 hielt das Forscherehepaar Meyburg während des 22. Internationalen Ornithologen-Kongresses in Durban (Südafrika) bereits ein Symposium über die Satellitentelemetrie in der Ornithologie ab.

Die Satellitentelemetrie ermöglicht es Vogelforschern, wie z. B. den Wissenschaftlern von der Vogelwarte in Radolfzell oder den Meyburgs als Greifvogelforscher, die Wanderrouten und Aufenthaltsorte von Zugvögeln zu bestimmen. Mit dieser Technik können sie mittlerweile schon mehr als 50 Vogelarten weltweit, darunter Adler, Geier, Kraniche, Störche, Sturmtaucher, Schwäne oder Gänse, permanent beobachten. Dazu werden die Vögel mit kleinen Sendern ausgestattet, die derzeit zwischen 18 bis 60 g wiegen. Ein Sender mit einem Gewicht von z. B. 35 g macht bei einem Storch nur etwa 1 % seines Körpergewichts aus und beeinträchtigt ihn damit überhaupt nicht. Die Tiere tragen die kleinen kästchenförmigen Sender wie einen Mini-Rucksack. Strom erhalten sie durch eine Batterie oder über Solarzellen. Die herausstehende Antenne putzen die Störche wie ihre eigenen Federn. Der Sender gibt pro Minute einen Impuls ab. Dieses Signal wird von einem von fünf Satelliten, die die Erde in einer Höhe von rund 850 km umkreisen, aufgenommen. In dieser relativ niedrigen Umlaufbahn kann jeder einzelne Satellit aus dem All einen 5000 km weiten Bereich auf der Erde beobachten.

Die Satellitentelemetrietechnik wird von dem kommerziellen internationalen Kooperationsprogramm „Argos“ (Advanced Research and Global Observation Satellite) zur Verfügung gestellt. Über die Sender erhält man die Koordinaten vom jeweiligen Standort des Vogels und weitere Informationen wie z. B. die Bewegungsaktivität, die Umgebungstemperatur und die Batteriespannung. Der Satellit übermittelt die Daten dann zur Erde, wenn er die nächstgelegene, für die Telemetrie vorgesehene Bodenstation überfliegt. Von dort aus gelangen sie zum Argos-Betriebszentrum in

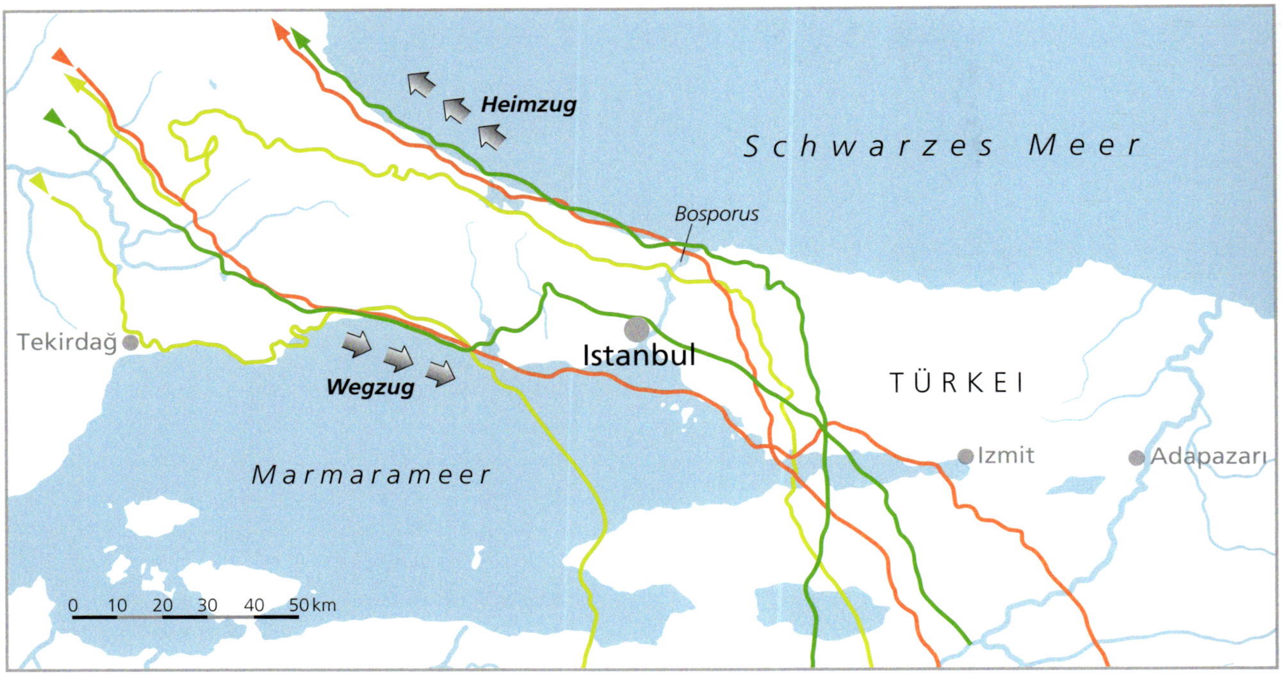

Flugrouten von drei mit GPS-Loggern ausgestatteten Weißstörchen bei der Querung des Bosporus auf dem Wegzug im Herbst und Heimzug im Frühjahr. Punkte: GPS-Koordinaten in fünfminütigem Abstand.

Abhängig von der Körpermasse einer Vogelart, können unterschiedliche Sender eingesetzt werden, die jeweils nicht mehr als 5% des Körpergewichts eines besenderten Individuums übersteigen sollten.

Toulouse und anschließend nach Radolfzell. Wenn alles reibungslos läuft, erhalten die Vogelexperten in Radolfzell die Daten über die Vögel zwei bis acht Stunden nachdem die Sender das Signal losgeschickt haben. Unter optimalen Bedingungen können die Wissenschaftler dann bis auf 150 m genau sagen, wo sich der Vogel aufgehalten hat.

Im Gegensatz zur herkömmlichen Telemetrie bestimmen Satellitentelemetriesender ihre Position selbstständig. Die besenderten Objekte müssen auch wegen der größeren Reichweite der Übertragung nicht mehr mit einem Empfänger verfolgt werden. Daher ist die Satellitentelemetrie wenig arbeitsaufwendig, jedoch sind Satellitentelemetriesender sehr teuer. Mit der Satellitentelemetrie kann – anders als bei der herkömmlichen Vogelberingung – das gesamte Raum-Zeit-Muster des Vogelzugs erfasst werden, also Tagesetappen, Flughöhenprofile sowie Rastgebiete und -dauer.

Zu den Vogelforschern mit der längsten Erfahrung bei der Satellitentelemetrie von Vögeln gehören zweifellos Bernd-Ulrich und Christiane Meyburg. Bernd-Ulrich Meyburg begann 1962 sich mit Greifvögeln zu beschäftigen und stattete seit 1992 etwa 200 Individuen 15 verschiedener Arten mit Satellitensendern aus. Seine Frau ist seit 1971 an fast allen Greifvogelprojekten mitbeteiligt. Seit 1992 verwaltet sie maßgeblich die vielen Tausend Telemetriedaten, die sie auch auswertet. Die bisherigen Veröffentlichungen des Forscherehepaares sind unter www.raptor-research.de abrufbar.

Ihre Erfahrungen mit den Einsatzmöglichkeiten von Satellitensendern und deren Grenzen haben die Meyburgs 2009 in einem Beitrag in der Zeitschrift „Der Falke“ zusammengefasst, dessen Inhalt hier im Folgenden ausschnittweise wiedergegeben wird (Meyburg & Meyburg 2009a):

Bis 2001 konnten die Sender ausschließlich mithilfe des sogenannten Doppler-Phänomens durch das Argos-System geortet werden. Die Frequenz der Sen-

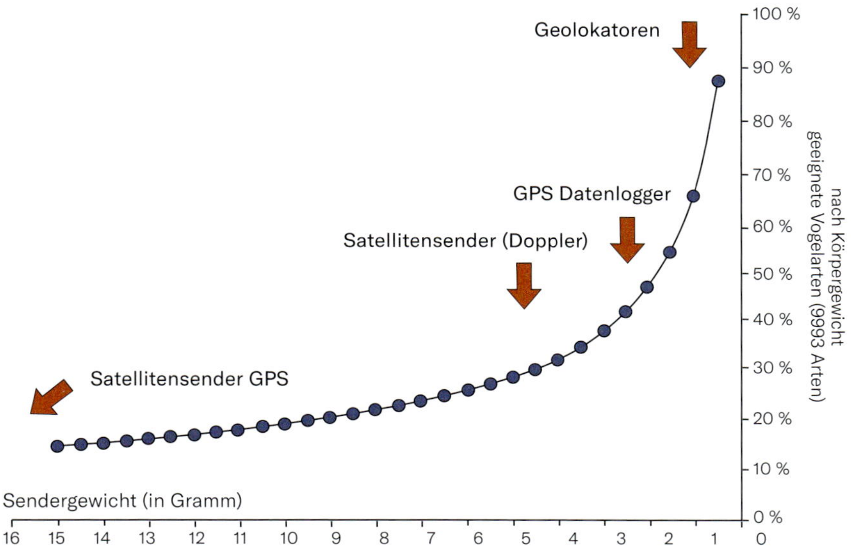

der ändert sich dabei scheinbar bei der Annäherung der Satelliten an dieselben, beim Überfliegen und beim Sich-wieder-Entfernen. Durch diese scheinbare Frequenzänderung lassen sich zwei Ortungen links und rechts der Flugbahn des Satelliten berechnen, allerdings vermag Argos nicht festzustellen, welche der beiden Lokalisationen die richtige ist. Doppler-Ortungen haben den großen Nachteil, dass sie nur in wenigen Fällen (etwa 1 bis 5 %) auf wenige Hundert Meter genau sind. Daher muss der Forscher sehr kritisch prüfen, welche Ortungen überhaupt berücksichtigt werden können. Viele Lokalisationen sind nämlich viel zu ungenau oder sogar völlig falsch. Das Argos-System liefert zwar eine Einschätzung der einzelnen Lokalisationen und teilt die Ortungen in wahrscheinlich genaue und weniger genaue ein. Da diese Genauigkeit aber nicht von Argos garantiert werden kann, bleibt es letztendlich dem Untersucher vorbehalten zu entscheiden, welche Ortungen er berücksichtigen will und welche er verwirft. Dabei sind Erfahrung und Kenntnis der untersuchten Art sehr wichtig. Oft bleiben 80 bis 90 % der Ortungen unberücksichtigt. Die Doppler-Ortungen reichten aus, um die Zugwege und Überwinterungsgebiete recht präzise erforschen zu können; kleinräumige Ortsveränderungen im Brutgebiet waren mit dieser Methode jedoch nicht feststellbar.

Kurz nach der Jahrtausendwende wurden dann erstmals Satellitensender mit Solarbetrieb und GPS-Ortung verfügbar, die klein und leicht genug waren (zunächst 65 g), um damit größere Vogelarten markieren zu können. Die Ortungen mit GPS (Global Positioning System) sind stets auf wenige Meter genau. Damit wurde eine exakte Analyse der Größe der Aufenthaltsräume im Brut- und Überwinterungsgebiet sowie in Rastgebieten möglich. Raum- und Habitatnutzung lassen sich so präzise ermitteln. Die GPS-Daten zu Flughöhe, -geschwindigkeit und -richtung erlauben Aufschlüsse über das Verhalten der Tiere. Die Datenübertragung erfolgt weiterhin über das Argos-System, sodass bei dieser Art von Telemetrie zwei verschiedene Satellitensysteme beteiligt sind. Inzwischen gibt es diese Sender auch mit einem Gewicht von 45 g, 30 g und 22 g. Außerdem gibt es 45 g und 105 g schwere GPS-Sender mit Batteriebetrieb. Der Vorteil der GPS-Satellitentelemetrie gegenüber der bisherigen Satellitentelemetrie mit Doppler-Ortung liegt nicht nur in der viel größeren Genauigkeit, sondern auch in der hohen Zuverlässigkeit der Ortungen.

147 Ein Beispiel für Bodentelemetrie: junger Brachvogel mit befestigtem Sender auf dem Dunengefieder.

Der Schwachpunkt des Systems bleiben die Sender. Sie müssen bei den Vögeln möglichst klein und leicht sein und dabei 1000-mal stärkere Signale als die sogenannten Bodentelemetriesender senden, um von den Satelliten empfangen zu werden. Von den knapp 10.000 Vogelarten sind nur etwa 1500 groß genug, um selbst den kleinsten derzeit verfügbaren, knapp 5 g schweren Sender zu tragen, dessen Gewicht einschließlich der Befestigungsbänder 3 % des Körpergewichts der Vögel nicht überschreiten sollte. Deshalb gibt es parallel zur Entwicklung immer kleinerer und leichterer Satellitensender auch die Entwicklung von sogenannten Geodatenloggern oder Geolocators. Bei ihnen erfolgt die Positionsbestim-

148 Mithilfe von Antennenpeilungen kann die Raumnutzung des Sendervogels erfasst werden.

mung anhand des Sonnenauf- und Sonnenuntergangszeitpunkts. Sie sind deutlich kostengünstiger als Satellitensender, ihre Ortungen sind jedoch sehr ungenau. Außerdem werden die Daten nur gespeichert, nicht aber übermittelt, die Vögel müssen also wieder eingefangen werden, um an die Daten zu gelangen.

Fast schneller als erwartet, gelang es, immer kleinere Sender mit Solarbetrieb herzustellen und damit auch immer kleinere Arten zu untersuchen. Im Jahr 2000 wurden Satellitensender mit Doppler-Ortung mit einer Masse von etwa 18 g verfügbar, sodass ab 2001 auch Wespenbussarde und Milane besendert werden konnten. Wenn es gelingt, nur 2 g schwere Satellitensender herzustellen, könnte die Hälfte der Vogelarten damit telemetriert werden. Derzeit gibt es alle Komponenten, um 4 g oder sogar nur 3 g schwere Sender mit Doppler-Ortung zu konstruieren. Auch können immer leichtere Sender mit GPS-Ortung hergestellt werden.

Was die Satellitentelemetrie in der Vogelforschung leisten kann

In folgenden Bereichen der Vogelforschung kann die Satellitentelemetrie Erkenntnisse beisteuern:

Zugverhalten

- Verlauf der Zugrouten ziehender Arten (Unterschiede bei den Zugrouten einzelner Individuen in verschiedenen Jahren, Unterschiede bei Alt- und Jungvögeln)
- Navigation und Orientierung (Unterschiede bei Jung- und Altvögeln, Rückschlüsse auf angeborenes Verhalten und Erfahrung)
- geografische Lage der Überwinterungsgebiete
- Familienauflösung bzw. Familienzusammenhalt während des Zugs
- Frage des Überquerens von ökologischen Barrieren (Gewässer, Gebirge, Wüsten usw.)
- Frage, welche Strukturen als Leitlinien des Vogelzugs dienen
- Konzentrationspunkte (Ziehen alle Individuen dort durch und zu welchem Zeitpunkt? Ist eine Erfassung der Gesamtpopulation verschiedener Arten an diesen Punkten durch direkte Beobachtung möglich?)
- Zugperiode (Unterschiede bei adulten, immaturen und juvenilen Vögeln sowie bei Männchen und Weibchen)
- Zugdauer (Unterschiede Weg- und Heimzug; Abhängigkeit von der Entfernung zwischen Brut- und Überwinterungsgebiet; Unterschiede bei adulten, immaturen und juvenilen Vögeln sowie von Jahr zu Jahr)
- Zuggeschwindigkeit (Variation während des gesamten Zugs – individuelle Unterschiede: Länge der Tagesstrecken, tatsächliche Durchschnittsgeschwindigkeiten, aktuelle Geschwindigkeiten, Tagesprofil des Zugverhaltens, Abhängigkeit vom Wetter, Abhängigkeit vom Alter des Zugvogels (juvenil, immatur, adult), Abhängigkeit von der Beteiligung und Nichtbeteiligung von Altvögeln am Brutgeschäft, Abhängigkeit von der Entfernung zwischen Überwinterungs- und Brutgebiet)

Rastgebiete

- geografische Lage, Größe und Zahl der Rastgebiete auf der Zugstrecke
- ökologische Bedingungen in den Rastgebieten
- Aufenthaltsdauer und Verhalten in den Rastgebieten

Dispersion und Dismigration

- bei Arten mit gering ausgeprägtem Zugverhalten

Überwinterungsverhalten

- geografische Lage der Überwinterungsgebiete
- Größe und Zahl der Streifgebiete im Überwinterungsgebiet
- eventuelles Nomadisieren
- Festhalten an ein und demselben Gebiet in verschiedenen Jahren (Winterortstreue)
- Verhalten im Überwinterungsgebiet

Abhängigkeit Zug und Bruterfolg

- Ursachen für verspätete bzw. verfrühte Frühjahrsankunft am Brutplatz (Witterungseinflüsse während des Zugs)
- Ursachen für verspäteten bzw. verfrühten Abzug aus dem Überwinterungsgebiet (Einfluss von Klimaveränderungen)

Verhalten im Brut- und Übersommerungsgebiet

- Verhalten nicht brütender Altvögel (Ankunft, Reviergröße, eventuelles Nomadisieren)
- Verhalten von Altvögeln ohne Bruterfolg (Festhalten am Brutplatz nach Brutverlust)
- Verhalten immaturer Vögel (Größe des Aufenthaltgebiets, Nomadisieren)

Festhalten am Brutplatz (Brutplatztreue) und Ansiedlungsverhalten
- jährliche Rückkehr zu demselben Brutplatz oder Brutplatzwechsel
- Ansiedlungsverhalten von Erstbrütern

Paarzusammenhalt über mehrere Jahre hinweg
- Ortsehe

Verbleib immaturer Vögel bis zur Brutreife während der Brutzeit
- Rückkehr ins Brutgebiet oder Daueraufenthalt im Überwinterungsgebiet
- Größe der Streifgebiete, Nomadisieren

Verluste auf dem Zug
- durch menschliche Verfolgung (Feststellung von Schwerpunkten der Verfolgung)
- durch Fehlnavigation
- durch sonstige Verlustursachen

Schicksal ausgewilderter Individuen
- verletzte, gepflegte Greifvögel
- Wiederansiedlungsprogramme

Aktuelle Ergebnisse aus der Hightech-Vogelzugforschung

Wie bereits erwähnt, waren und sind es Bernd-Ulrich und Christiane Meyburg, denen die Ornithologie sehr viele neue Erkenntnisse zum Zugverhalten von in Europa brütenden Greifvögeln zu verdanken hat. Seit 1992 untersucht das Forscherehepaar im Rahmen eines internationalen Langzeitprojekts der „Weltarbeitsgruppe Greifvögel" die Zugrouten in Deutschland brütender oder geschlüpfter Rot- und Schwarzmilane, Wespenbussarde, Baumfalken sowie Fisch- und Schreiadler mithilfe der Satellitentelemetrie. Insgesamt wurden im Zuge dieses internationalen Greifvogelprojekts 200 Individuen von 16 Arten besendert. Inzwischen können die Forscher vollständige Jahresrouten einzelner Tiere dokumentieren und das sogar in mehreren aufeinanderfolgenden Jahren. Wobei die besenderten Vögel fast punktgenau verortet werden können. Einige besonders spannende und zum Teil sehr überraschende Ergebnisse unter anderem aus dem großartigen Forschungsprogramm der Meyburgs werden im Folgenden vorgestellt.

149 Schreiadler (kreisender Altvogel).

Schwerpunktart Schreiadler
Im Rahmen ihrer langjährigen satellitentelemetrischen Studien an Greifvögeln wurden Schreiadler von Bernd-Ulrich und Christiane Meyburg am intensivsten erforscht. Wegen der begrenzten Verbreitung in Deutschland und des geringen Bestands sehen die beiden sich in einer besonderen Verantwortung gegenüber dieser seltenen Art (s. S. 87). Seit 1992 besenderten die Meyburgs über 100 Tiere. Dabei konnten sie 2012 erstmalig ein neuartiges Verfahren einsetzen, das die Zahl der empfangenen GPS-Ortungen extrem erhöht. Alle 3 bis 5 Minuten wurden dabei die Lokalisationen übermittelt. Erstmals gelang auch die Messung der tatsächlichen Flughöhe. Es zeigte sich, dass der Schreiadlerzug in mehr als 3500 m Höhe erfolgt. Alle Individuen der untersuchten Altvögel zogen in schmaler Front auf einer Route über den Bosporus und den Nahen Osten. Ihre Überwinterungsgebiete liegen überwiegend im südlichen Afrika, insbesondere in Sambia. Dagegen verhielten sich Schreiadlerjungtiere teilweise ganz anders. Ihre Abzugsrichtung variierte stärker, sodass einige Tiere über das südliche Griechenland, andere direkt nach Süden über Italien und einige sogar westlich über Gibraltar abzogen. Bei zwei Jungadlern konnten die Forscher erstmals das direkte Überfliegen des Mittelmeers an breiter Stelle vom Peloponnes aus nachweisen. Dieses Verhalten ist ungewöhnlich für Thermiksegler und möglicherweise der Unerfahrenheit der Jungadler geschuldet. Denn die Altvögel dieser thermikabhängigen Art ziehen immer um das Mittelmeer herum.

Wespenbussard – getrennt ziehen und überwintern, vereint brüten

Der deutsche wie der wissenschaftliche Name des Wespenbussards (*Pernis apivorus*) weist auf seine Vorzugsbeute hin: Zur Nahrungssuche fliegen die bussardähnlichen, taubenköpfigen und sehr variabel gefärbten Greifvögel gern entlang von Waldrändern und Hecken, um dabei ein- und ausfliegende Insekten zu erspähen. Mit ihren langen, schmalen Krallen an den Scharrfüßen werden dann so entdeckte Wespen- und Bienennester ausgegraben, um an die sehr nahrhaften Larven zu gelangen, die ihren Nestjungen als Hauptnahrung dienen. Daneben verzehren Wespenbussarde – ungewöhnlich für Greifvögel – auch Beeren und das Fruchtfleisch von reifen Steinfrüchten wie Kirschen und Pflaumen. Wenn sie an Aas sitzen, interessieren sie sich eher für die dort lebenden Fliegenmaden als für das verderbende Fleisch. Wespenbussarde besiedeln ein relativ kleines Areal in der westlichen Paläarktis. Ihr Verbreitungsgebiet umfasst dabei den größten Teil Europas sowie das südwestliche Sibirien. Die in Deutschland brütenden Wespenbussarde überwintern in West- und Zentralafrika.

In den Jahren 2001 bis 2011 wurden von dem Forscherehepaar Meyburg zwölf Individuen (sieben Männchen und fünf Weibchen) überwiegend in Schleswig-Holstein besendert. Einige der Vögel konnten bis zu drei Jahre lang erfasst werden. Mehrfach gelang es den Forschern, beide Partner eines Brutpaares zu besendern. Dabei zeigte es sich, dass die Brutpartner getrennt wegzogen und weit voneinander entfernt überwinterten.

Am weitesten südlich überwinterte ein Wespenbussardmännchen: mehr als 6000 km Luftlinie vom Brutplatz entfernt in der Republik Kongo. Auf dem Herbstzug 2010 über Gibraltar legte es 8560 km in 61 Tagen zurück, was einem Durchschnitt von 140 km/Tag entspricht. Der gesamte Jahreszugverlauf dieses Vogels erfolgte als typischer Schleifenzug. Beim folgenden Frühjahrszug flog das Männchen auf einer völlig anderen Route zurück über Sizilien. Dabei legte es 7526 km in 29 Tagen zurück. Mit durchschnittlich 260 km/Tag verlief der Frühjahrszug dieses Wespenbussards damit deutlich schneller als sein Herbstzug. Gebirge wurden nicht gemieden, im Herbst übernachtete das Tier in den Pyrenäen sogar

150 Wespenbussard an seiner Hauptnahrungsquelle, einer mit Larven gefüllten Wabe. Die Langstreckenzieher kommen bei uns meist erst im Mai in ihren Brutgebieten an und ziehen bereits ab Mitte August wieder aus Mitteleuropa ab.

auf 1725 m Höhe, und im Frühjahr überquerte es die Hohen Tauern in Österreich in etwa 2000 m Höhe.

Vier Wespenbussarde verbrachten den Winter in Nigeria und je einer in Gabun, Guinea, Kamerun, im Kongo und in Liberia. Die Meyburgs konnten nachweisen, dass Wespenbussarde offenbar traditionell immer dieselben Überwinterungsgebiete aufsuchen. Allerdings forderten der weite Flug und die damit verbundenen Gefahren auf dem Zug auch unter den besenderten Vögeln ihren Tribut. Zwei der markierten Wespenbussarde kamen auf dem Zug um: einer beim Überqueren der Sahara, der andere beim Flug über das Mittelmeer.

Schwarzmilan – als Zugvogel variabel

Der Schwarzmilan (*Milvus migrans*) ist mit sechs Unterarten nahezu weltweit verbreitet. Als Jäger und Aasverzehrer mit außerordentlicher Häufigkeit in manchen tropischen und subtropischen Gebieten hat der Schwarzmilan wahrscheinlich von allen Greifvögeln die größte Weltpopulation. Passend zur riesigen Verbreitung gehören Schwarzmilane ganz unterschiedlichen Zugtypen an. Während die Vögel der nördlichen Paläarktis Langstreckenzieher sind, leben Schwarzmilane der südlichen Paläarktis, der Afrotropis und Ostasiens meist als Standvögel oder Kurzstreckenzieher.

Die von den Meyburgs telemetrierten Schwarzmilane zeigen, dass mitteleuropäische Vögel südlich der Sahara überwintern, meist in Westafrika nördlich des Äquators. Die Zugdistanzen waren nur selten weiter als 5000 km. Ein Männchen aus Brandenburg konnte über neun Jahre lang telemetriert werden. Im Jahr 2008, in dem das Männchen erfolgreich brütete, verbrachte es ungefähr 4,5 Monate im Brutgebiet und ungefähr 5,5 Monate im Überwinterungsgebiet;

151 Schwarzmilane sind Jäger und Aasfresser, die im niedrigen Suchflug, manchmal auch zu Fuß auf Jagd und Nahrungssuche gehen oder nicht selten auch anderen Greifvögeln oder Reihern ihre Beute abjagen.

152 Schreiadler und Schwarzmilan in der Thermik segelnd.

153 Schwarzmilane suchen häufig Nahrung auf Abfalldeponien. Die Langstreckenzieher kommen bei uns in ihren Brutgebieten Mitte März bis Mitte April an, im Süden auch schon Ende Februar.

in der restlichen Zeit zog es. Im Jahr 2007, in dem die Brut kurz vor dem 26. Juni verloren ging, verließ der Vogel das Brutgebiet 2,5 Wochen früher als im Jahr 2008 mit erfolgreicher Brut.

Das Schwarzmilan-Männchen zog – anders als Baumfalken und Wespenbussarde – auf dem Herbstzug schneller (2007: 234 km/Tag, 2008: 256 km/Tag) als auf dem Frühjahrszug (2008: 215 km/Tag, 2009: 191 km/Tag). Das Überwinterungsgebiet wurde in beiden Jahren am 15. September erreicht und umfasste einen großen Teil Westafrikas. Es gliederte sich in drei Gebiete, die nacheinander aufgesucht wurden und rund 1075 bzw. 780 km voneinander entfernt lagen. Der Vogel war insgesamt wenig stationär und übernachtete nur sehr selten zwei Nächte hintereinander am selben Ort. Im Durchschnitt lagen 31 bis 42 km zwischen den aufeinanderfolgenden Übernachtungsplätzen. Dadurch legte der Milan im Winter 2007/2008 mindestens 14.000 km innerhalb seines Überwinterungsgebiets zurück. Auffällig war die große räumliche und zeitliche Konstanz der drei Überwinterungsgebiete über die Jahre. Die Meyburgs vermuten, dass für den Wechsel zwischen den drei Räumen klimatische Faktoren verantwortlich sein könnten. Auch die übrigen besenderten Schwarzmilane überwinterten ausnahmslos in Westafrika. Alle nutzten auf dem Zugweg die Meerenge von Gibraltar.

> **154** Baumfalke. Kleinvögel und Großinsekten gehören zur Hauptbeute des Langstreckenziehers während seines kurzen Aufenthalts in der europäischen Brutheimat.

Baumfalke – kurzes Gastspiel in Europa, langer Aufenthalt in Afrika

Baumfalken (*Falco subbuteo*) brüten in fast ganz Europa sowie großen Teilen Nord- und Zentralasiens bis nach Japan und überwintern im zentralen und südlichen Afrika sowie in Nordindien, Pakistan und Südchina. Viel zutreffender als sein heutiger deutscher Name war der früher gebräuchliche Name „Lerchenfalke“ für den Baumfalken: Der kleine, schnelle und wendige Luftjäger erbeutete häufig Feldlerchen. Mit dem Rückgang der Lerchen, Sperlinge und Schwalben als seine Hauptnahrungsquellen zusammen mit der gebietsweisen Abnahme von Rabenvögeln, deren alte Nester er zur Brut nutzte, gingen auch die Baumfalkenbestände bei uns zurück. So war es den Greifvogelforschern und -schützern Meyburg ein Anliegen, mithilfe der Satellitentelemetrie mehr über den „Eurasian Hobby“ – so sein wohlklingender englischer Name – auch außerhalb seines Brutgebiets zu erfahren – vor allem auch deshalb, weil sein Gastspiel bei uns von Ende April bis September recht kurz ausfällt.

Erst seit etwa zehn Jahren können mit der Entwicklung von nur 5 g leichten Sendern auch kleine und leichte Greifvögel wie Baumfalken mithilfe der Satellitentelemetrie untersucht werden. Anfang August 2008 markierte das Forscherehepaar Meyburg als ersten Vogel ein adultes Baumfalkenweibchen in der Nähe von Berlin mit dem Prototyp eines solch leichten Senders. Das Tier konnte auf je zwei Herbst- und Frühjahrszügen zwischen deutschem Brutgebiet und dem Überwinterungsgebiet im Südwesten Afrikas verfolgt werden. Das Baumfalkenweibchen hielt sich nur relativ kurz in Europa, aber sehr viel länger in Afrika auf. Knapp die Hälfte des Jahres 2009 verbrachte der Vogel im Überwinterungsgebiet, nur etwa ein Drittel im Brutgebiet, und rund 7 % bzw. 11 % fielen auf den Frühjahrs- bzw. Herbstzug. Im Frühjahr hatte es das Baumfalkenweibchen besonders eilig. Auf dem Frühjahrszug legte es durchschnittlich 220 km pro Tag zurück, im Herbst waren es rund 40 km weniger. Maximal zog der Vogel 620 km pro Tag, wobei er teilweise sogar nachts flog. Die Saharaüberquerung schaffte der Baumfalke jeweils in rund vier Tagen. Den Grund für den auffällig weit westlichen Frühjahrszug durch Afrika Richtung Norden vermuten die Forscher in der Verfolgung ziehender Schwalben, die zu den Hauptnahrungsquellen der Baumfalken während des Zugs zählen. Abgesehen von den auf Zugvögel spezialisierten Eleonorenfalken (s. S. 139) sind

Baumfalken die einzigen Luftjäger, die Schwalben und Seglern gefährlich werden können. Bei uns, und vor allem auch in Afrika, jagen die schnellen Kleinvogeljäger sehr erfolgreich in Gemeinschaftsjagd auch schwärmende Insekten und Libellen.

Zusammenhänge mit Witterungsbedingungen konnten von den Meyburgs bisher nicht festgestellt werden. Keine einzige Route der telemetrierten Baumfalken verlief im Frühjahr bisher östlich der geraden Linie zwischen Brut- und Überwinterungsplatz. Insgesamt wurden inzwischen 17 Altvögel besendert. Die meisten überwinterten in Angola. Die Kleinstsender erlauben jedoch bisher noch keine GPS-Ortungen, sondern lediglich die ungenauere Ortung nach dem Doppler-Prinzip (s. S. 120). Bernd-Ulrich und Christiane Meyburg bezeichnen den Baumfalken zu Recht als einen eigentlich afrikanischen Vogel, der uns nur zu seinem eher kurzen „Brutgastspiel" besucht. Auch das haben Baumfalken und Mauersegler gemeinsam.

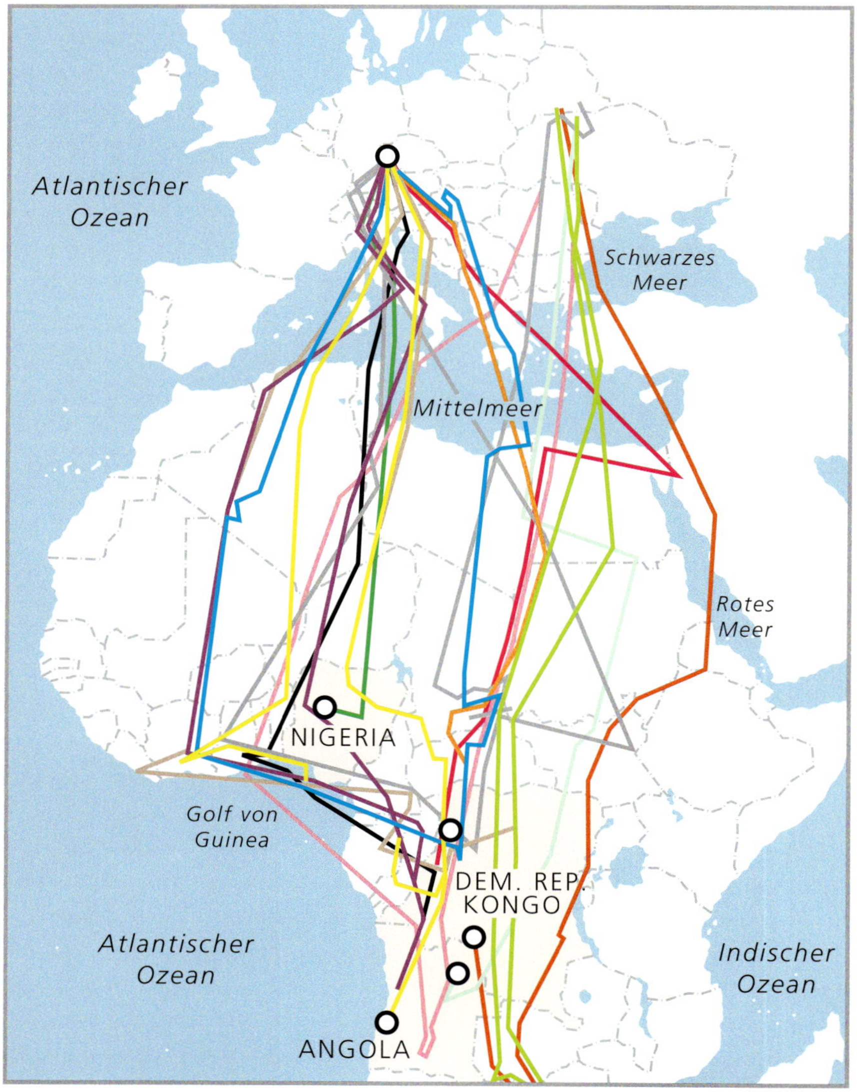

Zugrouten von Kuckucken mit Satellitensendern April 2013 bis Mai 2014.

„Kuckuck, Kuckuck", sendet der Satellit

Von 2013 an untersuchte der Landesbund für Vogelschutz in Bayern gemeinsam mit Kollegen aus Weißrussland das Zugverhalten von Kuckucken (*Cuculus canorus*) aus beiden Regionen mithilfe von Satellitensendern. Ergänzt wurden die Zuguntersuchungen noch durch radio-telemetrische Erfassungen von Vögeln in ihrem bayerischen Brutgebiet. In einem weiteren Projekt verfolgte Martin Wikelski vom Max-Planck-Institut für Ornithologie in Radolfzell zusammen mit einem internationalen Wissenschaftlerteam erstmals mithilfe von Satellitendaten die Rundreise von Kuckucken aus ihren Brutgebieten in Dänemark und Südschweden in die Überwinterungsgebiete Zentralafrikas und wieder zurück. Ein weiteres Kuckuckprojekt läuft in Großbritannien.

Die Zugrouten der Kuckucke aus den bayerischen und weißrussischen Untersuchungen waren recht individuell. Der Wegzug fand ab Mitte/Ende Juni bis Anfang August statt. Alle im Landkreis Regensburg gefangenen und besenderten sechs Vögel zeigten 2013 beim Wegzug teils eine deutlich östliche, teils eine westliche Zugtendenz. Ihren afrikanischen Überwinterungskontinent erreichten jedoch fast alle in Libyen oder Ägypten. Ihre Rast- und Überwinterungsgebiete waren der Tschad, die Zentralafrikanische Republik, der Kongo, Nigeria und Angola. Ihre Rückzugsrouten wiesen dagegen allesamt eine nordöstliche Tendenz auf. Trotzdem kehrten alle – soweit sie die Reise überstanden hatten – wieder in dasselbe Brutgebiet aus dem Vorjahr zurück. Von den fünf „weißrussischen" Kuckucken kehrten je ein Weibchen und ein Männchen in ihr angestammtes Brutgebiet zurück. Ein neu in Bayern besenderter Kuckuck wählte 2014 eine deutlich westlichere Route. Die Vögel vom Vorjahr zogen 2014 weiter östlich als im Jahr zuvor aus ihren Brutgebieten weg, kamen in Ägypten an und zogen weiter in den Sudan.

Die skandinavischen Kuckucke legten auf ihrem rund 7100 km langen Flug mehrere Zwischenstopps ein: Zunächst rasteten sie für jeweils etwa einen Monat im nördlichen Mitteleuropa (Polen) sowie in Südosteuropa (Ungarn, Griechenland), bevor sie im September im Grenzgebiet von Libyen und Ägypten die Sahara überflogen. Von dieser Etappe erholten sich die Kuckucke rund anderthalb Monate lang in der östlichen Sahelzone, um dann drei Monate in Waldgebieten im südwestlichen Zentralafrika zu überwintern. Von dort ging es im Februar auf den 9100 km langen Heimflug mit Zwischenstopps in Ghana und der Elfenbeinküste, Westafrika und Italien. Die Vögel kamen im Mai nach mehr als zehn Monaten seit ihrem Start wieder in ihren Brutgebieten an. Keine zwei Monate später bereiteten sie sich schon wieder auf den nächsten Rundflug vor.

Die Erkenntnis der Forscher: Der Flug der Kuckucke ist genau auf die jeweiligen Nahrungs- und Brutbedingungen vor Ort abgestimmt. Die Vögel landen beispielsweise genau dann südlich der Sahara, wenn dort nach der Regenzeit ein reiches Nahrungsangebot herrscht. Außerdem müssen sie ihre Ankunft in den Brutgebieten mit dem Brutverhalten ihrer Wirtsvögel abstimmen: Je nördlicher sie brüten, desto später brüten die potenziellen Stiefeltern ihres Nachwuchses. Folglich müssen sie in den nördlichen Brutgebieten später ankommen. Kuckucke aus unterschiedlichen Populationen, z. B. aus Großbritannien, fliegen deshalb entlang anderer Routen und zu anderen Zeiten.

155 Kuckuck. Besenderte Tiere zeigten den Forschern, dass das Zugverhalten der Langstreckenzieher mit Zwischenstopps sehr genau auf die jeweils verfügbaren Nahrungsressourcen abgestimmt ist.

Die Zugrouten von Kuckucken ab Juni 2014.

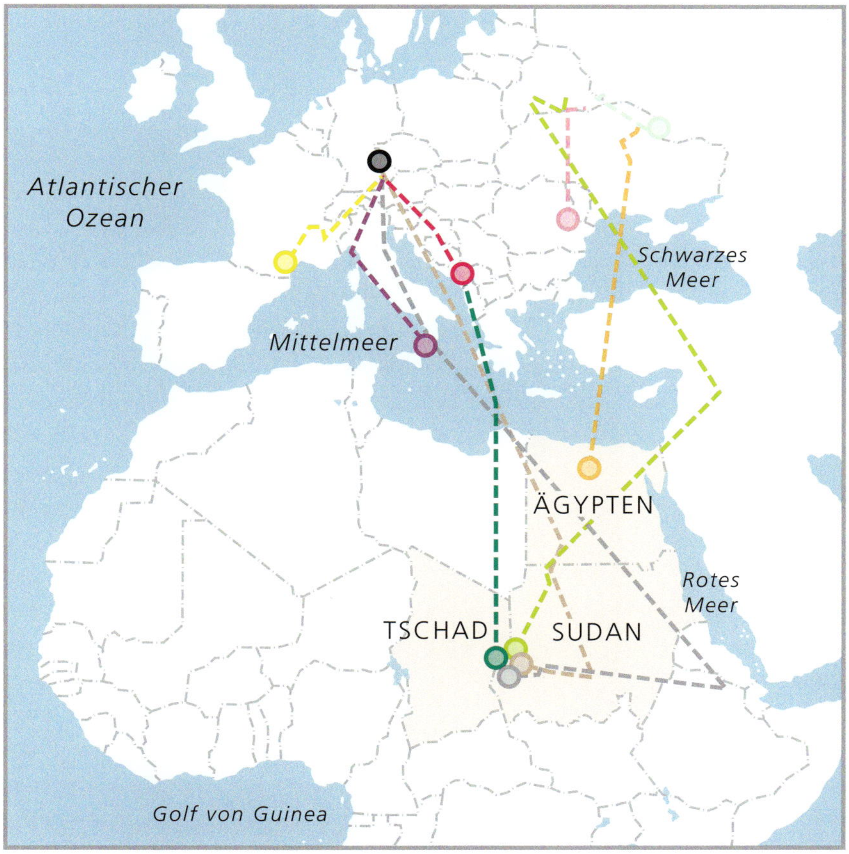

Wachtelkönig – Wiesenläufer und Langstreckenzieher

Obwohl er den Namen Wachtelkönig (*Crex crex*) trägt, ist er nicht näher mit der zu den Hühnervögeln zählenden Wachtel verwandt. Er wird auch Wiesenralle oder Wiesenknarrer genannt, was auf seine Zugehörigkeit zur Familie der Rallen zurückzuführen ist bzw. auf die knarrenden Rufe „Rerrp-rerrp", die sich täuschend ähnlich nachahmen lassen, wenn wir mit dem Daumen über die groben Zähne eines Haarkamms fahren. Die Art ist von Westeuropa in einem breiten Streifen bis Westchina verbreitet. In West-, Nordwest- und Mitteleuropa sind die Vorkommen äußerst lückenhaft und selten, während in Ost- und Südosteuropa sowie in den asiatischen Verbreitungsgebieten noch teilweise recht dichte und individuenreiche Bestände existieren. Während die Bestände in West- und Mitteleuropa wohl unter 10.000 singenden Männchen liegen, gibt es in Russland 1,7 bis 2,8 Millionen singende Männchen, was 95 % der Weltpopulation der Wachtelkönige entspricht. Die Erfassung der männlichen Rufer ist die einzige Möglichkeit zur Bestandsermittlung dieser sehr heimlich in Feuchtwiesen, auf extensiv genutzten Agrarflächen, insbesondere Weidewiesen, sowie in Verlandungszonen lebenden Tiere. Normalerweise sind Wachtelkönige im dichten Pflanzendschungel nur zu Fuß unterwegs.

Wenn sie mal auffliegen, dann wirkt ihr Flug, bei dem sie ihre langen Beine hängenlassen, so ungelenk, als ob für sie nur die nächstbeste Feuchtwiese gerade noch erreichbar wäre. Dabei schaffen die ausgesprochenen Langstreckenflieger trotz ihres unbeholfen anmutenden Flugs jährlich den Zug von ihren Brutgebieten in die Überwinterungsgebiete im östlichen Afrika und südwärts bis in die Kapregion und wieder zurück. Nur Westvögel können schon in Spanien bzw. im nordwestlichen Afrika überwintern. Mitteleuropäische Vögel scheinen Schleifenzieher zu sein, doch ist das Zugverhalten der Art nicht im Detail bekannt. Die Ankunft in den mitteleuropäischen Brutgebieten ist selten vor Anfang Mai, der Wegzug beginnt schon Mitte August.

Seit einigen Jahren untersuchten Vogelkundler verstärkt die Überwinterungsgebiete der Wachtelkönige im südlichen Afrika. Sie stellten fest, dass die bevorzugten Wachtelköniglebensräume in Afrika in ihrer Struktur den europäischen Bruthabitaten der Art ähnlich sind. Mit Gras bewachsene Gräben und Ränder von Gewässern werden nach baumlosen Wiesen am zweithäufigsten besiedelt. Wachtelkönige mögen es weder zu trocken noch zu nass. Durch unterschiedliche Regenfälle kann es so zu lokalen und sogar regionalen Verschiebungen der Wachtelkönigpopulationen innerhalb des Überwinterungsgebiets kommen.

156 Wachtelkönig. Seine Lebensräume in Afrika sind in ihrer Struktur den Bruthabitaten in Europa ähnlich. Auch die Speisekarte des Wachtelkönigs unterscheidet sich in Afrika kaum von der in Europa. Hauptunterscheidungsmerkmal zwischen Brutgebiet und Ruheziel: In Afrika hält *Crex crex* meist den Schnabel und man kann ihn kaum hören. Ohne Telemetrie käme man ihm dort kaum auf die Spur.

Auch die aufgenommene Nahrung in Afrika ähnelt der in den Brutgebieten: Hauptsächlich Gliedertiere und Schnecken und etwas pflanzliche Nahrung umfasst ihre afrikanische Speisekarte. Außerhalb der Brutzeit sind Wachtelkönige stumm und deshalb in Afrika viel schwieriger zu finden als in ihren Brutgebieten.

Die Vogelforscher konnten auch die Todesursachen der Vögel ermitteln: Wachtelkönige fallen Gleitaaren, Rohrweihen, Hunden und Katzen zum Opfer, stoßen mit Fahrzeugen, Gebäuden, Leuchttürmen, Elektroleitungen und Zäunen zusammen. Doch die meisten von ihnen verlieren ihr Leben durch Schusswaffen und Fang mit Fallen und Netzen. Insbesondere in Ägypten werden Tausende Wachtelkönige zusammen mit Wachteln in Netzen gefangen und gegessen. Hinzu kommt auch in Afrika die zunehmende Lebensraumumwandlung im Zuge der modernen Landwirtschaft infolge der rasanten Bevölkerungsentwicklung. Um all diese Einflüsse auf die Bestandsentwicklung der Wachtelkönige zu erkennen, sind Untersuchungen zum Zugvergalten und den Ruhezielen so immens wichtig. Zwar konnte die Art aufgrund neuer Erkenntnisse zu ihren Beständen in Osteuropa und im asiatischen Raum in ihrer Gefährdungskategorie herabgestuft werden. Nachdem die nachgewiesene Verlustrate bei Wachtelkönigen innerhalb eines Jahreszyklus bei 90 % liegt, ist trotz ihrer größeren Bestände die weitere Bestandsentwicklung der Art aufmerksam zu verfolgen. Obwohl sich Wachtelkönige schon im ersten Lebensjahr fortpflanzen können, die Weibchen zweimal nisten und sechs bis acht Jungtiere aufziehen, kommen durch die hohe Mortalitätsrate nur sehr wenige der weggezogenen Vögel auch wieder zum Brutplatz zurück. So werden mittels Satellitentelemetrie Wachtelkönige zu wichtigen Informationsquellen für die Forscher und Schützer. Einer namens Adam aus einem tschechisch-bayerischen Wachtelkönig-Gemeinschaftsprojekt war beispielweise am Morgen des 6. September 2012 aus den Mähwiesen im Böhmerwald Richtung Afrika gestartet. Adam flog zunächst in südöstlicher Richtung über Österreich, die Türkei und die Dardanellen. Nach einem Zwischenstopp am Roten Meer in Ägypten, setzte er die Reise entlang der afrikanischen Ostküste bis Eritrea fort. Auch wenn der Satellitenkontakt am 18. September 2012 dort schon endete, zeigte Adam den Forschern, dass ein Wachtelkönig auf seinen Nachtflügen fast 500 km ohne nennenswerte Pausen zurücklegen kann – eine stramme Flugleistung für einen notorischen Wiesenläufer.

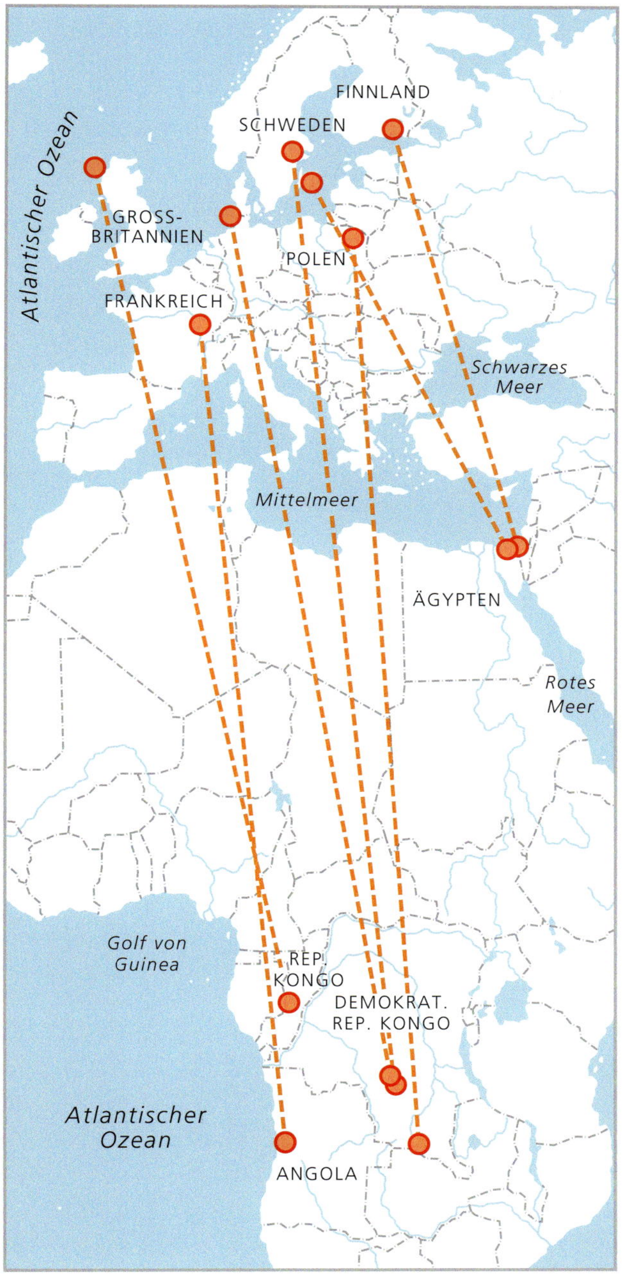

Links Beringungsfunde und Ringwiederfunde von Wachtelkönigen.

Rechts Zugwege von drei Wachtelkönigen mit Satellitensendern aus 2012 (Adam) und 2013 (Goli und Eda).

Hilfe aus dem All für den Artenschutz

Der gewaltige Wissenszuwachs durch die Satellitentelemetrie über das Verhalten und die Bewegungsmuster von Tieren kann eine entscheidende Hilfe beim Früherkennen und genauen Lokalisieren von Gefahrenquellen für die Arten sein. Ein Beispiel lieferte das Forscherpaar Meyburg durch die Telemetrie eines jungen Schreiadlers im Oktober 2008. Dieser Vogel wurde am 12. Oktober 2008 in der Nähe von Sharm El Sheik im Süden der Sinai-Halbinsel geortet. Vier Tage später wurde das Tier zusammen mit 26 weiteren Jungadlern in den Kläranlagen der Stadt verendet aufgefunden. Die Anzahl entspricht fast der Hälfte des gesamten jährlich in Deutschland ausfliegenden Schreiadlernachwuchses. Die von den Meyburgs sofort eingeleiteten Nachforschungen ergaben, dass in diesen Kläranlagen Zugvögel in großer Zahl, darunter viele seltene Greifvögel, regelmäßig tot aufgefunden werden.

Auch bei einer nicht unerheblichen Zahl anderer telemetrierter Greifvögel konnten die Meyburgs Anflüge gegen Freileitungen, Abschüsse, Vergiftungen oder das Ertrinken im Meer als Todesursachen nachweisen. Manchmal gelang ihnen sogar die Untersuchung der Kadaver. Lassen sich solche Gefahren dann auch noch beseitigen, ist für den Artenschutz viel gewonnen.

Rettung für Präriebussarde

Ein weiteres Beispiel für den Vorteil, den die Tierbesenderung beim Aufklären von Verlustursachen und daraus resultierenden gezielten Schutzmaßnahmen bringt, liefern die amerikanischen Präriebussarde (*Buteo swainsoni*). Sie kommen in einem breiten Streifen vom Hinterland der Westküste der USA bis etwa zu den Great Plains vor. Im Norden reicht ihr Verbreitungsgebiet bis in den Südwesten Kanadas, im Süden bis in den Norden Mexikos. Auf Weidepfählen sitzend und nach ihrer Beute, vor allem Mäuse und Großinsekten am Erdboden, Ausschau haltend sind sie in ihrem Verbreitungsgebiet für die dortigen Farmer ein ähnlich vertrautes Bild wie unsere Mäusebussarde in der heimischen Feldflur. Präriebussarde sind Teilzieher, die in großen Schwärmen wandern. Der größte Teil der ziehenden Präriebussarde überwintert in Südamerika, seltener in Florida und im Central Valley in Kalifornien. Doch Mitte der 1990er-Jahre verschwanden die Bussarde plötzlich. Biologen wollten die Ursachen ihres Seltenwerdens ermitteln und statteten daraufhin einige Tiere mit Sendern aus, um sie auf ihrem Flug nach Südamerika verfolgen zu können. Den Grund für den Rückgang entdeckten die Forscher schließlich in den Überwinterungsgebieten der Präriebussarde in Argentinien: Die dortigen Landwirte behandelten ihre Felder mit Pestiziden, um sie vor Insekten zu schützen. Die Präriebussarde nahmen mit den Heuschrecken auch die Pestizide auf und starben daran. Mehrere Zehntausend Vögel sind Schätzungen zufolge auf diese Weise verendet. Seitdem Vogelschützer und lokale Bauern gemeinsam versuchen, den Gebrauch von Pflanzenschutzmitteln so zu regulieren, dass sie die Bussarde nicht mehr vergiften, haben sich erfreulicherweise ihre Bestände auch wieder erholt.

Waldrapp – er ist wieder da

Bevor wir zu der Erfolgsgeschichte bei der Rettung des Waldrapps oder auch Schopfibis (*Geronticus eremita*) durch menschenbegleitende Migration handaufgezogener Jungvögel kommen, deren Lebenswege ebenfalls mit Satellitentelemetrie verfolgt und überwacht werden, lohnt sich ein kurzer Blick auf die Natur- und Kulturgeschichte dieses leicht skurril wirkenden Ibisvogels. Im alten Ägypten war er Lichtbringer und Verkörperung des menschlichen Geistes. Man glaubte, dass der Mensch nach seinem Tod als verklärter und göttlicher Ach – wie der Totengeist in der ägyptischen Mythologie heißt – in den Himmel

157 Waldrapp. Etwas skurril wirkt der seltene Ibisvogel aus der Nähe betrachtet schon.

auffährt und als Stern leuchtet. Dieser Ach hatte die Gestalt des Waldrapps, der sich demzufolge in der Hieroglyphenschrift wiederfindet. Auch im Islam war er ein Glücksbringer. Der Schweizer Naturforscher Conrad Gesner (1516–1565) beschrieb ihn erstmals zoologisch als *Phalacrocorax*, also als Kormoran, den die Alpenbewohner „Wald- oder Klausrab" nennen und dessen Jungvögel in Italien als Delikatesse gelten würden. Im 17. Jahrhundert schützten ihn verschiedene Nomadenstämme im Glauben, der Vogel mit dem schillernden Gefieder trüge die Seelen ihrer Verstorbenen davon. Zu dieser Zeit war der Waldrapp noch vom Balkan über Ungarn, Italien, Österreich, die Schweiz, Süddeutschland bis nach Nordafrika und in den Nahen Osten verbreitet. Weniger heilig, sondern zunächst als Delikatesse und mit dem baldigen Niedergang auch als Kostbarkeit für Museen und Sammler gehandelt, sollten sämtliche Waldrappbestände in Europa durch Jagd und Fang rasch dezimiert werden. In Deutschland war der Waldrapp bereits 1627 verschwunden. Aus Gesners Beschreibung und seiner Abbildung wurde ein nicht existierendes Fabeltier. Doch dann gelang Vogelkundlern 1897 der zweifelsfreie Nachweis, dass der mittelalterliche Waldrapp nichts anderes ist als der im Laufe des 19. Jahrhunderts im Nahen Osten und in Nordafrika entdeckte Schopfibis.

Letzte Vorkommen des Waldrapps bzw. Schopfibis waren die Brutkolonie halbzahmer Tiere an einem Steilfelsen in der türkischen Stadt Birecik, weitere im Nationalpark Souss Massa und Tamri in Marokko und ein erst 2002 entdecktes Kleinstvorkommen in Palmyra/Syrien. Nachdem sich einige Zoos um die Erhaltungszucht dieser akut vom Aussterben bedrohten Art verdient gemacht hatten, begann man 2003 mit der Auswilderung und Wiederansiedlung des Waldrapps in Europa als Zugvogel. Das größte Problem bei der Auswilderung ist, dass Waldrappe die Flugroute ins Ruheziel durch Mitfliegen mit den Eltern im ersten Jahr erst erlernen müssen. Von Menschen aufgezogene Jungvögel kennen diese Flugroute nicht. Deshalb werden in den laufenden Waldrappprojekten die Jungvögel von ihren menschlichen Zieheltern angelernt und auf sie geprägt, damit sie schließlich den in einem Leichtflugzeug vorausfliegenden Zieheltern auf dem Weg ins vorgesehene Winterquartier folgen. Alle Hoffnungen liegen nun auf dem europäischen Waldrappprojekt. Denn seit dem Frühjahr 2013 hat sich der weltweite Bestand freilebender Waldrappe mit noch intaktem Zugverhalten auf ein einziges Individuum im Mittleren Osten reduziert. Faktisch ist der Waldrapp als Zugvogel somit ausgestorben. Das Projekt ist der erste wissenschaftlich fundierte Versuch, eine ausgerottete Zugvogelart wiederanzusiedeln. Ein erfolgreicher Projektverlauf kann Vorbildcharakter für die Erhaltung und Ansiedlung anderer bedrohter Zugvogelarten haben.

158 Im Flug präsentiert der Waldrapp seine ganze schillernde Schönheit.

Projektträger ist der österreichische Förderverein „Waldrappteam". Insgesamt sind acht Partner aus Österreich, Deutschland und Italien beteiligt. Bis 2019 sollen wieder mehr als 120 Waldrappe zwischen dem nördlichen Alpenvorland und der Toskana migrieren. Eine erste kleine Brutkolonie konnte in Burghausen/Bayern gegründet werden. Zwei weitere Brutkolonien sind in Kuchl/Salzburg und in Überlingen/Baden-Württemberg vorgesehen. Ab 2014 wurden sechs menschengeleitete Migrationen von den verschiedenen Brutgebieten in das gemeinsame Win-

> **159** Die Tiere der kleinen, inzwischen wieder stabilen marokkanischen Waldrapp-Population sind Standvögel.

160 Seit der Montage der Icarus-Antenne auf der Außenseite der internationalen Raumstation ISS kann die weitere und noch genauere Erforschung des weltweiten Vogelzugs aus dem All beginnen.

tergebiet in der südlichen Toskana geplant. Zusammen mit weiteren Auswilderungsprojekten in Spanien besteht inzwischen die begründete Hoffnung, dass uns der Waldrapp als Art wie als Zugvogel erhalten bleiben kann.

Icarus ist aufgestiegen – das neue Zeitalter der globalen Tierbeobachtungen beginnt

Nachdem im Oktober 2017 der Bordcomputer für die Icarus-Mission zur internationalen Raumstation ISS gebracht werden konnte, brachte am 13. Februar 2018 eine weitere Sojus-Progress-Rakete nun auch noch die Antennen für das deutsch-russische Gemeinschaftsprojekt zur Raumstation. Damit ist aus der Vision des Tierforschers Martin Wikelski, Direktor am Max-Planck-Institut für Ornithologie (MPIO) in Radolfzell und Leiter der Icarus-Mission, Vögel und viele andere Lebewesen bei ihrem Tun und auf ihren Wanderungen weltweit und (nahezu) in Echtzeit zu begleiten, ein Stück mehr Realität geworden. Nach der Montage der Icarus-Antenne auf der Außenseite der ISS durch zwei Kosmonauten beim mehrstündigen Weltraumspaziergang am 15. August 2018, den der ESA-Astronaut Alexander Gerst vom Inneren der ISS aus überwachte, ist das System einsatzbereit. Künftig werden Wissenschaftlerinnen und Wissenschaftler in 150 Forschungsprojekten erstmals Tausende von Tieren auf ihren Reisen rund um den Globus über Monate und Jahre rund um die Uhr beobachten können. Bei den Fragen, die Icarus künftig beantworten soll, kommen für Martin Wikelski an erster Stelle die, die sich mit Zugvögeln beschäftigen. Denn ihre Zahl nimmt weltweit in dramatischer Weise ab, ohne dass wir in vielen Fällen ausreichend wissen, wo und warum viele dieser Arten gerade verschwinden. Ohne rasche Antworten auf diese Fragen und das Ergreifen von Gegenmaßnahmen läuft die Zeit ab.

Weiteren Handlungsbedarf sieht der Forscher und globale Denker für die extrem ausgebeuteten Fischbestände und viele Meeressäuger in unseren Ozeanen. Ein zusätzlicher Arbeitsschwerpunkt des Teams um Wikelski ist die Klärung der Frage, wie Tiere Krankheitserreger verbreiten. Durch die Verfolgung der Flugrouten von Wasservögeln in Asien und Flughunden in Afrika mittels Icarus erhoffen sich die Forscher Aufklärung über die Übertragungswege der Vogelgrippe nach Europa und des Ebola-Virus in Afrika. Nachdem erste wissenschaftliche Erkenntnisse vorliegen, dass verschiedene Tierarten Erdbeben und Vulkanausbrüche schon Stunden vorher spüren und mit auffälligen Ortsveränderungen darauf reagieren, erhoffen sich die Wissenschaftler außerdem, dass einige Tierarten als sensible Anzeiger solcher bevorstehenden Naturkatastrophen mittels Icarus permanent überwacht werden und so künftig Hunderttausende Menschenleben gerettet werden könnten. Mit Blick in die Zukunft prognostiziert Wikelski, dass Forschungsprojekte mit Icarus stark zunehmen werden und in zehn Jahren mehrere Tausend Projekte über dieses System wissenschaftliche Daten gewinnen können. Mit der Weiterentwicklung immer kleinerer Sender könnten Hunderttausende von Tieren die Forscher wie die Öffentlichkeit an ihrem Leben teilhaben lassen.

Dann sind wir angekommen im „Internet der Tiere", wie es der Philosoph und Kommunikationsexperte Alexander Pschera (2014) in seinem gleichnamigen Buch beschreibt, das nach seiner Ansicht einen neuen Dialog zwischen Mensch und Natur ermöglicht: „Wenn das Internet der Tiere einmal eine repräsentative Menge an Tierdaten erhoben hat, wird die Natur nicht mehr so sein, wie wir sie uns vorstellen oder wie wir sie uns wünschen oder wie wir sie erklärt und vermittelt bekamen. Wir werden sie dann so sehen, wie sie im Moment des Betrachtens wirklich ist, und wir werden auch sehen, wie sich einzelne Tiere in konkreten Situationen eingerichtet haben, für die wir verantwortlich sind. Das Internet der Tiere ist also radikal objektiv und radikal subjektiv zugleich: Auf der einen Seite objektiviert es unser Naturbild und schafft eine neue Grundlage für wissenschaftliche und ökologische Diskussionen, indem es Rohdaten sammelt, aus denen neues Wissen wird. Auf der anderen Seite macht es aus Tieren, die wir als Objekte zu denken gewohnt sind, Subjekte mit einer eigenen Vita und einem eigenen Schicksal. Es sind nicht die Rechte einer Art oder einer Gattung, die sich aus dem Internet der Tiere ergeben, sondern die individuellen Rechte des einzelnen Tiersubjekts."

Es bleibt zu hoffen, dass mit dem modernen Icarus endlich der Durchbruch gelingt, der notwendig ist, um für die Vögel wie für alle anderen Tierarten ihre zum Überleben notwendigen Lebensgrundlagen und Lebensräume besser als bisher bewahren und weiterentwickeln zu können. Wenn uns dies nicht gelingen sollte, werden wir wohl das Schicksal des „alten" Ikarus aus der griechischen Mythologie teilen müssen: Sollten wir in unserem „Übermut" (hier: Hybris, Gedankenlosigkeit, Leichtfertigkeit und/oder Fatalismus) die Natur(gesetze) weiterhin missachten, wird dies unweigerlich zu unserem Absturz – und mit ihm dem von vielen weiteren Arten führen, für die wir allein die Verantwortung tragen. Der Vogelzug und seine weitere Entschlüsselung kann uns Hoffnung wie Warnung gleichermaßen sein.

Mit den Forschern forschen

Einen tollen Service bietet die von Martin Wikelski und seinen Kollegen am Max-Planck-Institut für Ornithologie (MPIO) ins Leben gerufene „Animal Tracker App". Damit können Interessierte in Verbindung mit Weißstorch, Waldrapp und Co. treten und die Routen von Wildtieren auf der ganzen Welt fast in Echtzeit verfolgen. Wo immer sich die besenderten Tiere auch befinden, mit der „Animal Tracker App" ist man stets dabei – dank der GPS-Signale, die die winzigen Sender senden und die in der Online-Datenbank „Movebank" gespeichert werden. Diese Plattform wird einerseits von Hunderten von Forschern zum Analysieren, Teilen, Verwalten und Archivieren von Bewegungsdaten genutzt. Ganz im Sinne einer Bürgerforschung (Citizen Science) kann aber auch jeder, der interessiert ist, ganz aktiv an den laufenden Forschungsprojekten teilnehmen. Immer wenn besenderte Tiere in der Natur gesehen werden, können die Daten dieser Beobachtungen und Fotos direkt in die Datenbank hochgeladen werden. Die so dokumentierten Beobachtungen sind sehr wertvoll für die Wissenschaftler, da die Forscher mit ihrer Technik nur den Aufenthaltsort des besenderten Tiers bestimmen können, mit den weitergegebenen Verhaltensbeobachtungen die Daten aber viel besser analysieren und interpretieren können. Mit der App können die aktuellen Aufenthaltsorte aller weltweit besenderten Tiere einschließlich ihrer Bewegungsmuster der letzten Wochen und Tage dargestellt werden. Einzelne Arten können herausgefiltert und bestimmte Individuen gesucht werden. Wer eigene Beobachtungen und Fotos der besenderten Tiere in der App hinzufügt, leistet so aktiv seinen Beitrag zu den Forschungsprojekten. Die App wird laufend weiterentwickelt und soll um weitere Funktionen ergänzt werden (Info und Download: www.orn.mpg.de/animaltracker).

Gefahren auf dem Zug – Gefahr im Verzug

Anpassung an natürliche Gefahren

Für Vögel gilt im Prinzip das Gleiche wie für alle Lebewesen: Ein gefahrloses Leben gibt es nicht. Das Leben birgt immer auch ein „Restrisiko" in sich. Wobei wir schon erfahren konnten, dass das Leben als Zugvogel in vielen Fällen deutliche Vorteile gegenüber einem Leben als Standvogel bietet (s. S. 82). Wenn es um die Gefahren auf dem Zug geht, sind dies einerseits die natürlichen Barrieren auf den Zugwegen der Vögel, Schlechtwetterereignisse sowie tierische Prädatoren, allen voran die spezialisierten Vogeljäger, die in der Regel zu Verlusten einzelner Individuen, gelegentlich eines ganzen Trupps, führen können. Mit all diesen „natürlichen" Risiken haben sich die Zugvögel arrangiert, indem sie darauf mit arttypischen Strategien und Verhaltensanpassungen reagieren (s. S. 143). Ganz anders sieht es dagegen bei den von Menschen verursachten Gefahren für den Vogelzug aus. Hier ist tatsächlich – wie im Folgenden gezeigt – Gefahr im Verzug, und es sind Abhilfen notwendig – aus rechtlicher wie aus praktischer Sicht.

Zugvögel und ihre Jäger

Gefiederte Vogeljäger

Unter den Vögeln gibt es spezialisierte Vogeljäger, die hauptsächlich vom großen Beuteangebot während der Zugzeiten profitieren. So ernähren sich Wander-

161 Wanderfalke im Großstadtdschungel. Im Scheinwerferlicht angestrahlter Gebäude machen städtische Wanderfalken auch erfolgreich Jagd auf Nachtzieher.

162 Der Eleonorenfalke wartet auf felsigen Mittelmeerinseln auf die Ankunft seiner Hauptbeute: durchziehende, teilweise erschöpfte Kleinvögel.

163 Eleonorenfalke mit geschlagenem Wiedehopf.

falken (*Peregrinus peregrinus*) ganzjährig fast ausschließlich von Vögeln. Weit über 200 Arten sind allein in Mitteleuropa als Wanderfalkenbeute nachgewiesen. Vögel mit der Größe von Star oder Drossel bis hin zur Taube, Krähe oder Lachmöwe werden am häufigsten geschlagen. In Großstädten jagen Wanderfalken gern nachts durchziehende Vögel und Fledermäuse, wenn diese im Scheinwerferlicht der angestrahlten höheren Gebäude erscheinen – ob Kölner Dom, Berlin Alexanderplatz, die Innenstadt von Frankfurt oder ein Hochhaus in Pilsen. Die Beuteliste der Stadt-Wanderfalken umfasst dabei zur Zugzeit zahlreiche Waldschnepfen, Zwergtaucher, Rallen, Wachteln, Limikolen und eben Fledermäuse. Nicht selten sucht *Peregrinus peregrinus* seine Beute auch an Gewässern unter den überwinternden Wasservögeln.

Am engsten an das Auftreten von Zugvögeln sind Eleonorenfalken (*Falco eleonorae*) angepasst. Die ausgesprochenen Spezialisten brüten kolonieartig so gut wie ausschließlich auf felsigen Inseln und Küstenvorsprüngen des Mittelmeergebiets bis zur Atlantikküste Marokkos mit einem Weltbestand von rund

6500 Brutpaaren. Weil die karge Landschaft ihrer Brutgebiete über das Jahr kaum ausreichend Nahrung bietet, verbringen die meisten Eleonorenfalken den Winter in Madagaskar, einige auch in Ostafrika und auf den Maskarenen. Dazu wandern die westlichen Brutvögel am Atlantik und am westlichen Mittelmeer nach Osten in einer weiten Schleife. Im Winterquartier profitieren die Eleonorenfalken dann vom hohen Insektenangebot der dortigen Regenzeit. Wenn sie im April bis in den Mai wieder zurück an ihre Brutplätze fliegen, müssen sie auch dort zunächst hauptsächlich von Insekten leben. Die wichtigste Nahrung gerade für die Jungen sind aber dann die übers Mittelmeer wandernden und auf den Felsen rastenden Kleinvögel. Sie tauchen dort erst im Hoch- und Spätsommer auf. Die Eleonorenfalken haben ihre Brutzeit danach ausgerichtet, indem sie oft erst ab Mitte Juli bis Ende August brüten und bis Mitte Oktober so ihre Jungen fast ausschließlich mit kleinen Zugvögeln ernähren können. Die Vogeljäger beginnen schon in der Morgendämmerung mit dem sogenannten „Standfliegen“ gegen den Wind, um mehrere Hundert Meter bis maximal um die 1500 m hoch in der Luft über ihrer Brutinsel stehend auf die nachts über das Meer kommenden Kleinvögel Jagd zu machen. Obwohl die Durchzügler teilweise erschöpft sind, kommt es bei den Vogeljägern oft zu Fehlstößen. Jetzt profitieren die Eleonorenfalken von ihrer geselligen Lebensweise, indem mehrere Falken hintereinander auf denselben Vogel stoßen, bis einem der Fang gelingt. Unter der untersuchten Eleonorenfalkennahrung während der Jungenaufzucht fanden sich vor allem die Reste kleiner Singvögel und von Wendehals und Wiedehopf als Nichtsingvögel.

Die Rolle des Eleonorenfalken wird weiter südlich vom etwas kleineren Schieferfalken (*Falco concolor*) übernommen. Im Aussehen ähnelt er sehr stark Vertretern der dunklen Morphe des Eleonorenfalken, mit dem der obligate Fernzieher auch die Überwinterungsplätze auf Madagaskar teilt. Schieferfalken haben ihre Brutzeit ebenfalls weitgehend mit dem Durchzugsgipfel der kleinen Zugvögel synchronisiert, von denen sie während ihrer Brutzeit sich selbst und ihre Jungen ernähren. Ihre weit verstreuten Brutkolonien liegen vor allem auf Felsklippen in der mittleren und östlichen Sahara, auf Inseln im Roten Meer sowie auf der Arabischen Halbinsel.

164 Wo sich bei uns im Winter Wasservögel sammeln, finden Seeadler reiche Beute.

Auch die Lannerfalken (*Falco biarmicus*) des Mittelmeerraums haben sich – wenn auch weniger stark ausgeprägt – mit ihrer schon frühen Brutzeit an ihre Vogelbeute angepasst. Sie fällt teilweise mit dem Heimzug von europäischen Zugvögeln zusammen.

Gewässer in Mitteleuropa mit großen winterlichen Ansammlungen von Wasservögeln können zu jagdlichen Anziehungspunkten von jungen und auch alten Seeadlern (*Haliaeetus albicilla*) aus Nordeuropa werden.

Waldohreulen (*Asio otus*) sind eigentlich auf Kleinsäugerjagd, vor allem auf Wühlmäuse spezialisiert. Ihr Lebensraum sind aufgelichtete Wälder und von Offenland durchbrochene Waldlandschaften. Nur ab Herbst zieht es sie verstärkt in Siedlungen, um unweit der Häuser in Baumgruppen von Vorgärten, Parks und Friedhöfen in ganzen Trupps sich an zum Teil traditionellen Tagesruheplätzen zu sammeln. Von diesen „Stützpunkten" ausschwärmend holen sich die eigentlichen Mäusejäger dann Kleinvögel, überwiegend Sperlinge und Grünfinken, die in die Städte migrierten, um dort in winterlichen Schlafgesellschaften zu übernachten. In strengen Wintern lassen sich manchmal über 100 Waldohreulen an ihren Tagesruheplätzen beobachten, wo sie sich, scheinbar zahm und völlig unbeeindruckt von den Menschen, unbeweglich und mit geschlossenen Augen ganz auf ihr Tarngefieder verlassen. Nicht selten melden manche Bürger ihre „Entdeckung" in der Stadt als Uhus. Schließlich sind beide durch ihre Federöhrchen ausgezeichnet, auch wenn Uhus ungleich größer und schwerer als die Waldohreulen sind.

Der in Europa nur sehr inselartig vorkommende Riesenabendsegler (*Nyctalus lasiopterus*) hat regelmäßige Vorkommen in Spanien, Südfrankreich, der Toskana und Griechenland. Neben großen Fluginsekten als seine Hauptbeute konnten in Kotproben der Riesenabendsegler aus Italien, Spanien und Griechenland in den letzten Jahren Vogelreste nachgewiesen werden. Da sich in über 14.000 analysierten Kotproben in Spanien zuzeiten des Vogelzugs von März bis Mai und von August bis November in bis zu 70 % der Proben Vogelreste fanden, die im Juni und Juli fehlten, scheint es klar zu sein, dass Riesenabendsegler den Vogelzug als Beutezug nutzen. Wie es den 35 bis 53 g schweren Fledermäusen gelingt, ihre 7 bis 22 g schwere Vogelbeute zu erjagen, ist noch unklar. Wahrscheinlich packen und töten Riesenabendsegler die Singvögel im Sturzflug. Aber auch ein Fang am Schlafplatz der Zugvögel scheint möglich.

165 Waldohreulen übernachten im Winter in ganzen Schlafgesellschaften in Städten. Von ihren Tagesruheplätzen machen die eigentlichen Mäusejäger dann Jagd auf die in die Städte migrierten Kleinvögel.

166 Riesenabendsegler. Die nur inselartig in Europa vorkommende Fledermaus nutzt den Vogelzug intensiv zum Beutemachen.

Im Schutz des Schwarms

Fast alle von uns haben sie schon gesehen: eine Wolke aus Staren, die vor der einbrechenden Dunkelheit im Rhythmus einer klassischen Sinfonie am Abendhimmel zu tanzen scheinen. Der Starenschwarm, der Hunderttausende von Individuen umfassen kann, führt sein Luftballett vor dem Einfall in das Massennachtquartier auf, das auf Bäumen und Häusergesims in Großstädten oder auch im Schilfgürtel von Seen sein kann. Der abendliche Formationstanz am Himmel geschieht jedoch weder aus Übermut noch verfügt die Sinfonie der Stare über einen Takt gebenden Dirigenten oder einzelne Leitvögel, die den Schwarm lenken und zusammenhalten. Die vom Schwarm ausgeführten halsbrecherischen Manöver dienen einzig der Feindabwehr. Habichte und Falken, die auf Bäumen, Häusern und Strommasten lauern, könnten den Staren gefährlich werden. Wenn einer der Vogeljäger den Schwarm angreift, verdichtet sich dieser sehr rasch um den Greifvogel herum, der dann kaum noch mit den Flügeln schlagen kann und sich aus der Masse an Leibern wie aus einer Wolke herausfallen lassen muss. Mit ihren kurzen Flügeln und ihrem kurzen Schwanz sind die schwarz schillernden Stare Meister im Manövrieren. Selbst für engste Wendungen ist kein Leitvogel nötig. Sie orientieren sich stets an den fünf bis sechs Vögeln, die neben, über und unter ihnen fliegen, ähnlich dem Verhalten von Profiradfahrern im dichten Pulk bei Straßenradrennen wie der Tour de France. So vermeiden die Stare – im Gegensatz zu den Radrennfahrern – praktisch immer Zusammenstöße mit ihren Nachbarn und oft genug auch das Geschlagen-Werden durch die Vogeljäger.

< **167** Starenschwarm. Im Schwarm sind Stare besser gegen feindliche Angriffe geschützt. Als Meister im Manövrieren braucht es in der Starenwolke weder Leittiere noch kommt es zu Zusammenstößen.

In den Fängen der Katze

Dass die Katze das Mausen nicht lassen kann, ist gleichermaßen bekannt wie zutreffend. Denn unserem friedlich auf dem Sofa schnurrenden „Stubentiger" ist der Jagdtrieb trotz 4000-jähriger Domestikation nie abhandengekommen. So gehen selbst satte Katzen im Garten auf Jagd, wann immer sich ihnen dazu Gelegenheit bietet. Und dabei haben sie auch unsere Vögel im Visier. Vor allem zur Brutzeit landen zahllose Singvögel in den Fängen von Hauskatzen. Aber auch Kleinsäuger wie Mäuse, Spitzmäuse und selbst Fledermäuse oder Eidechsen, Amphibien und Insekten werden von Hauskatzen erbeutet und

168 Hauskatze mit Rotkehlchenbeute. Viele Katzen sind zu vieler Vögel Tod.

nicht selten ihren menschlichen Besitzern zu Hause präsentiert.

Die Diskussionen zum Konflikt Hauskatze versus Vogelschutz werden seit Langem geführt. Sie bekamen aber durch eine Studie, die Anfang 2013 in der amerikanischen Fachzeitschrift „Nature Communications" erschien, neue Schubkraft. Danach sollen hochgerechnet pro Jahr allein in den USA bis zu 3,7 Milliarden Vögel und weitere 20,7 Milliarden Mäuse und andere Kleinsäuger von Hauskatzen getötet werden. Die Biologen des „Smithsonian Conservation Biology Institute" in Washington kommen in ihrer Studie zu dem Schluss, dass dieser Aderlass noch eine größere Gefahr für die Artenvielfalt darstelle als landwirtschaftliche Pestizide oder die Zerstörung der natürlichen Lebensräume durch den Menschen. Wenn man die von den amerikanischen Forschern errechneten Zahlenwerte auf Deutschland überträgt, würden unsere 8,4 Millionen Hauskatzen jährlich 200 Millionen Vögel töten. Bei einem nach NABU-Schätzung Gesamtbestand von 400 Millionen Vogelindividuen in Deutschland, würden Hauskatzen jeden zweiten Vogel bei uns töten. Selbst wenn diese Rechnung so nicht stimmen würde, bleibt festzuhalten, dass zumindest sehr viele Vögel im Rachen von Hauskatzen landen, die von ihren Besitzern freilaufend gehalten werden oder als Streuner unterwegs sind. Unter der Katzenbeute finden sich auch zahlreiche kleine Zugvögel, vom Star bis zur Singdrossel, deren Bestandskurve ohnehin nach unten zeigt. Von daher ist es allemal ein Beitrag zum Vogelschutz, auch zum Zugvogelschutz, wenn Katzenbesitzer ihre Lieblinge kastrieren lassen und zumindest während der Brut- und Aufzuchtzeit der Singvögel sie ganz als Hauskatze ohne Ausgang halten.

169 Tiefgefrorene Mönchsgrasmücken.

170 Gebratene Grasmücken.

Vogeljagd und -fang

Während letztlich die tierischen Jäger von migrierenden Vögeln profitieren, jedoch ohne diese Arten im Bestand zu gefährden (mit Ausnahme der Hauskatzen), stellen sich die Auswirkungen auf die Zugvogelbestände durch direkte menschliche Verfolgung oder indirekt verursachte Gefahren infolge menschlichen Tuns ganz anders und oft gravierend dar. Mancher erinnert sich vielleicht noch an den Slogan „Kein Urlaubsort wo Vogelmord", der Italien als Vogelkiller-Nation Nr. 1 bloßstellen sollte und zum Boykott des beliebtesten Urlaubsziels der Deutschen aufrief. Heute kann das als übertrieben gelten, denn es trifft aus mehreren Gründen so nicht mehr zu. Zum einen hat sich gezeigt, dass nur etwa 22 % unserer Zugvogelarten nach oder durch Italien ziehen und sich die nachweislichen Bestandsabnahmen dieser Arten bei uns nicht allein mit ihrer Bejagung in Italien erklären lassen. Zum anderen zählt Italien längst nicht mehr zu den bei Vogeljagd und -fang führenden Ländern.

Obwohl in Europa jedes Jahr bis zu 100 Millionen Vögel illegal getötet werden, gibt es durchaus Fortschritte im Kampf gegen die verbotene Vogeljagd zu vermelden. Naturschützer wie die Aktivisten vom Bonner „Komitee gegen Vogelmord" kämpfen teilweise schon jahrzehntelang gegen die illegalen Abschüsse und Vogelfänge. Und ihr unermüdlicher, oft frustrierender und nie ganz ungefährlicher Einsatz zeitigte besonders in Italien Erfolge. Das Einsammeln verbotener Netze und Leimfallen, die Anzeigen bei der Polizei und eine breite Information der Öffentlichkeit erzeugten erheblichen politischen Druck, was dazu führte, dass der Verkauf und der Import getöteter Vögel in Italien verboten und die Zahl der zum Abschuss freigegebenen Arten und die Jagdzeiten drastisch beschränkt wurden. Von vorher 2,6 Millionen Jägern blieb nur etwas mehr als ein Viertel übrig. Die Zahl legaler Fanganlagen schrumpfte auf ein Hundertstel. Auch die früher notorische Wilderei ist vielerorts gebannt. Italiens Forstpolizei bekämpft die illegale Jagd mittlerweile effektiv. Selbst prominente Funktionäre bekamen diesen „wind of change" zu spüren. So musste der Präsident des süditalienischen Jagdverbandes ebenso büßen wie ein bekannter Feinschmeckerkoch von Ischia, der Nachtigallen für seine Küche fing. Das „Komitee gegen Vogelmord" nennt die neue Situation sogar das „Wunder von Süditalien".

In Frankreich kämpfen LPO (Birdlife in Frankreich) und „Komitee gegen Vogelmord" gegen die Praxis des illegalen Singvogelfangs – insbesondere gegen den Fang und das grausame Mästen des seltenen Ortolans (s. S. 100). Die Vogelschützer alarmieren die

171 Wendehals an Leimrute.

172 Fangnetz.

173 Baumschlingfalle.

174 Misteldrossel stranguliert.

Behörden und zwingen sie, das Gesetz anzuwenden. Bis vor Kurzem waren diese Interventionen der einzige Weg, um die Wilderer zu identifizieren und zu verfolgen, die mit dem Segen der lokalen gewählten Volksvertreter und Beamten die „traditionelle Vogeljagd" betreiben. Immer wieder wurde von offizieller Seite erklärt, dass der Staat diese illegalen Praktiken „toleriert". Dagegen protestierte LPO mit einer auch vom NABU unterstützten Petition mit über 320.000 Unterschriften Ende 2015. Der Erfolg kam im September 2017, als sich der französische Umweltminister Nicolas Hulot verpflichtete, der Wilderei an Singvögeln – und damit auch dem massenhaften Fang des Ortolans – in seinem Land ein Ende zu setzen.

Erfolge in anderen europäischen Ländern sind etwa das Verbot des Singvogelfangs in Belgien oder die Einschränkung der Jagd in Deutschland und den Niederlanden auf überwinternde arktische Gänse im Wattenmeer.

Dabei sind die notwendigen Voraussetzungen für den Schutz der Vögel vor illegaler Nachstellung in allen Ländern der EU mit der Vogelschutzrichtlinie schon seit 1979 vorhanden. Aber nur ein Land, nämlich die Slowakei, hat die Vogelschutzrichtlinie im Hinblick auf Zugvögel bisher konsequent umgesetzt, indem dort keine mehr geschossen werden dürfen. Immerhin muss sich Malta inzwischen wegen einiger Verstöße gegen diese Richtlinie vor dem Europäischen Gerichtshof verantworten. Und der Kampf der Vogelschützer gegen Abschuss und Fang ist längst noch nicht am Ende. Trotz aller Schutzbemühungen sterben jährlich immer noch rund 25 Millionen Zugvögel rund ums Mittelmeer, davon die meisten durch illegale Bejagung. Wissenschaftler haben im Auftrag der Vogelschutzorganisation „BirdLife National" ermittelt, dass rund ein Drittel dieser Vögel an 20 Hotspots getötet werden, die sich auf die vier Staaten Libanon, Ägypten, Syrien und Zypern verteilen. Als die beiden schlimmsten Zentren der Jagd identifizierten die Forscher Famagusta auf Zypern, mittlerweile auch als „Schwarzes Loch für Europas Vögel" bekannt, und das ägyptische E. Manzala. Allein hier sterben jeweils jährlich bis zu 1 Million Vögel. Besonders schlimm: Für Zypern hat eigentlich die strenge europäische Vogelschutzrichtlinie zu gelten. Mit jährlich bis zu 11 Millionen gefangener und getöteter Vögel nimmt Ägypten die Spitzenreiterposition im Mittelmeerraum ein. An seiner Küste ziehen sich die Fangnetze über Dutzende Kilometer hin. Weil es zu wenige Ornithologen und Naturschützer in Ägypten gibt und die Bereisung dieses unruhigen Landes in Teilen gefährlich ist, lassen sich Kontrollen viel schwieriger als in Europa durchführen. Die höchste Dichte an Jägern und Opfern pro Quadratkilometer findet sich allerdings auf Malta, Zypern und im Libanon. Dass dieser Zustand zwei europäische Staaten betrifft, ist kein Ruhmesblatt für die EU.

Die Liste der getöteten europäischen Brutvögel wird von drei Arten angeführt, von denen jeweils im Frühling und Herbst bis zu 1 Million und mehr Individuen getötet werden: Mönchsgrasmücken, Singdrosseln und Turteltauben. Für die beiden Letzteren sind diese Verluste besonders bedenklich. Ihr Bestand ist in vielen Teilen Europas in den letzten Jahren zurückgegangen. Bei der Turteltaube betragen die Bestandseinbrüche regional sogar 90 % und mehr – und durch die Jagd verschärft sich diese Situation erheblich. Nur in wenigen Fällen dienen die Tiere als Ergänzung der Grundnahrung. Meist enden sie als teure Delikatessen auf den Tellern, wie auf Zypern, werden als Trophäen angesehen oder einfach nur aus Spaß abgeschossen.

Eine klare Lösung in einem modernen Europa wäre, wenn hier die Vogeljagd gänzlich untersagt würde. Es gibt keinen vernünftigen Grund, Vögel abzuschießen. Vogelpopulationen werden durch das verfügbare Nahrungsangebot und den Aufwand bei der Revierverteidigung (dichteabhängige Regulation) reguliert. Die meisten geschossenen Vögel werden zudem keiner Nutzung zugeführt, sondern ausschließlich aus einem überholten Verständnis der Rolle des Menschen im Ökosystem und/oder aus sportlicher Motivation getötet, um anschließend entsorgt oder gelegentlich als Trophäe präpariert zu werden. Hinzu kommt, dass die Vogeljagd in vielen Fällen durch die damit verbundene Störung und den Vertreibungseffekt ein enormes Risiko für rastende und überwinternde Vögel, vor allem bei der Bejagung von Wasservögeln und Gänsen, darstellt. Ein weiteres Risiko liegt in der großen Verwechslungsgefahr mit bedrohten Arten (z. B. Türkentaube/Turteltaube, Ringeltaube/Hohltaube). Wenn die Vogeljagd in Europa (bis auf einzelne wenige, fachlich notwendige Managementmaßnahmen) eingestellt würde, wären wir Europäer auf dem Sektor Vogelschutz endlich auch echtes Vorbild für unsere Nachbarn

Verlust von Rastgebieten

Seit 1970 wurden rund um den Globus die wichtigsten Gebiete für Vögel und die Artenvielfalt nach wissenschaftlichen Kriterien erfasst. Diese IBAs (Important Bird an Biodiversity Area) sind das größte und wichtigste Netzwerk für den weltweiten Naturschutz. Die IBA-Liste fungierte auch immer wieder als Referenzliste, wenn es vor dem Europäischen Gerichtshof um europarechtliche Verstöße Im Zuge der Zerstörung von Vogelrastgebieten ging. Auch war sie in Europa eine wichtige Grundlage für die Identifizierung und Ausweisung von Vogelschutzgebieten nach Natura 2000. Bis 2009 wurden beispielsweise in Deutschland aufbauend auf der IBA-Liste 740 EU-Vogelschutzgebiete ausgewiesen, die über 14 % der deutschen Land- und Seefläche entsprechen. Für diese Gebiete sind neben einem Monitoring zur Bestandssituation und -entwicklung der für die Gebietsmeldungen wertbestimmenden Arten auch Managementpläne zur Pflege und Entwicklung der Lebensräume verpflichtend.

BirdLife hat für 12.000 der weltweit wichtigsten IBAs eine Bewertung ihres Zustands vorgenommen und im November 2014 eine Liste der „Wichtigsten Vogelschutzgebiete in Gefahr“ (IBA in danger) veröffentlicht. Im Ergebnis wurden 356 dieser Gebiete in 122 Ländern als „IBAs in Gefahr“ gewertet. Alle diese Gebiete sind gefährdet, ihren ökologischen Wert in Kürze zu verlieren. Sie stehen damit beispielhaft für viele andere Flächen mit ganz ähnlichen Problemen. Besonders dramatisch ist, dass es sich bei der Hälfte dieser Flächen um ausgewiesene Schutzgebiete handelt. Einmal mehr wird dadurch deutlich, dass Schutzgebietsausweisungen ohne nachfolgende Schutzmaßnahmen bloße „Papiertiger“ bleiben. Mit den „IBAs in danger“ will man Regierungen, Entwicklungshilfe- und Naturschutzorganisationen ermöglichen, ihre Aktivitäten auf besonders wichtige Gebiete zu lenken, damit sie für wandernde Vogelarten erhalten bleiben, besser noch optimiert werden. Nach der Auswertung von BirdLife besteht für 356 Gebiete in 122 Ländern die ganz akute Gefahr, dass sie aufgrund weit fortgeschrittener Verschlechterungen ihres Zustands schon sehr bald ihren Wert für die Natur unwiederbringlich verlieren. „IBAs in danger“ reichen von der Oberen Bucht Panamas als Rastplatz von 2 Millionen Küstenvögeln bis zur Tasmanischen See als eines der global wichtigsten Nahrungsgewässer von Seevögeln wie Albatrossen, das gleichzeitig die weltweit höchste Plastikvermüllung aufweist – eine für die Vögel tödliche Gefahr.

Aber um solche schlechten Beispiele zu finden, brauchen wir nicht um die Welt zu reisen oder in Entwicklungs- und Schwellenländer zu schauen. Mit 92 von weltweit 356 gefährdeten Gebieten ist Europa „gut dabei“. Und auch in Deutschland stehen fünf Gebiete auf der Gefährdungsliste:

- der Untere Niederrhein zwischen Duisburg und der niederländischen Grenze wegen Nutzungsintensivierungen, Feuchtwiesenverlusten, Ausbau der Windkraftnutzung, ungeregeltem (Freizeit-)Luftverkehr
- die Hellwigbörde in Nordrhein-Westfalen wegen Nutzungsintensivierungen, Windkraftausbau und Straßenbauvorhaben
- die Leda-Dümme-Niederung in Niedersachsen wegen fehlendem Schutzstatus, massiven Entwässerungen, Biogasanlagen und Windparks
- das Mühlenberger Loch bei Hamburg wegen nicht wirksamer Ersatzmaßnahmen für den Bau einer Landebahn und geplanter Elbvertiefung

175 Die küstennahen Wiesen an der Nordsee sind wertvollste Zugvogelrastgebiete (hier: Weißwangengänse).

- die Vorpommersche Küsten- und Boddenlandschaft zwischen Darß und Rügen wegen Sand- und Kiesabbau vor der Küste, Stellnetzfischerei und Deich- und Küstenschutzprojekten

Mit der Aufstellung der Liste der „IBAs in danger" ist die Gefährdung von Rastplätzen nicht beendet. Sie reicht viel weiter, umfasst weitaus mehr Gebiete und wirkt oft schleichend. Was können wir als einzelne Menschen dagegen tun? Am besten Mitglied bei Organisationen (Naturschutzverbänden) werden, die sich aktiv wie politisch für die Erhaltung der Vogellebensräume einsetzen und den Vögeln damit eine Stimme verleihen.

Klimawandel

Der Vogelzug wandelt sich mit den stetigen, fast unmerklichen Änderungen bei den Arten, ihren Lebensansprüchen und mit den oft wesentlich rascheren Veränderungen ihrer Lebensräume. Die nicht mehr zu leugnende globale Klimaerwärmung, hauptsächlich eine Folge unseres menschlichen Wirkens, bewirkt bei Zugvögeln derzeit vor allem Veränderungen ihres Zugverhaltens wie die Abnahme des Zugumfangs (vermehrte Überwinterung im Brutgebiet), die Verkürzung von Zugstrecken (Überwinterung näher am Brutgebiet), verspäteter Wegzug, früherer Heimzug, die Änderung von Zugrichtungen in neuartige, nähergelegene „Winterquartiere" (wie z. B. bei der Mönchsgrasmücke) sowie die Ausdehnung von Brutgebieten in höhere Breiten (derzeit in Europa bei vielen Arten, besonders auffällig bei verschiedenen weißen Reiherarten wie Silber- und Seidenreiher oder bei Bienenfressern). Eine anhaltende starke Klimaerwärmung wird wohl die weitere Entwicklung vom Zug- zum Standvogelverhalten beschleunigen. In höheren Breiten könnte der Zug sogar weitgehend verschwinden, in äquatornäheren Trockengebieten (durch Trockenflucht) eher mehr aufleben. Insgesamt sind größere Umstrukturierungen der Vogelwelt ganzer Kontinente zu erwarten, wobei diese keineswegs in der Zukunft liegen, sondern bereits im Gang sind.

Unterschiedliche klimatische Bedingungen sowie unterschiedliches Vorhandensein von Ressourcen (Nahrung bis Brutplätze) führten bei Vogelarten aber schon zu Veränderungen ihres Zugverhaltens lange vor dem Einsetzen der globalen Klimaerwärmung. So wurden ab Mitte des 19. Jahrhunderts die mitteleuropäischen Amselpopulationen immer mehr zu Teilziehern. Umfangreiche Beringungsprojekte können belegen, dass etwa die Hälfte unserer Amselindividuen ganzjährig in ihrem Brutgebiet oder in der Nähe bleibt. Wobei es sich bei den Zurückbleibenden hauptsächlich um Altvögel und Männchen handelt. Vor dieser Entwicklung war die Amsel ein scheuer Waldvogel, der zum Überwintern in den Mittelmeerraum zog. Die „Landflucht" der Amseln begann mit der Besiedlung von Parks im westlichen Deutschland von 1820 bis 1850. Die Verstädterung sollte sich fortsetzen und erreichte Anfang des 20. Jahrhunderts ihre östliche Grenze bei Gdansk, Poznan und einigen schlesischen Städten. Heute leben urbane Amselpopulationen auch in Oslo, Helsinki, St. Petersburg oder Kiew. Gleichzeitig verstädterten auch asiatische Unterarten der Amsel in der Türkei, im Kaukasus und in Kasachstan. Die Besiedlung neuer Städte begann zunächst mit überwinternden Vögeln, die anschließend dort brüteten. Wobei größere Städte vor kleineren von der Amsel besiedelt wurden.

Die Urbanisierung von Tieren, ob Vögel oder Säugetiere, folgt dabei immer dem gleichen Anpassungsmuster: Ausbildung einer größeren Vertrautheit und Zahmheit, Umstellungen in der Nahrungsökologie (neue Nahrungsquellen, Zufütterung), Umstellung in der Nistweise (Nutzung anthropogener Objekte als Nistplatz bzw. Unterschlupf), höhere Populationsdichte (verkleinerte Flächengrößen von Brutrevier

176 Bienenfresser beim Ausflug aus der Bruthöhle. Durch die Klimaerwärmung kann die Art ihr Brutareal immer weiter nach Norden ausdehnen.

und Aktionsraum), Verlängerung des tageszeitlichen Rhythmus (bei Tagaktiven infolge der künstlichen Beleuchtung), Verlängerung der Fortpflanzungsperiode (Stadtamseln beginnen mit der Erstbrut bis zu vier Wochen früher als Waldamseln, hören bis zu vier Wochen später auf und haben so mit zwei bis drei Bruten bis zu zwei Bruten im Jahr mehr als Waldamseln), Reduzierung des Zugverhaltens (falls vorhanden), Verlängerung der mittleren Lebensdauer (geringere Wintersterblichkeit, geringerer Prädationsdruck).

Diese Umstellungen machten den Weg für die Amsel frei vom Zugvogel zum Teilzieher. Stadtamseln in besonders klimagünstigen Gebieten, wie etwa in Bonn, sind inzwischen ganz zu Standvögeln geworden. Infolge der globalen Klimaerwärmung könnten Amseln wahrscheinlich auch in großen Gebieten rasch zu Jahresvögeln werden, so wie es ihre Verwandtschaft auf den Britischen Inseln bereits vorlebt. Auch bei anderen Arten ist eine Zunahme des Standvogelanteils in Mitteleuropa zu beobachten. So etwa in Ballungsräumen mit geringer Meereshöhe und mildem Winterklima, z. B. bei Staren, Hausrotschwänzen, Mönchsgrasmücken oder Zilpzalpen.

Der Zugvogelforscher Peter Berthold, der wie kaum ein Zweiter den Überblick über den Vogelzug und seine Änderungen hat, gibt in seinem Standardwerk einen hypothetischen Ausblick, welche Auswirkungen auf das eurasisch-afrikanische Vogelzugsystem und vor allem auf die in Europa brütenden Zugvögel bei einer weiteren Erhöhung der Jahrestemperatur infolge des „Treibhauseffekts" zu erwarten sind (Berthold 2012). In milderen Wintern haben die Standvögel in höheren geografischen Breiten zunächst einmal geringere Verluste. Bei einem günstigen Verlauf des anschließenden Frühjahrs und Sommers bestehen für sie dann frühere und bessere Brutmöglichkeiten, was zu einem erheblichen Anstieg ihrer Populationsdichten führt. Das Gleiche gilt auch für den Stadtvogelanteil der Teilzieher. Auch sie haben weniger Winterverluste und können durch Verpaarungen innerhalb der Stadtpopulation ihre Zunahme verstärken. Nach Ansicht Bertholds (2012) können sich die Anteile der Standvögel bei der Klimaerwärmung allmählich so stark erhöhen, dass heutige Teilzieher fast oder ganz zu Standvögeln werden. Arten wie Amsel, Buchfink, Feldlerche, Gimpel, Heckenbraunelle, Rotkehlchen oder Zaunkönig sind im südlichen Teil der Britischen Inseln heute schon aufgrund der dort herrschenden klimatisch günstigen Überwinterungsbedingungen weitgehend Standvögel. Weil solche fakultativen Teilzieher aufgrund der anhaltend günstigen Fortpflanzungsbedingungen hohe Populationsdichten erreichen, kommt es zum gehäuften Abwandern von Individuen, die aber aufgrund des ständig hohen Populationsdrucks als Rückwanderer immer geringere Ansiedlungschancen haben. Bei diesen Arten könnte es deshalb zu verstärkten Ausbreitungsbewegungen und Neuansiedlungen, vielleicht auch zu Dichteregulierungen über geringere Gelegegrößen kommen. Dies würde schließlich zum Aufhören des Abwanderns und zur Beendigung des Teilzugs führen.

Auch Teilpopulationen von vielen Kurz- und Mittelstreckenziehern versuchen heute bereits, in ihren Brutgebieten in höheren geografischen Breiten zu überwintern – und das zunehmend und erfolgreich, wie z. B. Bachstelze, Star, Hausrotschwanz, Mönchsgrasmücke, Singdrossel, Wiesenpieper oder Zilpzalp. Bei Arten wie Weißstorch und Sichler setzt dieses Überwinterungsverhalten gerade ein. Viele der Arten könnten sich zu Teilziehern entwickeln, bei denen mit einer raschen Erwärmung auch der Standvogelanteil steigen würde.

Eine Klimaerwärmung in unseren Breiten würde demnach die Standvogelpopulation anwachsen lassen – und das sowohl bei den Jahresvögeln, wie den typischen und teilweisen Teilziehern, als auch in gewissem Umfang bei den bisher fast ausschließlich ziehenden Arten. Der Treibhauseffekt auf unser Klima würde zumindest zeitweise zu einem verstärkten Pflanzenwachstum auch im Winterhalbjahr, einschließlich der Entstehung neuer Pflanzengesellschaften mit einem höheren Anteil südlicher Arten, führen. Diese erhöhte Primärproduktion wiederum würde sich positiv auf die ganzjährige Nahrungsverfügbarkeit für Vögel und andere Tiere auch im Sinne der Nahrungskette auswirken. Einer zunehmenden Zahl an Standvögeln stünden dann ganzjährig mehr Nahrungsressourcen und neue ökologische Nischen auf größerer Fläche zur Verfügung.

Doch die auf den ersten Blick durchaus positiven Auswirkungen des Klimawandels auf „unsere" Vogelwelt, hätten auch ihre Schattenseiten. Es ist das „Freilandlabor" England, das uns jetzt schon zeigen kann, was passiert, wenn Zugvögel bei ihrer Rückkehr ins angestammte Brutgebiet auf eine starke Standvogelpopulation treffen. Umfangreiche Untersuchungen konnten zeigen, dass Zugvögel in ihrer Siedlungsdichte und ihrer Populationsentwicklung direkt von der Populationsstärke der in ihrem Brutgebiet lebenden Standvögel abhängig sind. Dies gilt besonders für die spät heimziehenden Langstreckenzieher. Wenn sie „zu Hause" eintreffen, ist „alles schon besetzt" durch Standvögel oder früher heimkehrende Arten. So haben Gartengrasmücken, die sich in ihrem Bruthabitat stark mit Mönchsgrasmücken überschneiden, gegen Letztere, die zudem noch sehr aggressiv ihre Brutplätze verteidigen, kaum eine Chance. Wo Mönchsgrasmücken in einem Gebiet vor Rückkunft der Gartengrasmücken weggefangen wurden, konnten sich weit mehr Gartengrasmücken ansiedeln. Ließ man die Mönchsgrasmücken wieder frei, vertrieben sie sofort wieder die meisten Gartengrasmücken (Berthold 2012).

Zusammenfasend lässt sich feststellen, dass mit der Klimaerwärmung die Standvogelpopulationen bei uns anwachsen dürften und dies für die Zugvögel sehr problematisch werden könnte. Es träfe vor allem die Langstreckenzieher, die ja auch auf ihren Zugwegen und in ihren Rast- und Ruhezielen von der globalen Erwärmung mit größeren Dürren betroffen wären. In unseren Breiten würde sich der Vogelzug aufgrund der oben beschriebenen, kaskadenmäßigen Entwicklung vom Teilzieher zum Standvogel stark reduzieren. Nach Berthold (2012) sind bei uns je nach Ausmaß der Klimaveränderungen für die Vogelwelt Verhältnisse zu erwarten, wie sie derzeit im Mittelmeerraum herrschen. Nach Berthold erscheint es aufgrund der ausgeprägten endogenen Zugprogramme unwahrscheinlich, dass sich Zugvögel mit afrikanischen Winterquartieren selbst bei hohem Selektionsdruck in weniger als 40 Jahren zu Standvögeln entwickeln. Dagegen bleibe die Chance, dass bei freiwerdenden, aber nutzbaren mediterranen Lebensräumen, viele der heutigen Langstreckenzieher diese „Mittelstrecke" wählen. Die Beispiele der heute bereits auf der Iberischen Halbinsel überwinternden Weißstörche, Schafstelzen, Mehlschwalben und Drosselrohrsänger lassen durchaus hoffen. Weil auch heute schon nicht nur Kurz- und Mittelstrecken-, sondern auch Langstreckenzieher bei uns deutlich früher mit der Brut beginnen, wären für diese durch ihren späteren Weg- und früheren Heimzug auch die Konkurrenzverhältnisse zu den sesshaften Populationen wieder ausgeglichener.

Berthold (2012) stellt fest, dass die globale Klimaerwärmung in weiten Teilen der Erde, vor allem in den höheren Breiten der Nordhemisphäre, anstelle der ausgeprägten Jahreszeiten mit kalten, nahrungs-

177 Amselmännchen im Winter. Lange vor der globalen Klimaerwärmung nutzten Amseln die klimatischen Vorteile der Städte zusammen mit dem dort erweiterten Ressourcenangebot und wurden so immer mehr zu Teilziehern.

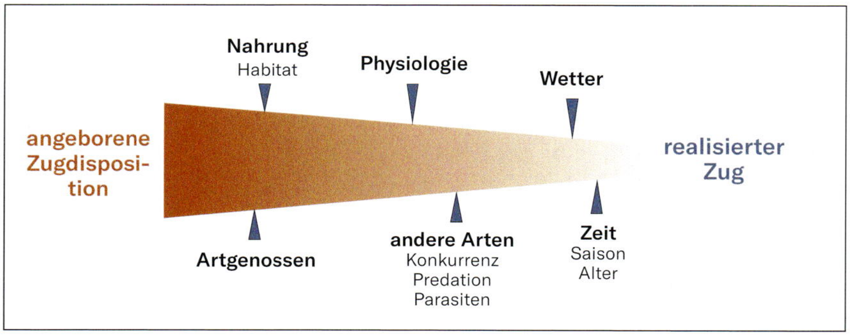

Auf die angeborene Zug-Disposition eines Vogels wirken zahlreiche Umweltfaktoren ein, die schließlich mitbestimmen, wie sich der Zug real gestaltet.

armen Wintern für Vögel „rund um die Uhr" fast „paradiesische Verhältnisse" bringen würde, die vom Zugverhalten zur Sesshaftigkeit führen. Dadurch wäre mit einer Fülle von mikroevolutionären Neubildungen (wie etwa das Überwinterungsverhalten der Mönchsgrasmücken auf den Britischen Inseln) bei unserer Vogelwelt, aber auch bei der Arealausweitung heutiger subtropischer Arten in unsere Breiten zu rechnen. Dagegen ist wohl in den Subtropen bei der vorausgesagten ansteigenden Trockenheit mit Trockenzeitbewegungen und Mangelfluchten der dort ansässigen Vogelarten zu rechnen. Sollte eine dauerhafte Verwandlung großer Gebiete in Wüsten, wie etwa der Sahelzone oder des Mittelmeerraums erfolgen, „dann würden sicher gravierende Änderungen ganzer Vogelzugsysteme wie des eurasisch-afrikanischen Pendelzugsystems eintreten, für die sich vorerst kaum Voraussagen machen lassen. Dasselbe gilt im Hinblick auf einen möglicherweise starken Meeresspiegelanstieg (bedingt durch Eisschmelze und Meerwasserausdehnung), der riesige Brutgebiete wie große Teile der Tundra vernichten könnte, sowie in Bezug auf die zu erwartende Arealausdehnung südlicher und den Rückzug mehr polnaher Arten" (Berthold 2012).

Das hier zusammengefasst und vereinfacht wiedergegebene Szenario der Auswirkungen des globalen Klimawandels auf die sehr hoch mobile Gruppe der Vögel, macht überdeutlich, dass selbst diese Flugkünstler und Flugrekordhalter vor dem Geschehen auf unserem Planeten nicht wegfliegen können. Die Einzigen, die zum Gegensteuern in der Lage wären, sind wir als Verursacher aller menschengemachten globalen wie regionalen Katastrophen. Nur wenn es gelingt, jede einzelne dieser Ursachen für den Artenschwund zu reduzieren, ist die Artenvielfalt – und damit die Biodiversität einschließlich unserer Lebensgrundlagen – noch zu erhalten. Aus der Sicht eines Natur- und Artenschützers darf es nicht dazu kommen, dass, wie schon teilweise geschehen, einzelne fachlich belegte und durchaus vermeidbare Rückgangsursachen im Hinblick auf das Szenario „Klimawandel" bagatellisiert werden, nur um nicht aktiv werden zu müssen. Auch die im Folgenden beschriebenen Gefahrenquellen zählen dazu und gehören soweit wie möglich abgestellt.

178 Hausrotschwanz (*Phoenicurus ochruros*). Als ursprünglicher Bewohner von offenen, baumlosen Felsformationen in Mittelgebirgen und hochalpinen Lebensräumen hat der Kurz- und Mittelstreckenzieher seit Langem die Siedlungsräume erobert. In denen nutzt der Halbhöhlenbrüter Hohlräume und Nischen an Bauten als Brutplätze und vegetationsarme Flächen sowie Straßenränder und Hausdächer zur Nahrungssuche. In klimagünstigen Ballungsräumen wurde er zusammen mit einigen anderen Singvogelarten sogar überwiegend zum Standvogel.

Technische Bauwerke

Glasanflug

Das haben bestimmt viele von uns schon erlebt: Ein unvermittelter Schlag gegen die Fensterscheibe der Wohnung oder des Büros schreckt einen auf. Beim Inspizieren stellt man fest, dass die Scheibe heil ist, auf der Außenseite des Glases aber ein kleiner Wischer oder Abdruck zu erkennen ist. Beim Nachsehen draußen findet man dann den Verursacher: Am Boden liegt ein manchmal traumatisierter, meist aber bereits

< **179** Beim Flug gegen die Fensterscheibe hat eine Ringeltaube ein sogenanntes Engelsbild hinterlassen. Das Bild entstand durch die zwischen den übrigen Federn sitzenden und kontinuierlich zu Puder zerfallenden Puderdunen. Dieser Puder hilft, das Gefieder sauber und locker zu halten und macht es zugleich Wasser abweisend. Hier führte der Aufprall zum deutlichen Abdruck des Vogelkörpers mit Flügel, Bauchgefieder, Augen und Schnabel. Während diese Taube diese Kollision praktisch schadenfrei überlebte und weiterfliegen konnte, endet der Glasanflug für viele Vögel tödlich.

∧ **180** Alle hier ausgelegten Vögel kamen durch Scheibenanflug an nur einem Gebäude in Frankfurt am Main innerhalb eines Jahres ums Leben.

toter Vogel. So wird man Zeuge eines Unfalls, der sich täglich in fast unglaublicher Häufigkeit überall auf der Welt, wo Glasfassaden oder -scheiben verbaut sind, wiederholt.

Nach aktuellen Schätzungen kommen allein in Deutschland jährlich um die 100 Millionen Vögel durch Kollision mit Glasscheiben von Hausfenstern oder Wintergärten, an Glasfassaden von Bürogebäuden und an verglasten Schallschutzwänden oder Bushaltestellen um. Die anfliegenden Vögel erkennen die Glasflächen nicht als Hindernis. Sie prallen mit hoher Geschwindigkeit dagegen und brechen sich so das Genick oder ziehen sich eine tödliche Gehirnerschütterung zu. In ihrer natürlichen Umgebung können sich Vögel bestens bewegen: Sie sehen wesentlich besser als Menschen und können in sicherem Flug rasch durch dichtes Baumgeäst oder in eine Hecke fliegen. Glas wird ihnen aber zum Verhängnis, weil es die Landschaft spiegelt oder durchscheinen lässt. Die Scheiben täuschen den Tieren eine freie Flugbahn vor. Sie wollen den nächsten Baum ansteuern oder gen Himmel fliegen und schlagen gegen eine Glasscheibe. Neben dem Verlust des betroffenen Tiers verhungert zur Brutzeit dann oft noch zusätzlich der verwaiste Nachwuchs im Nest. Da die meisten Vögel beim oder nach dem Aufprall sterben, lernen sie nie, Scheiben zu meiden. Eine besondere Gefahr sind Glasfronten nahe Bäumen – beispielsweise bei Häusern mit Garten. Insgesamt ist mit einer hohen Dunkelziffer beim Glasanflug zu rechnen, da viele tote Vögel von Füchsen, Mardern oder Krähen entfernt werden. In Städten ist der Tod an Scheiben sogar eines der größten Vogelschutzprobleme. Vom Glasanflug sind aber längst nicht nur die in Städten brütenden oder überwinternden Vögel betroffen. Nachts kann künstliches Licht diese Wirkung verstärken, wenn ziehende Vögel angelockt und desorientiert an Glasscheiben prallen. Allein der erleuchtete Post-Tower in Bonn forderte nach einer Untersuchung in einem Jahr etwa 1000 nächtliche Vogelopfer.

Eine Auswertung von 23 Studien zu Glasanflug von Vögeln in den USA ergab, dass dort jährlich 365 Millionen bis 988 Millionen Vögel, im Mittel 599 Millionen, auf diese Weise zu Tode kommen. Die Glasanflugproblematik ist so gravierend, dass sich am 15. Februar

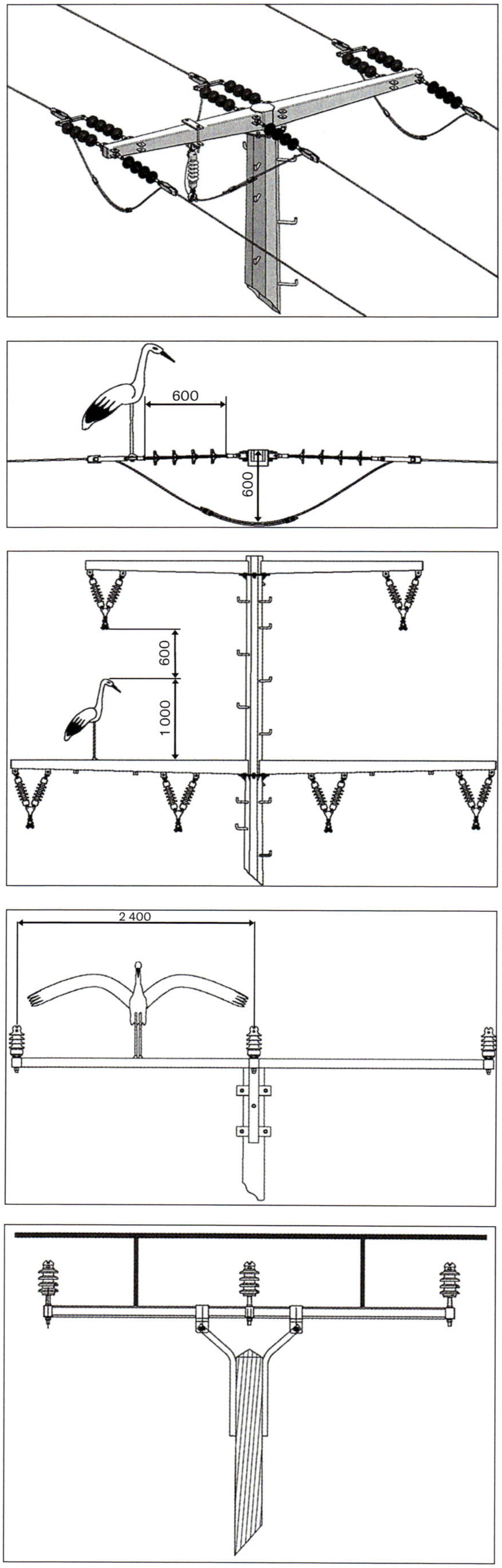

Beispiele aus der VDE-Anwendungsregel zur Vermeidung des Stromtods von Vögeln an Mittelspannungsfreileitungen. Ganz oben: Nachrüstung der Isolatoren von mindestens 60 cm Länge und Führung des mittleren Leiters am Hängeisolator unter dem Querträger; nächste drei Bilder: Einhaltung von Mindestabständen beim Neubau von Freileitungen zur Vermeidung von Leiter-Erde- und Leiter-Seil-Berührungen auch von Großvögeln, die Strommaste als Rast- und Ansitzplätze nutzen (hier: Beispiel Weißstorch); unteres Bild: Bei Holztragmasten mit Stützisolatoren Anbringung eines isolierten Sitzprofils in höchstens 500 mm Höhe (als Ansitz- und Rastplatz, aber zu niedrig, dass sich größere Vögel zwischen die Isolatoren setzen). Aus VDE (2011)

2016 sogar der Deutsche Bundestag im Rahmen einer Kleinen Anfrage von Bündnis 90/Die Grünen mit dieser Thematik auseinandersetzte. Die Antwort der Bundesregierung war, dass sie sich des Problems bewusst ist und im Rahmen eines Forschungs- und Entwicklungsvorhabens untersucht werde, welche bereits bestehenden Regelungsmöglichkeiten diese Gefahren reduzieren können und welcher Regelungsbedarf darüber hinaus besteht. Bleibt zu hoffen, dass diese Problematik ebenso lösungsorientiert angegangen wird, wie das Problem der Vögel mit Freileitungen (s. u.).

Freileitungen

Freileitungen beeinflussen das Leben der Vögel in mehrfacher Weise: Sie können manchen Arten als Brut-, Ansitz- und Ruheplätze dienen. Andere Vogelarten werden aber auch durch das Vorhandensein von Freileitungen im Brut-, Rast- und Nahrungsgebiet gestört. Auch können sie oder ihre Gelege zur Beute für Greifvögel und Nestplünderer werden, die die Freileitungen als „Aussichtspunkte" nutzen. Vor allem aber können Vögel mit Freileitungen kollidieren und an Freileitungen bestimmter Spannungsebenen sogar zu Tode kommen. Freileitungen können so für viele Arten lebensgefährlich werden. Seit es Stromleitungen gibt, ist bekannt, dass Vögel als Vielflieger daran zu Tode kommen können.

Das Risiko durch Stromschlag auf Masten von Mittelspannungsfreileitungen zu sterben, ist für Störche, für fast alle größeren Greifvögel, für Turmfalke, Uhu, Kolkrabe, Aas- und Saatkrähe besonders hoch. Mit der Todesspur der Weißstörche an Freileitungen als häufige Leitungsopfer war sogar ihr Zugweg Richtung Süden nachverfolgbar. Seit 2009 wird der Schutz von Vögeln vor Stromschlägen an Mittelspannungsfreileitungen im Bundesnaturschutzgesetz geregelt (§41). Danach sollten alle für Vögel gefährlichen Masten bis 31. Dezember 2012 durch Schutzmaßnahmen flächendeckend entschärft und alle neuen Masten vogelsicher gebaut werden. Seit 2011 liegt eine VDE-Anwendungsregel vor, die für alle Netzbetreiber beim Um- und Neubau ihrer Mittelspannungsnetze verpflichtend ist (s. u.). Als Lösungen für das Vogelschutzproblem „Stromtod" gelten insbesondere hängende Isolatoren, eine geeignete Isolatorenanordnung auf den Masten zur Vermeidung von Kurzschlüssen durch Vögel, die Verlängerung der Isolationsstrecke der Abspannkette und Isolation aller Spannung führenden Teile.

181 Weißstorchbrutplätze nahe an einer Hochspannungsfreileitung. Hier besteht das erhöhte Risiko, dass vor allem die noch unerfahrenen Jungstörche bei ihren ersten Flügen mit den Leitungsdrähten kollidieren können.

182 Montage von Vogelschutzmarkierungen am Erdseil einer Hochspannungsfreileitung mit dem Hubschrauber. Bei dieser Montagetechnik können die Leiterseile unterhalb des Erdseils in Betrieb bleiben.

Während die Gefahr des Stromtods durch entsprechende Bauweisen praktisch völlig gebannt werden kann, lässt sich die zweite Gefährdung, die Kollision mit den Seilen der Freileitungen deutlich verringern, aber wohl kaum ganz verhindern. Zu den Kollisionen kommt es, weil die Seile, hier insbesondere die Erdseile, nicht oder zu spät gesehen werden und die Vögel infolge einer verspäteten Ausweichreaktion, vor allem mit dem obersten, dünneren Erdseil kollidieren. Besondere Gefahr besteht für die gebietsunkundigen Zugvögel, wenn sie in konfliktreichen Höhen fliegen oder bei ungünstigen Wetterbedingungen wie Nebel, Regen oder starkem Gegenwind in diese kritischen Höhen absinken. Die meisten Vogelunfälle durch Kollision ereignen sich an Hoch- und Höchstspannungsfreileitungen. Es verunglücken vor allem Arten mit schlechter Manövrierfähigkeit (mit großem Körpergewicht und kurzen Flügeln) bzw. mit schlechter Geradeaus-Sicht, Dämmerungs- und Nachtflieger, unaufmerksame Vögel bei der Flugbalz, Vögel, die schwarmweise Leitungen beim täglichen Flug zwischen Nahrungs-, Brut- und Schlafplätzen queren, aber auch unerfahrene Jungvögel. Trappen, Störche, Kraniche, Reiher, Wat- und Schnepfenvögel, Raufußhühner, Schwäne, Gänse, Enten, Taucher, Rallen, Möwen, Seeschwalben zählen zu den Arten mit höchstem und hohem Kollisionsrisiko.

Als Ergebnis eines Forschungsvorhabens zum Vogelverhalten an Freileitungen wurden bewegliche schwarz-weiße Marker entwickelt, die sich an der Sehphysiologie und dem Verhalten der Vögel orientieren. Die schwarz-weiße Gefiederfärbung der Kiebitze und der beim Anheben und Senken der Flügel im Flug entstehende Blinkeffekt diente als Vorbild für die beweglichen schwarz-weißen Marker, die auch unter verschiedenen Lichtverhältnissen wirken und die, wie Vorher-Nachher-Vergleiche in unterschiedlichen Regionen Deutschlands zeigen, das Kollisionsrisiko um 60 bis 90 % verringern können. Seit Herbst 2014 liegt ein vom „Forum Netztechnik/Netzbetrieb" (FNN) des Verbands der Elektrotechnik, Elektronik und Informationstechnologie (VDE) zusammen mit Netzbetreibern, -planern, Naturschutzbehörden und NGOs erarbeiteter Technischer Hinweis zur Vogelschutzmarkierung an Hoch- und Höchstspannungsfreileitungen vor. Wenn sich Netzbetreiber, Planer und Naturschützer konsequent an die darin enthaltenen Empfehlungen halten, sind die Aussichten gut, dass zukünftig an den neuen, für die Energiewende unverzichtbaren „Stromautobahnen" weit weniger Vögel verunglücken.

Windenergieanlagen

Windenergieanlagen (WEA) sollen nach dem politisch mehrheitsfähigen Willen einen wesentlichen Beitrag zum Ausbau der erneuerbaren Energien liefern und damit zum Erreichen gesteckter Klimaziele gegen die weitere Erderwärmung führen. Bei der Umsetzung des Ausbaus dieser Form der Energiegewinnung blieben lange – vielleicht sogar zu lange – die für den Natur- und Artenschutz negativen Auswirkungen unberücksichtigt. Fakt ist, dass grundsätzlich von einer potenziellen Gefährdung nahezu aller Vogel- und vieler Fledermausarten durch WEA auszugehen ist. Vögel sind – zumindest bei schlechten Sichtverhältnissen – nur partiell in der Lage, die sich schnell drehenden Rotoren wahrzunehmen. Zudem finden vereinzelt auch Kollisionen mit dem Turm der Anlagen, also auch deutlich unter Rotorhöhe statt. Fledermäuse wiederum nehmen mit ihrem begrenzten Echoortungstrichter von nur geringer Reichweite die Rotoren zu spät oder gar nicht wahr und kommen dann oft, ohne zu kollidieren, durch ein Barotrauma mit Platzen der Lungenbläschen und inneren Blutungen infolge der Druckunterschiede durch Verwirbelungen im Nahfeld der Rotorblätter um. Untersuchungen zeigen, dass im Schnitt zehn Fledermäuse pro Jahr an jeder WEA in Deutschland umkommen, darunter vor allem hochfliegende und weit ziehende Arten wie Großer und Kleiner Abendsegler sowie die Rauhautfledermaus (s. S. 17).

Studienergebnisse zeigen, dass in Deutschland mit bis zu 30 Vogelkollisionen pro WEA und Jahr zu rechnen ist – wobei sich große artspezifische Unterschiede aufgrund der Biologie und des Verhaltens ergeben. Die Kollisionen treten zum einen während der Brutzeit bzw. in den Sommerlebensräumen auf, zum anderen aber auch während des Zugs. Schweizer Forscher quantifizierten anhand von Radardaten aus der Schweiz und Süddeutschland, dass etwa 15 bis 25 % des Nachtzugs in den untersten 200 m über dem Boden stattfinden. Für den Tagzug werden sogar noch höhere Anteile der Zugaktivitäten im Bereich unter 200 m angenommen. Die Forscher gehen davon aus, dass insbesondere bei Gegenwind oder in Schlechtwetterphasen ein Großteil des Vogelzugs im bodennahen Bereich (unter 200 m) stattfindet. Darüber hinaus wird auf topologisch bedingte „erhebliche lokale Konzentrationen des Zugs" hingewiesen, die das Kollisionsrisiko ebenfalls erhöhen.

In zahlreichen Veröffentlichungen sind Anzahl und Verteilung der Vogelverluste durch Kollision mit WEA

184 Rotmilane als Aasverzehrer nähern sich oft gezielt Windenergieanlagen an, um dort im Suchflug mit Blick Richtung Boden nach Kollisionsopfern zu spähen. Oder sie müssen auf dem Flugweg vom Nest ins Nahrungsgebiet die Anlagen durchfliegen.

186 Auch Seeadler gehören zu den häufigen Kollisionsopfern an Windenergieanlagen.

183 Rotmilan dicht an einer Windenergieanlage.

185 Im Flug werden Rotmilane allzu häufig von den sich rasch drehenden Rotoren (mit gemessenen Spitzengeschwindigkeiten von über 300 km/h an den Rotorenspitzen) erschlagen. Kollisionen mit Windenergieanlagen wurden zur häufigsten Todesursache bei Rotmilanen. Weil über 50 % des Weltbestands der Art in Deutschland lebt, tragen wir für den Rotmilan eine besondere Verantwortung. Ihr können wir nur gerecht werden, wenn ausreichend große Sicherheitsabstände zwischen den Brutplätzen und Windenergieanlagen eingehalten werden und Gebiete mit vielen Rotmilanbrutpaaren frei von Windkraftnutzung bleiben.

187 Wo Windenergieanlagen in Kuppenlage errichtet werden, wie in vielen Mittelgebirgslagen, kollidieren bei ungünstigen Witterungsverhältnissen die dann niedrig ziehenden Kraniche an den Rotoren.

aus verschiedenen Lebensräumen in Deutschland und Europa dokumentiert. Seit 2002 werden von der Staatlichen Vogelschutzwarte im Landesumweltamt Brandenburg Daten über an WEA verunglückte Vögel in einer zentralen Fundkartei sowohl für Deutschland als auch für Europa gesammelt, die als Grundstein bei der Beurteilung des Kollisionsrisikos von Vögeln an WEA dient.

Die Anzahl von Windenergieanlagen sollte aus ökologischen wie natur- und artenschutzrechtlichen Gründen so gering wie möglich gehalten werden. Außerdem sollten Abstandsregelungen aufgestellt und eingehalten werden. Seit 2007 definiert die Länderarbeitsgemeinschaft der Vogelschutzwarten (LAG VSW) im sogenannten „Helgoländer Papier" Empfehlungen für aus naturschutzfachlicher Sicht notwendige Abstandsregelungen von WEA zu avifaunistisch bedeutsamen Gebieten und Brutplätzen windkraftsensibler Vogelarten. Dem aktuellen Kenntnisstand Rechnung tragend, wurden diese Empfehlungen als Fachkonvention „Abstandsregelungen für Windenergieanlagen zu bedeutsamen Vogellebensräumen sowie Brutplätzen ausgewählter Vogelarten" 2015 fortgeschrieben und darin die Abstandskriterien dem aktuellen wissenschaftlichen Kenntnisstand angepasst (LAG VSW 2015). Um Verluste an Individuen und ihren Lebensräumen durch den Bau und Betrieb von WEA an Land (onshore) zu vermeiden, sollten die Fachstandards bundesweit einheitlich eingehalten werden. Doch selbst bei einer in Deutschland so seltenen und gefährdeten Art wie dem Schreiadler (s. S. 87) werden diese fachlich gut begründeten Mindestabstandsempfehlungen ignoriert und wurden in den beiden einzigen Bundesländern mit Schreiadlervorkommen (Brandenburg und Mecklenburg-Vorpommern) von 6000 m auf 3000 m nach unten „korrigiert". Als trauriger Nachweis für solcherart Fehler findet sich dann gelegentlich ein vermeidbares Vogelschlagopfer unter den Anlagen. Von der bisher wohl einzigen Beobachtung eines Beinaheunfalls eines Schreiadlers berichtet der Schwarzstorch- und Greifvogelspezialist Carsten Rohde an Bernd-Ulrich Meyberg, der diese eindrucksvolle Schilderung verkürzt wiedergibt (Meyburg & Meyburg 2009b): „Am 9. Mai 2009 wurde beobachtet, wie sich ein Schreiadler, wahrscheinlich das Männchen des nahen Schreiadlerpaares, um 10.10 Uhr mit der Thermik mit weiteren Greifvögeln (Rotmilan und Mäusebussard) auf den neuen Windpark zubewegt. Um 10.25 Uhr wird der Adler von einem Rotmilan attackiert, der am Hang seinen Brutplatz unweit vom Windpark in einem kleinen Seitental hat. Um 10.30 Uhr taucht der Adler plötzlich in der Rotorblattzone einer Windenergieanlage (WEA) auf. Plötzlich werden Turbulenzen im Flugbild des Adlers auf Nabenhöhe sichtbar. Er bekommt einen Ruck mit Schlagseite. Der Adler verliert die Luftraumkontrolle und berührt die Nabe. Wie durch ein Wunder kann er sich von den Rotorblattansätzen lösen und wird nicht vom Blatt getroffen. Der Adler fällt leicht ab, kann sich aber wieder fangen und bleibt flugfähig. Um 10.45 Uhr kreist der Adler wieder über dem Brutrevier. Der Kollisionsmast befindet sich nur 2800 m vom Schreiadlerhorst entfernt."

Auch für die riesigen Windenergieanlagen im Meer (offshore) gilt: Nord- und Ostsee beherbergen für Seevögel wichtige Nahrungs-, Rast- und Mausergebiete von weltweiter Bedeutung. Zudem überqueren alljährlich mehrere 10 Millionen Vögel diese Gewässer auf dem Weg zwischen ihren Brut- und Winterquartieren, die Mehrzahl davon nachts. Offshore-WEA können daher zu einer erheblichen Beeinträchtigung von Vögeln führen, indem sie eine Zerschneidung ökologisch zusammenhängender Einheiten zur Folge haben, Lebensräume zerkleinern oder ganz zerstören und nicht wenige Vögel an den Anlagen direkt zu Tode kommen. Davon sind sowohl die Arten mit ihren Rast- und Nahrungsgebieten wie die Zugvögel mit ihren Durchzugs-, Mauser- oder Überwinterungsgebieten betroffen. Kollisionen können zwar zu allen Jahreszeiten vorkommen, treten aber hauptsächlich während des Frühjahrs- und Herbstzugs auf. Bisherige Studien zeigten, dass Vogelschläge oft in wenigen Nächten und dann mit Verlusten von vielen Tieren erfolgten. Beleuchtungen erhöhen infolge ihrer Anziehungswirkung auf die nächtlich aktiven Vögel noch das Risiko (s. S. 159). So stellen nachts ziehende Vögel, hauptsächlich Singvögel, den mengenmäßig größten Anteil der Kollisionsverluste an Offshore-WEA dar. Sie kollidieren, wenn sich die Wetterbedingungen bei anfänglich guten Zugbedingungen plötzlich verschlechtern, sie nicht auf dem Wasser landen können und die WEA als „Rettungsinseln" anfliegen. Fazit: Strecken über den Meeren, die allgemein als „Vogelfluglinien" die Konzentrationszonen des Vogelzugs darstellen, müssen Tabuzonen für WEA sein. Und an den WEA-Standorten ist eine Minimierung der Beleuchtung erforderlich.

Lichtverschmutzung und Lichtfallen

Wir haben uns längst an helle Nächte gewöhnt. Eine rabenschwarze Nacht ist uns ebenso wenig vertraut wie ein Sternenhimmel, der am Horizont den Boden zu berühren scheint. Wer so etwas erleben will, muss schon in sehr menschenarme Gegenden reisen (s. S. 179). Dass Nächte immer tagähnlicher werden, ist unserer modernen Lebensweise geschuldet. „Der Letzte macht das Licht aus" gilt längst nicht mehr. Heute sind die sich immer weiter ausbreitenden Städte weltweit rund um die Uhr beleuchtet. „Lichtverschmutzung" (light pollution) ist längst ein bekannter Begriff geworden als eine Form der Umweltverschmutzung mit störenden Einflüssen für uns und die gesamte belebte Natur. Mehr als 80 % der Weltbevölkerung sind inzwischen von Lichtverschmutzung betroffen, in Europa und den Vereinigten Staaten sind es über 99 %. Allein zwischen 2012 und 2016 wuchs die beleuchtete Fläche unseres Planeten noch einmal um 9,1 % an, angesichts der weltweit wachsenden Bevölkerung ein nicht weiter überraschendes Ergebnis. Auch die Helligkeit der bereits beleuchteten Flächen nahm nochmals um 2,2 % zu.

Während schon länger bekannt ist, dass die Erhellung der Nacht einen Einfluss auf nachtaktive Tiere hat und ihr Verhalten verändert, wurde dies jetzt auch für Zugvögel bestätigt. Es ist bewiesen, dass künstliche Lichtquellen teilweise zu völliger Desorientierung führen, die Kommunikation der Vögel untereinander beeinflussen, den Energieverbrauch der Zugvögel (erhöhte Nahrungsaufnahme nötig) steigern und das Risiko von Kollisionen mit Bauwerken erhöhen (s. S. 153). Ein besonders beindruckendes und gut dokumentiertes Beispiel für die weitreichenden Auswirkungen nächtlicher Lichtquellen ist die Lichtinstallation „Tribute in Light", bei der Lichtkanonen jährlich am 11. September den Zwillingstürmen des World Trade Centers ein symbolisches Denkmal setzen und den grauenvollen Terroranschlag unvergessen machen sollen. Zwei Lichtsäulen erhellen dann den nächtlichen Himmel New Yorks. Über 6000 m reichen die Strahlen in den Himmel. 88 jeweils 7000-Watt-Lampen sorgen für die nötige Strahlkraft. Noch aus einer Entfernung von 100 km kann man die Strahlen sehen. Mithilfe modernster Radartechnik und akustischen Messinstrumenten wurde der Einfluss dieser Lichtinstallation auf Zugvögel gemessen und bewertet. Die 2017 veröffentlichten Untersuchungsergebnisse zeigen, dass sich mit dem Einschalten der Strahler das Verhalten der Zugvögel schlagartig ändert – und das selbst bei sehr guten Sichtverhältnissen, was so noch nicht beschrieben wurde, denn alle bisherigen Studien thematisieren den Einfluss künstlicher Lichtquellen bei schlechter Sicht. Betroffen waren Zugvögel, die sich bis in 4 km über den

188 Hell erleuchtete oder angestrahlte Gebäude werden leicht zu Lichtfallen für Zugvögel.

Strahlern aufhielten. Die Anzahl der betroffenen Vögel beziffern die Wissenschaftler in den sieben Jahren der Forschung am Ground Zero mit über 1 Million Vögel. Das veränderte Verhaltensmuster lässt sich am ehesten mit völliger Desorientierung umschreiben. Wobei sich immer Gleiches abspielte: Sobald die Strahler eingeschaltet wurden, verringerten die Vögel ihre Fluggeschwindigkeit und flogen kreisförmig um die Strahlen. Zusätzlich verdichtete sich die Vogelschar. In der Nähe der Lichtinstallation betrug die Dichte an Vögeln das bis zu 20-fache im Vergleich zu anderen Tagen während des Vogelzugs. Das Erfreuliche in diesem Fall: Schon 2002 konfrontierten die Vogelschützer die Veranstalter mit dem Problem und fanden Gehör. Die Lichter werden sofort für 20 Minuten ausgeschaltet, sobald sich mehr als 1000 Vögel im Lichtkegel befinden oder Vögel gefährlich tief kreisen. Die weiteren Untersuchungen konnten bestätigen, dass die Vögel ihren Zug ganz normal fortsetzen, als wäre nichts geschehen, sobald die Lichtstrahler abgeschaltet werden.

Durch diese Beobachtungen gestützt, lassen sich wissenschaftlich belegt konkrete Empfehlungen für den Schutz der nachts wandernden Vögel aussprechen. Denn künstliche Lichtquellen und Lichtstrahler sind überall zu finden: an Hochhäusern, Sportstadien, Bohrinseln, Offshore-WEA, auf großen Baustellen, Bergbahnstationen bis zu den Lichtstrahlern vor Clubs oder bei Events. Sie alle erleuchten die Nacht. Durch das teilweise Ausschalten künstlicher Lichtquellen zwischen Mitternacht und dem Morgengrauen während der Hauptzugzeit ließe sich das Gefahrenpotenzial erheblich minimieren.

Nebel und Orientierungsverluste ziehender Kraniche

Zweimal jährlich führt der Schmalfrontzug Tausende von Kranichen über Mittelhessen. Wenn die Wetterverhältnisse günstig sind, überfliegen ganze Wellen die Mittelgebirgslandschaften. Doch manchmal tauchen auch Probleme auf. So am 24. November 2004, als besorgte Naturfreunde bei der Vogelschutzwarte in Frankfurt anriefen und von ihrer Beobachtung berichteten, dass offenbar dichte Nebellagen die Kraniche in ihrer Orientierung beeinträchtigen würden. So kreisten zahlreiche Kraniche in dichtem Nebel längere Zeit über der mit hellem Licht angestrahlten Burgruine Freienfels im Landkreis Limburg-Weilburg. Deutlich waren die hellen, pfeifenden Rufe der Jungvögel zu hören. Die Kraniche waren offensichtlich von ihrem Richtungsflug abgekommen und orientierten sich an den starken Lichtquellen der Burgbeleuchtung. Dann kam es zur Notlandung der großen Vögel mitten im Ort Freienfels zwischen Häusern und auf Höfen. Kurze Zeit später stiegen die Kraniche wieder auf und verschwanden in der Dunkelheit – einen Jungvogel zurücklassend. Ohne die Führung durch die Altvögel hatte der erst wenige Monate alte Jungvogel keine Chance, das Rastziel zu erreichen. Deshalb fing der Vogelschutzbeauftragte Herbert Friedrich den Jungkranich mit gezieltem Griff am Hals ein und brachte ihn zur Überwinterung in den nicht weit entfernten Vogelpark Herborn-Uckersdorf. Nach eingehender Untersuchung stellte man an ihm eine ältere Verletzung seines Oberschnabels fest. Vielleicht waren dies und sein nicht optimaler Körperzustand Gründe dafür, dass der Jungkranich nach dieser Stresssituation den Anschluss verloren hatte.

Sehr viel dramatischer endete dagegen ein ähnlicher Fall in Hessen sechs Jahre zuvor. Es war der 7. November 1998, als 2000 Kraniche in Ulrichstein, der höchst gelegenen Ortschaft im Vogelsberg, notlandeten. Die 2000 Vögel erreichten am späten Nachmittag den Nordrand des Vogelsbergs in Mittelhessen. Sie waren Teil einer großen Rastgesellschaft von etwa 20.000 Kranichen, die morgens gleichzeitig bei gutem Zugwetter von einem ihrer traditionellen Sammelplätze in Mecklenburg-Vorpommern gestartet waren. Die Vögel kamen in Hessen in der Abenddämmerung an, wobei sich die Sichtverhältnisse für die Kraniche durch eine dichte Nebelbank um Ulrichstein herum ziemlich rasch verschlechterten. Anscheinend völlig orientierungslos kreisten die 2000 Vögel über der kleinen Stadt. Offenbar boten die Lichter der Straßenlampen und Häuser sowie die starke Beleuchtung der Schlossruine die einzige Orientierungshilfe für die inzwischen entkräfteten Vögel. So passierte dann etwas, das für die einen nur eine Sensation, für andere ein Schock war: die Massennotlandung von Hunderten von Kranichen mitten in der Ortslage von Ulrichstein. Lauthals trompetend streiften dabei zahlreiche Vögel Hausdächer und Stromleitungen. Auch wurden Kollisionen mit parkenden Autos beobachtet. Einige Straßen Ulrichsteins waren zwischen 18.15 Uhr und 20 Uhr zeitweise so mit Kranichen überfüllt, dass von Feuerwehr und Polizei Straßensperren errichtet werden mussten. Zur Vermeidung weiterer Kranicheinflüge und zur Beruhigung der gelandeten Vögel veranlasste die Feuerwehr auf Rat der Forstverwaltung und der Vogelschützer das Abschalten der

Straßenlampen, der Burgruinen-, Gaststätten- und Geschäftsbeleuchtungen. Danach entspannte sich die Lage. Die meisten Kraniche, die physisch noch in der Lage waren, erhoben sich wieder zum Weiterflug in den nebelverhangenen Nachthimmel. Noch am Abend ergab die traurige Bilanz 13 tote und 7 verletzte Vögel. Während einer Nachsuche am nächsten Morgen wurden außerhalb Ulrichsteins dann noch 3 weitere tote Kraniche gefunden. Sicher ist, dass ohne den beherzten Einsatz der Menschen die Opferzahlen hätten weit höher ausfallen können. Ungeklärt bleibt die Frage, ob die dichte Nebelbank die alleinige Ursache für die Massennotlandung war oder ob andere Faktoren zusätzlich das Navigationssystem der Kraniche beeinträchtigt hatten. Diskutiert wurde die Anomalie des Erdmagnetfelds im Raum Ulrichstein, die auch in Fliegerkarten vermerkt ist, eventuelle Auswirkungen einer neu errichteten Mobilfunkanlage oder die direkt in der Zugschneise stehenden Windkraftanlagen. All dies bleibt, bis auf den Nebel, Vermutung. Das Beispiel zeigt aber, dass wir im Groben die Navigationssysteme der Vögel immer besser verstehen, viele Feinheiten uns aber nach wie vor rätseln lassen. Solche offenen Fragen lassen sich nur durch weitere Forschungen beantworten.

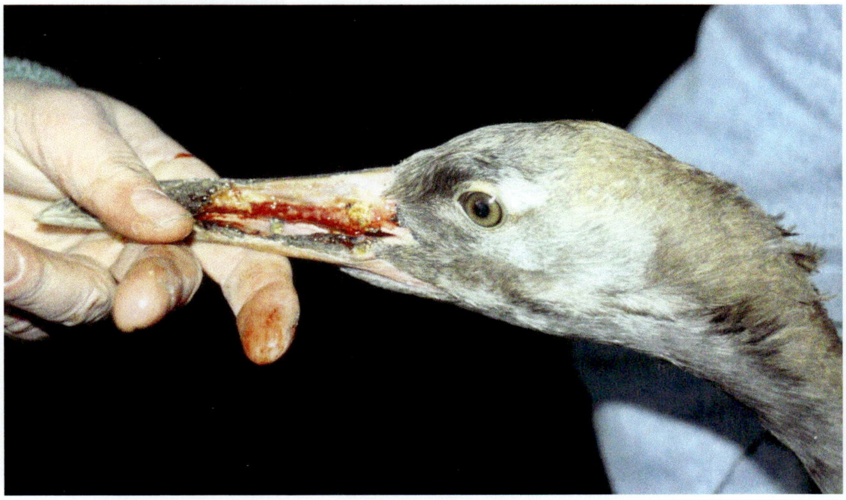

189 Ein überlebender Kranich (Jungtier) nach dem Massenunfall im Vogelsberg.

190 Das traurige Ergebnis des Kranichmassenunfalls: tote, zu Untersuchungs- und Präparationszwecken eingesammelte Tiere.

Am Plastikmüll erstickt

Aus dem Weltall betrachtet ist unsere Erde ein blauer Planet. Denn 70 % der Erdoberfläche sind von Wasser bedeckt. Doch heute schwimmen in jedem Quadratkilometer der Meere bereits Hunderttausende Teile Plastikmüll. Nach einer Anfang 2015 in der Zeitschrift „Science" veröffentlichten Studie gelangten im Jahr 2010 etwa 8 Millionen Tonnen dieses Mülls in die Ozeane. Es sind Plastikteile, „primäres" Mikroplastik sowie die entsprechenden Zersetzungsprodukte („sekundäres" Mikroplastik), die sich insbesondere in einigen Meeresdriftströmungswirbeln ansammeln und zu einer erheblichen Verdichtung in manchen Meeresregionen führen – mit fatalen Folgen für meeresbewohnende Tierarten. Schildkröten halten Plastiktüten für Quallen, und Fische verwechseln winzige Plastikteilchen mit Plankton. Selbst Wale und Delfine gehen an gefressenem Plastikmüll zugrunde. Die Plastikfragmente können den Verdauungstrakt schädigen, die Mägen der Tiere verstopfen, was zum Tod durch Verhungern oder zu inneren Verletzungen führen kann. Zudem ist von 136 maritimen Arten bekannt, dass sie sich regelmäßig in Müllteilen verstricken und strangulieren.

Laut Umweltbundesamt befanden sich 2013 100 Millionen bis 150 Millionen Tonnen Abfälle in den Meeren, 60 % davon aus Plastik. 70 % des Abfalls sinkt auf den Meeresboden, 15 % schwimmt an der Wasseroberfläche und 15 % wird an Strände gespült. Selbst die Strände unbewohnter Inseln versinken geradezu im Müll. Auch direkt vor unserer Haustür, in der Nord- und Ostsee, sind Plastikabfälle eine allgegenwärtige Gefahr für Fische, Vögel und Meeressäuger. Die ökologischen Auswirkungen des

191 Plastikmüll aus dem Meer, am Strand angespült.

Plastikmülls sind auch hier verheerend. So verwechseln vor allem Seevögel Plastikteile mit Nahrung oder Sepiaschalen. Diese kleinen von Tintenfischen stammenden Hartteile brauchen sie zur Versorgung mit Kalziumkarbonat, welches sie für den Skelettbau oder die Schalenausbildung benötigen. Seevögel, die stetig Plastik bei der Nahrungssuche aufnehmen, verspüren ein ständiges Sättigungsgefühl. Viele von ihnen verhungern mit vollen Mägen oder sind aufgrund der reduzierten Fitness ein leichtes Opfer von Krankheiten oder Infektionen. Wieder andere sterben an inneren Blutungen durch perforierte Magenwände. Im Zeitraum von 2002 bis 2006 wurde in 95 % der untersuchten Eissturmvögel Plastik im Magen-Darm-Trakt gefunden.

Doch nicht nur Seevögel sind in den Meeresgebieten vor unserer Haustür betroffen. Auch Seehunde, Kegelrobben, Schweinswale und zahlreiche Fischarten können Opfer unseres Zivilisationsmülls werden. Nicht zuletzt können Mikroplastik und umweltschädliche Stoffe, die im Plastik enthalten sind oder darin angereichert werden, über die Fische auch in die menschliche Nahrungskette gelangen. Wir alle als Verbraucher tragen unseren Teil dazu bei, dass viel zu viel Plastikmüll in die Meere und schließlich auch in die Mägen von Tieren gelangt, darunter in die unserer Zugvögel, die im und am Meer Nahrung suchen. Es liegt an uns, der nationalen wie internationalen Politik und den Plastikherstellern, die Plastikflut einzudämmen, bevor es ganz zu spät ist (s. auch www.wwf.de).

Hilfen für Zugvögel

Der Schutz von Zugvögeln – ein Schutz ohne Grenzen

Die Lebensräume vieler Vögel – wie anderer Wildtiere auch – sind durch intensive, sich oft überlagernde Flächennutzungen zunehmend gefährdet. Hinzu kommt noch, dass die sehr mobilen Tiere an anthropogenen Einrichtungen wie Freileitungen, Windkraftanlagen und Glasscheiben zu Tode kommen oder ihre Bestände durch direkte Verfolgung wie Jagd und Fang, aber auch durch Umweltgifte und Plastikmüll dezimiert werden (s. S. 103).

Als Antworten auf diese Gefährdungsursachen, von denen die meisten seit Langem bekannt sind, existieren nationale Naturschutzgesetze und internationale Richtlinien, die den weiteren Schwund von Lebensräumen und Arten aufhalten und bestenfalls umkehren sollen. So lässt sich der „Stromtod" an Mittelspannungsfreileitungen durch die Umsetzung der Schutzmaßnahmen nach der in Deutschland gültigen VDE-Anwendungsregel vermeiden, das Kollisionsrisiko kann durch eine mit den Bedürfnissen der Vögel abgestimmten Trassenplanung und wirkungsvolle Vogelschutzmarkierungen bei Hoch- und Höchstspannungsfreileitungen erreicht werden. Auch Kollisionen von Zugvögeln an Windkraftanlagen sind vermeidbar bzw. lassen sich ausreichend reduzieren, wenn wichtige Vogellebensräume, wie Rast-, Nahrungs- und Schlafplätze sowie Korridore zwischen den Funktionsräumen, frei von Windkraftplanungen bleiben.

Ein wirksamer Schutz der Zugvögel ist aber nur durch gemeinsame internationale Anstrengungen möglich. Ein wichtiges Instrument des europäischen Vogelschutzes ist die Vogelschutzrichtlinie (VSRL), nach der nicht nur die Brutvögel, sondern auch alle in der EU durchziehenden und überwinternden Vogelarten zu schützen sind, sofern sie in dem betroffenen Land regelmäßig auftreten. In Artikel 4 (2) der VSRL wird weiter präzisiert, dass für alle Zugvogelarten auch die Mauser-, Rast- und Überwinterungsgebiete bei der Ausweisung von Europäischen Vogelschutzgebieten zu berücksichtigen sind. Besondere Erwähnung finden in diesem Zusammenhang die feuchtgebietsgebundenen Zugvogelarten und die international bedeutenden Feuchtgebiete. Damit wird direkt auf das Übereinkommen zum Schutz von Feuchtgebieten, insbesondere als Lebensraum für Wasser- und Watvögel, Bezug genommen, das als Vorreiter der Vogelschutzrichtlinie bereits 1971 als sogenannte Ramsar-Konvention verabschiedet wurde. Die Schutzverpflichtungen der Vogelschutzrichtlinie betreffen jedoch explizit alle wandernden Vogelarten, also auch diejenigen, die nicht an Gewässer gebunden sind.

Wie geht es unseren Zugvögeln?

In der jährlich erscheinenden Veröffentlichungsreihe „Vögel in Deutschland" werden vom Dachverband Deutscher Avifaunisten (DDA), dem Bundesamt für Naturschutz (BfN) und der Länderarbeitsgemeinschaft der Vogelschutzwarten (LAG VSW) Fragen nach dem Zustand der Zugvögelpopulationen und zu ihrem Schutz quasi als Bestandsaufnahme zur „Lage der Nation", pardon, zur „Lage der Vögel" beantwortet. Die wichtigsten Ergebnisse aus diesen Veröffentlichungen werden im Folgenden verkürzt (und teilweise vereinfacht) vorgestellt.

Zur Lage der ziehenden Wasservögel

Wenn es um Wasservögel geht, wissen wir dank einer langjährigen internationalen Wasservogelzählung über die Bestandsentwicklung der ziehenden Arten recht gut Bescheid. Denn der „International Waterbird Census" (IWC) findet alljährlich im Januar und heutzutage in allen EU-Staaten statt. In vielen Ländern wurden die Januarzählungen bereits Ende der 1960er-Jahre begonnen, sodass unter den Zugvogelarten vor allem für Wasservögel über fast fünf Jahrzehnte zurückreichende Informationen zu Bestandsgrößen und -trends vorliegen. Ein auch die Mauser- und Zugzeiten umfassendes Monitoring rastender Wasservögel, wie es in Deutschland und z. B. in Großbritannien oder den Niederlanden in zunehmendem Maße durchgeführt wird, ist in vielen europäischen Ländern dagegen noch nicht umgesetzt. Und für fast alle wandernden Vogelarten, die nicht zu den Wasservögeln gehören, fehlen entsprechende Erfassungsprogramme – auch in Deutschland.

Da dieselben durchziehenden Wasservögel nacheinander in mehreren Mitgliedsstaaten auftreten und somit mehrfach gezählt werden können, ist eine Abschätzung der EU-weiten Bestandssituation aus den Angaben des IWC schwierig. Deshalb traf man im Vorfeld für die Erstellung der nationalen Berichte nach Art. 12 der Vogelschutzrichtlinie im Jahr 2011 zwei Entscheidungen. Erstens: Die EU-Mitgliedsstaaten sollen nur über die Bestandssituation der Wasservögel und für diese nur über den Aspekt der Überwinterung berichten. Nach den Kriterien der EU-Kommission wurden für Deutschland 78 Wasservogelarten und -unterarten ausgewählt, die hier regelmäßig

192 Das von der Stiftung Pro Artenschutz angekaufte und gemanagte Zugvogelschutzgebiet „Mündungsgebiet Pantano Longarini“ wurde zum sicheren Trittstein für europäische Zugvögel.

überwintern und über die demzufolge zu berichten ist. Aufgrund der guten Datenlage wurde – als Zweites – vereinbart, der Erhebung eine artspezifische Überwinterungsperiode zugrunde zu legen, das heißt den Zeitraum, in dem die Wanderbewegungen zwischen Herbst- und Frühjahrszug ihr Minimum erreichen. Bei vielen Wasservogelarten und -unterarten sind das die Monate Dezember, Januar und Februar. Im Unterschied zu den Brutvögeln, bei denen sich die Lage in jüngerer Zeit deutlich verschärft hat, weist die Bilanz bei den in Deutschland überwinternden Wasservögeln nur geringe Veränderungen auf und fällt insgesamt positiver aus. So lag der Anteil abnehmender Arten und Unterarten über 25 Jahre bei 15%. Weitere 4% zeigten eine leichte Abnahme, 28% nahmen zu, weitere 5% zeigten eine leichte Bestandszunahme. Über zwölf Jahre zeigen sich ähnliche Anteile von Zu- und Abnahmen. Dafür kommen verschiedene Ursachen infrage. Bei Übereinstimmungen mit der Entwicklung der biogeografischen Populationen können die Trends in Deutschland durch die Gesamttendenz bestimmt sein. Abweichungen können eine Reihe von Gründen haben. Die Zugwege können sich verlagern, sie können sich aber auch verkürzen, sodass überwinternde Arten bei uns in geringerer Anzahl als früher ankommen oder die Überwinterungsneigung bei Durchzüglern zunimmt. Und nicht zuletzt kann es zu ökologischen Veränderungen kommen, durch die wichtige Gebiete attraktiver oder entwertet werden. Veränderungen in Rastgebieten oder -regionen, in denen sich große Bestandsanteile konzentrieren (z. B. im Wattenmeer) können die deutschlandweiten und internationalen Bestandstrends beeinflussen.

Dass trotz der verhältnismäßig positiven Gesamtsituation der Wasservögel auch hier konkreter Handlungsbedarf besteht, wird deutlich, wenn man einzelne Arten betrachtet. Im Fokus stehen beispielsweise Zwergschwan, Waldsaatgans oder Eisente (*Clangula hyemalis*), die weltweit stark zurückgegangen sind und von denen erhebliche Populationsanteile in Deutschland überwintern. Die Zusammenstellung zeigt, dass von den 15 Wasservogelarten und -unterarten mit einer Bestandsabnahme in Deutschland (inkl. 3 mit einer leichten Abnahme), 7 auch auf Ebene der biogeografischen

193 Eisente. In großer Zahl (etwa 350.000 Vögel) überwintern Eisenten (*Clangula hyemalis*) auf der deutschen Ostsee. Auf der Nordsee und im Binnenland sind sie selten. Den starken Rückgang ihrer Ostseebestände seit Mitte der 1990er-Jahre soll ein Aktionsplan klären helfen.

Populationen einen Rückgang zeigen. Die Veränderungen bei uns sind somit Teil eines allgemeinen Bestandsrückgangs. Ein Beispiel hierfür ist die Waldsaatgans, die als einzige Gänseart über 25 Jahre in ihrem Winterbestand zurückging. Für sie besteht internationaler Handlungsbedarf, dem mit einem internationalen Artenaktionsplan, der derzeit erarbeitet wird, begegnet werden soll. Auch die Eiderente zeigt in beiden Zeiträumen und international einen Rückgang. Während bei der Waldsaatgans der ganzjährig hohe Jagddruck als eine wesentliche Ursache für den Rückgang angesehen wird, nimmt man bei der Eiderente einen starken Rückgang von Weibchen im brutfähigen Alter (und damit der Jungvögel) als wesentlichen Faktor an.

Zehn Wasservogelarten und -unterarten weisen in Deutschland eine negativere Entwicklung als die zugehörigen biogeografischen Populationen auf. Die möglichen Ursachen sind sehr unterschiedlich und Großteils noch nicht bekannt. Die Eisente zeigt seit Mitte der 1990er-Jahre einen starken Rückgang. Für die inzwischen international als stark gefährdet eingestufte winterliche Charakterart der südlichen Ostsee wird derzeit ebenfalls ein Artenaktionsplan erarbeitet.

Zukunftsaufgabe – durchreisende Vögel schützen

Vor allem in Mittel- und Nordeuropa erreichen die meisten Wasservogelarten außerhalb des Winters während der Zugzeiten – bei uns meist im Herbst – die höchsten Rastbestände. In Deutschland haben nur etwas mehr als ein Fünftel der Wasservogelarten ihre größten Rastbestände im Winter. Bei der Betrachtung ausschließlich des Winters können die Entwicklungen deshalb nur unzureichend eingeschätzt werden, etwa weil sich Winterbestände aufgrund von klimatischen Veränderungen anders entwickeln als die Masse der Durchzügler im Herbst oder Frühjahr. Interessant ist deshalb ein Vergleich zwischen „Wintertrends“, die im Rahmen des nationalen Berichts nach Art. 12 der Vogelschutzrichtlinie zu berücksichtigen sind, und der gesamten Bestandsentwicklung einschließlich des Herbst- und Frühjahrszugs (bei den meisten Wasservogelarten September bis April, bei den typischen Arten des Wattenmeers Juli bis Juni). Stellt man den „Wintertrends“ die „Gesamttrends“ gegenüber, so zeigt sich für den 25-Jahreszeitraum, dass die „Wintertrends“ insgesamt ein etwas positiveres Bild zeigen: Im Winter nehmen mehr Wasservogelarten und -unterarten in ihrer Anzahl zu als bei Betrachtung des „Gesamttrends“. Im Zeitraum von 12 Jahren tritt der Unterschied dabei deutlicher zutage als im Zeitraum von 25 Jahren. Zudem fällt für beide Zeiträume auf, dass unter Einbeziehung der Informationen aus dem Herbst und dem Frühjahr deutlich weniger Trends als fluktuierend eingestuft wurden. Es ergibt sich somit ein präziseres Bild der Bestandsentwicklung, wenn die Analyse auf mehr Informationen fußt. Ausschlaggebend hierfür dürfte sein, dass die „Wintertrends“ stärker von der Witterung beeinflusst werden und somit stärkeren Fluktuationen unterliegen, die die tatsächlichen Trends verschieben.

Die bisherige Beschränkung auf den Aspekt der Überwinterung im Rahmen der Berichterstattung ist aus europaweiter Sicht eine nachvollziehbare und pragmatische Vorgehensweise. Aus Sicht des Vogelschutzes ergibt sich jedoch in der Berichterstattung eine Informationslücke, wenn Mauser- und Durchzugsbestände einzelner Arten nicht betrachtet werden. Aus fachlicher Sicht ist es deshalb zum einen erforderlich, dass für eine umfassende Bestandsanalyse im Sinne der Vogelschutzrichtlinie dem Aspekt des Durchzugs seiner Bedeutung entsprechend Rechnung getragen wird. Auch Durchzügler, die außerhalb der EU überwintern, sollten in die Berichterstattung einbezogen werden. Bisher bleiben sie unberücksichtigt, da sie in keinem EU-Mitgliedsstaat im Winter auftreten (z. B. Knäkente) oder sie werden nur unzureichend berücksichtigt, da nur Teile der Population in der EU überwintern (z. B. Uferschnepfe).

Außerdem ist die Betrachtung der Mauser- und Zugzeiten insbesondere für die Beurteilung der Wirksamkeit des Netzes der Europäischen Vogelschutzgebiete unerlässlich. Hier greift der seitens der EU gewählte Ansatz, ausschließlich die Überwinterungsperiode zugrunde zu legen, deutlich zu kurz. Erfassungen über die Internationale Wasservogelzählung über den Januar hinaus sind dafür eine Grundvoraussetzung und entsprechend auch in anderen europäischen Ländern zu fordern. Ebenso sind die noch vorhandenen (räumlichen wie jahreszeitlichen) Lücken bei der Erfassung insbesondere der sogenannten Triggerarten (die Arten, die der Anlass für Ausweisungen von Europäischen Vogelschutzgebieten waren) in den Europäischen Vogelschutzgebieten in Deutschland zu schließen.

Wichtige internationale Richtlinien

Richtlinie über die Erhaltung der wild lebenden Vogelarten

Die Richtlinie über die Erhaltung der wild lebenden Vogelarten (Richtlinie 79/409/EWG), kurz Vogelschutzrichtlinie, wurde am 2. April 1979 vom Rat der Europäischen Gemeinschaft erlassen und 30 Jahre nach ihrem Inkrafttreten kodifiziert. Die kodifizierte Fassung (Richtlinie 2009/147/EG) vom 30. November 2009 ist am 15. Februar 2010 in Kraft getreten. Ziel der Vogelschutzrichtlinie ist es, sämtliche im Gebiet der EU-Staaten natürlicherweise vorkommenden Vogelarten einschließlich der Zugvogelarten in ihrem Bestand dauerhaft zu erhalten und neben dem Schutz auch die Bewirtschaftung und die Nutzung der Vögel zu regeln.

Gemäß Artikel 5 der Richtlinie, ist es grundsätzlich verboten, wild lebende Vogelarten zu töten oder zu fangen. Nester und Eier dürfen nicht zerstört, beschädigt oder entfernt werden, auch die Vögel selbst dürfen, besonders während ihrer Brut- und Aufzuchtzeit, weder gestört noch beunruhigt werden.

Zusätzliche Verpflichtungen ergeben sich für die in Anhang I aufgelisteten 193 Arten und Unterarten, von denen 114 regelmäßig in Deutschland vorkommen. Für sie sind besondere Schutzgebiete zu schaffen (Europäische Vogelschutzgebiete). Ein ebensolcher Schutz muss auch für die Vermehrungs-, Mauser-, Rast- und Überwinterungsgebiete der nicht in Anhang I genannten, regelmäßig auftretenden Zugvogelarten gewährleistet werden. Dies betrifft 186 Arten in Deutschland. Für sie sind Maßnahmen unter besonderer Berücksichtigung der Feuchtgebiete, vor allem der Feuchtgebiete internationaler Bedeutung (Ramsar-Gebiete), zu ergreifen.

Ramsar-Konvention

Das Übereinkommen über Feuchtgebiete, insbesondere als Lebensraum für Wat- und Wasservögel, von internationaler Bedeutung, die sogenannte Ramsar-Konvention von 1971, hatte ursprünglich den Erhalt und die nachhaltige Nutzung von Feuchtgebieten als Lebensraum von Wasservögeln zum Ziel. In den letzten Jahren wurden die Konventionsziele erweitert und umfassen nun den ganzheitlichen Schutz von Feuchtgebieten als bedeutende Ökosysteme zum Erhalt der Biodiversität. Mit dem Beitritt zur Ramsar-Konvention verpflichten sich die Mitgliedsstaaten, mindestens ein Feuchtgebiet innerhalb ihres Hoheitsgebiets als „Feuchtgebiet internationaler Bedeutung“ zu benennen und die Erhaltung und Förderung dieses Gebiets und möglichst auch weiterer Gebiete zu sichern. Darüber hinaus müssen die Vertragsstaaten dafür sorgen, dass auch die übrigen Feuchtgebiete innerhalb ihrer Grenzen nachhaltig genutzt werden, und sind zur internationalen Zusammenarbeit aufgefordert. Alle drei Jahre muss eine ausführliche Berichterstattung erfolgen.

Ein wichtiges Instrument der Konvention ist das „Montreux-Register“. Hier werden Feuchtgebiete von internationaler Bedeutung aufgenommen, deren ökologischer Zustand sich deutlich verschlechtert hat bzw. in absehbarer Zeit verschlechtern wird. Für diese Gebiete werden entsprechende Maßnahmen zur Verbesserung erarbeitet. Mit Stand vom August 2015 sind 168 Staaten der Ramsar-Konvention beigetreten, Deutschland ist Mitglied seit 1976.

Abkommen zur Erhaltung der afrikanisch-eurasischen Wasservogelarten (AEWA)

Das Abkommen zur Erhaltung der afrikanisch-eurasischen Wasservogelarten (AEWA) wurde 1996 getroffen und ist das größte und wichtigste Regionalabkommen unter der Bonner Konvention. Das Abkommen schützt 255 Wasservogelarten in einem Gebiet, das 40% der Erdoberfläche abdeckt. AEWA-Signatarstaaten erklären sich damit einverstanden, Maßnahmen zum Schutz wandernder Wasservögel und ihrer Lebensräume zu ergreifen. Im Allgemeinen betreffen diese Maßnahmen Arten- und Lebensraumschutz, Steuerung menschlicher Aktivitäten, Untersuchungen und Beobachtungen sowie zuletzt, aber nicht weniger bedeutsam, Erziehung und Information.

Damit ist das Programm eng mit dem allgemein-ökologischen Feuchtgebietsschutz verbunden, wie er beispielsweise in der UN-Ramsar-Konvention geregelt ist. AEWA bildet eine Unterorganisation des „United Nations Environment Programme“ (UNEP), dem Umweltprogramm der Vereinten Nationen. Organe sind die Vollversammlung (Meeting of the Parties), die regelmäßig alle drei Jahre an verschiedenen Orten stattfindet (zuletzt im Dezember 2017), das Ständige und Technische Komitee (Standing/Technical Committee), die etwas häufiger zusammenkommen, sowie das Sekretariat (UNEP/AEWA Secretariat), das im UN-Campus in Bonn angesiedelt ist. Mit Stand November 2008 waren 62 der 118 Anrainerstaaten in Afrika, Europa und Zentralasien beigetreten. Anfang 2016 hatte das Abkommen zur Erhaltung der afrikanisch-eurasischen wandernden Wasservögel 75 Vertragsparteien.

Beobachtungsmöglichkeiten

Schutzgebiete mit Zugvögeln erleben – eine kleine Auswahl für Deutschland und Europa

Deutschland

Helgoland: Auf Helgoland, der einzigen deutschen Insel im offenen Meer (50 km vor der Deutschen Bucht in der Nordsee), können 432 Vogelarten (Stand 2014) – vor allem als Durchzügler, Winter-, Sommergäste, seltene Gäste und Ausnahmeerscheinungen – dazu noch eine beeindruckende Zahl brütender Seevögel beobachtet werden. Damit ist die einzige deutsche Hochseeinsel zugleich auch Deutschlands bekannteste „Vogelinsel“ und zugleich wohl der vogelartenreichste Ort in Europa. Auf ihrer Wanderung von den Brutgebieten zu den Winterquartieren queren alljährlich Zigtausende von Finkenvögeln, Piepern und Grasmücken, Drosseln, Lerchen, Fliegenschnäppern und anderen Singvögeln das offene Meer und werden dabei von der Insel als willkommenem Rastplatz wie magisch angezogen. Und natürlich lassen sich verschiedene Möwen, Seeschwalben, Limikolen, Enten und so weiter beobachten. Auf den schmalen Felsbändern des Lummenfelsens brüten dichtgedrängt über 7500 Brutpaare verschiedener Seevögel: Trottellummen, Dreizehenmöwen, Silbermöwen, Tordalke, Eissturmvögel und seit 1991 auch Basstölpel. Dieser Vogelfelsen ist nur 1,1 ha groß und beherbergt damit die größte Dichte brütender Vögel

194 Am Brutfelsen der Basstölpel auf Helgoland drängen sich nicht nur die Vögel, sondern auch die Birdwatcher.

195 Basstölpel teilen sich mit Trottellummen und Dreizehenmöwen die Brutplätze auf dem Gesims des Helgoländer Lummenfelsens.

in ganz Deutschland. Helgoland gilt seit Langem als „Mekka" der Ornithologen und Vogelfreunde. Führungen und Informationen bieten der Verein Jordsand und die Vogelwarte Helgoland an.

Nationalpark Schleswig-Holsteinisches Wattenmeer: 1985 gegründet und 1999 signifikant erweitert, bildet der Nationalpark Schleswig-Holsteinisches Wattenmeer zusammen mit dem Nationalpark Niedersächsisches Wattenmeer, dem Nationalpark Hamburgisches Wattenmeer und den nicht dem Naturschutz unterliegenden Teilen der Elbmündung den deutschen Teil des Wattenmeers. Der Nationalpark reicht von der deutsch-dänischen Seegrenze im Norden bis hin zur Elbmündung im Süden. Im nordfriesischen Teil umfasst er das Watt um die Geestkern- und Marscheninseln und die Halligen. Dort ist das Watt teilweise 40 km breit. Weiter südlich liegen Wattengebiete, in denen es vor allem größere Sandbänke gibt. Neben den Pflanzen und Tieren, die für das gesamte Wattenmeer der Nordsee typisch sind, finden sich im schleswig-holsteinischen Teil besonders viele Schweinswale, Brandgänse und Seegräser. Mit einer Fläche von 4410 km^2 handelt es sich um den mit Abstand größten Nationalpark in Deutschland und einen der größten Nationalparks Europas. Von seinem Wasserflächenanteil fallen 30 % im Zuge von Ebbe und Flut periodisch trocken. Der Landteil besteht zum größten Teil aus Salzwiesen. Seit 1990 bildet der Nationalpark zusammen mit den nordfriesischen Halligen das von der UNESCO anerkannte Biosphärenreservat Schleswig-Holsteinisches Wattenmeer und Halligen. Zusammen mit dem niedersächsischen und dem niederländischen Wattenmeergebiet wurde das schleswig-holsteinische Wattenmeer 2009 als Weltnaturerbe der UNESCO eingetragen. Seit 2011 gehört das Hamburgische Wattenmeer und seit 2014 auch der dänische Nationalpark Vadehavet mit zum Verbund. Mit 10 Millionen anwesenden Zugvögeln im Frühjahr und Herbst ist das dänisch-deutsch-niederländische Wattenmeer dann das vogelreichste Gebiet Europas. Das nährstoffreiche Gebiet ist regelmäßiger Rastplatz von Zugvögeln auf Atlantikrouten.

Da sich das Wattenmeer permanent wandelt und verändert, lassen sich die Effekte des Nationalpark-

196 Brandgans vertreibt Säbelschnäbler. Beide gehören zu den Charaktervögeln des Nationalparks Schleswig-Holsteinisches Wattenmeer.

> **199** An der Nordspitze der Insel Amrum (Amrumer Odde) führt ein Weg am Haus des Vogelwarts vorbei hinauf zu einer Aussichtsplattform in den hohen Dünen.

197 In den Wattenmeer-Nationalparks gibt es immer Vögel zu entdecken.

> **200** Die nordfriesische Insel Amrum ist ein bedeutendes Vogelbrut- und Rastgebiet.

198 Im Wattenmeer finden sich Alpenstrandläufer (*Calidris alpina*) als Mittel- bis Langstreckenzieher in riesiger Zahl ein.

schutzes nur schwer abschätzen. Insgesamt nahmen jedoch in den zehn Jahren zwischen 1994 und 2004 nur drei Arten (Löffler, Kormoran und Sandregenpfeifer) zu, während 18 Arten weiter im Bestand zurückgingen. Darunter befinden sich gerade typische Wattenmeerarten mit großer Verbreitung wie Brandgans, Grünschenkel, Großer Brachvogel, Lachmöwe, Heringsmöwe, Austernfischer, Säbelschnäbler oder Ringelgans. Die etwa 180.000 Vögel zählende nordwesteuropäische Brandganspopulation verbringt ihre Mauserzeit zwischen Juli und September im Wattenmeer, größtenteils auf und um die geschützte Insel Trischen. Damit finden sich dort über 80 % des gesamten nordwesteuropäischen Bestands. Dieses Phänomen der Massenmauser bei der Brandgans ist weltweit einmalig. Auch etwa 200.000 Eiderenten verbringen hier ihre Mauserzeit, etwa 1000 Eiderentenpaare nutzen das Nordseewatt als Brutgebiet. Die meisten davon brüten auf der Insel Amrum. Große Bestände erreichen die Nonnengänse mit über 60.000 Tieren und die Ringelgänse mit 84.000 fast ausschließlich auf Halligen und Inseln. Die Nonnengans verlängert ihre Aufenthaltsdauer im Wattenmeer stetig. Vor den nordfriesischen Inseln bei Wassertiefen von 2 bis 10 m erreichen Trauerenten international bedeutsame Bestände.

Nationalpark Hamburgisches Wattenmeer: Der Nationalpark Hamburgisches Wattenmeer ist Teil des Wattenmeers der Nordsee und Nationalpark. Als Exklave der Freien und Hansestadt Hamburg liegt er nordwestlich vor Cuxhaven im Mündungsgebiet der Elbe in die Nordsee (Deutsche Bucht). Der Nationalpark ist zugleich Biosphärenreservat und von der UNESCO mit den anderen deutschen Wattenmeerparks und dem niederländischen Wattenmeer als Weltnaturerbe anerkannt. Er grenzt im Südwesten und im Osten an das Gebiet des Nationalparks Niedersächsisches Wattenmeer und umfasst neben den eigentlichen Wattgebieten auch die Insel Neuwerk und die Düneninseln Scharhörn und Nigehörn, die alle zum Stadtteilgebiet Hamburg-Neuwerk gehören. Das Hamburgische Wattenmeer besteht überwiegend aus Sand- und Mischwatten mit flachen Prielen, Sandplaten und den oben genannten Inseln. Die Gesamtfläche des Nationalparks (Schutzzone 1 und Schutzzone 2) umfasst 13.750 ha. Gebiete der Zone 1 stehen unter besonderem Schutz. So sind etwa Wattwanderungen und Kutschfahrten nur auf ausgewiesenen Wegen erlaubt. Aufgrund des natürlichen Sedimenteintrags gibt es im Mündungsbereich der Elbe ein hohes Nahrungsangebot für Jungfische und Seevögel. Der Nationalpark ist daher ein bedeutendes Rast- und Mausergebiet für Seevögel.

Nationalpark Niedersächsisches Wattenmeer: Der Nationalpark Niedersächsisches Wattenmeer besteht seit 1986 und umschließt die Ostfriesischen Inseln, Watten und Seemarschen zwischen Dollart an der Grenze zu den Niederlanden im Westen und Cuxhaven im Osten. Der Nationalpark ist etwa 345.800 ha groß. Die Nationalparkverwaltung befindet sich in Wilhelmshaven.

Nationalpark Vorpommersche Boddenlandschaft: Der Nationalpark Vorpommersche Boddenlandschaft ist mit einer Fläche von 786 km^2 der größte Nationalpark des Bundeslandes Mecklenburg-Vorpommern und der drittgrößte in Deutschland. Er erstreckt sich über den westlichen Teil der vorpommerschen Ostseeküste und umfasst sowohl innere als auch äußere Küstengewässer. Der Nationalpark wurde im Zuge des Nationalparkprogramms der DDR am 1. Oktober 1990 ausgewiesen. Etwa die Hälfte der Fläche des Nationalparks ist offene Ostsee, mehr als ein weiteres Viertel umfasst Teile der Boddengewässer der Darß-Zingster Boddenkette und der Westrügener Bodden. Geschützt sind somit Flachwassergebiete (in der Ostsee orientiert sich die Nationalparkgrenze an der Zehn-Meter-Tiefenlinie) mit einer sehr reichhaltigen Flora und Fauna. Zur Vielfalt tragen wesentlich die unterschiedlichen Salzgehalte der Lebensräume Ostsee und Bodden bei. Die im Nationalpark enthaltenen Landflächen umfassen Teile des Darß und der Halbinsel Zingst sowie den Großteil der Insel Hiddensee. Außerdem ist ein schmaler, dem Bodden benachbarter Streifen der Insel Rügen Teil des Nationalparks. Kiefern- und Buchenwälder bewachsen große Teile der Landfläche, wie etwa im Darßwald. In unbewaldeten Bereichen kommen Küstenüberflutungsmoore vor. Die Boddengewässer stellen ein wichtiges Überwinterungsgebiet für Zugvögel dar und bilden darüber hinaus ein wichtiges Brutgebiet für viele Vögel. Insgesamt brüten 163 Vogelarten im Nationalpark, von denen 67 auf der Roten Liste Deutschlands stehen. Ein großer Besuchermagnet sind die großen Scharen von etwa 60.000 Graukranichen, die zwischen September und November im Gebiet Station machen.

Kranich-Informationszentrum in Groß Mohrdorf: Das Kranich-Informationszentrum wurde 1996 gegründet und liegt in dem bedeutenden Rastgebiet der Kraniche, der Darß-Zingster Boddenkette, etwa 14 km nordwestlich von Stralsund. Eine ganzjährig geöffnete Dauerausstellung (freier Eintritt für Einzelpersonen) bietet viele Informationen über den Graukranich und seine Verwandten. Hier erfahren Besucher die besten Beobachtungsplätze und bekommen aktuelle Informationen zum Zuggeschehen der Kraniche. Das Kranich-Informationszentrum ist außerdem Ausgangspunkt für zahlreiche Exkursionen und andere Veranstaltungen, wie die alljährlich im September durchgeführte „Woche des Kranichs". Die hier ansässige „Arbeitsgemeinschaft Kranichschutz Deutschland" organisiert sich in Landesarbeitsgruppen (LAG). Zusätzlich unterstützen Mitarbeitende des Kranich-Informationszentrums projektbezogen die Aktivitäten der LAGs.

Nationalpark Unteres Odertal: Als Teilgebiet des Internationalpark Unteres Odertal wurde der Nationalpark Unteres Odertal 1995 gegründet. Er liegt am Unterlauf der Oder im Nordosten Brandenburgs in den Landkreisen Barnim und Uckermark und umfasst eine Fläche von 10.323 ha. Umgeben wird der Nationalpark auf deutscher Seite von dem 17.774 ha großen Landschaftsschutzgebiet Nationalparkregion Unteres Odertal. Der Nationalpark bildet mit dem angrenzenden polnischen Landschaftsschutzpark Unteres Odertal (Park Krajobrazowy Dolina Dolnej Odry, etwa 6000 ha) und dem Zehdener Landschaftsschutzpark (Cedynski Park Krajobrazowy, etwa 30.850 ha) und dessen Schutzzone eine räumliche Einheit. Der Nationalpark erstreckt sich über eine Breite von 2 bis maximal 8 km. Es ist die einzige intakte Polderlandschaft Deutschlands.

Nach niederländischem Vorbild wurde das Flussgebiet großflächig eingedeicht. Hohe Winterdeiche, die sich am westlichen Talrand hinziehen, schützen die Orte. Entlang der Oder ziehen sich die Sommerdeiche, die jedes Jahr im November geöffnet werden, sodass das Wasser der Oder die ganze Breite des Flusstales bedecken und ungehindert abfließen kann. Im Winter und im Frühjahr sind daher die Polderwiesen geflutet. Der Fluss hat so mehr Raum, die Gefahr von Hochwassern für die Hafenstadt Stettin ist damit fast ausgeschlossen. Ist im April die Flut zurückgegangen, werden die Wehre der Sommerdeiche wieder geschlossen. Das verbleibende Restwas-

201 Die Halbinsel Zingst ist ein wichtiger Kranichrastplatz.

ser wird innerhalb weniger Tage abgepumpt. Dies ermöglicht, dass bis in den Herbst hinein die Wiesen durch Beweidung (teilweise mit Heckrindern) und Mahd genutzt werden können. Die gut 100 km^2 große Flusslandschaft entlang des Unterlaufs der Oder zwischen Stettin im Norden und Zehden im Süden ist bedeutendes Brut-, Rast-, Durchzugs- und Überwinterungsgebiet für Enten, Gänse, Schwäne, Taucher, Säger, Reiher und Kraniche.

Nationalpark Müritz: Der 1990 gegründete Nationalpark Müritz befindet sich im Süden Mecklenburg-Vorpommerns und ist der größte terrestrische Nationalpark der Bundesrepublik. Die eiszeitlich geprägte Landschaft des Parks zwischen Neustrelitz und Waren mit Seen, Mooren und dem Ostufer der Müritz hat eine Fläche von 320 km^2 mit zwei Schutzzonen und erstreckt sich über die zwei räumlich getrennten Gebiete der Mecklenburgischen Seenplatte und eines Teils der Feldberger Seenlandschaft. Der westliche größere Teil ist das Teilgebiet Müritz, der kleinere östliche Teil wird Teilgebiet Serrahn genannt. Zwischen beiden liegt im Wesentlichen das Stadtgebiet von Neustrelitz. Insgesamt gibt es im Nationalpark 100 Seen und unzählige kleinere Stillgewässer. Die Müritz ist mit einer Fläche von 117 km^2 das größte Gewässer, das vollständig innerhalb Deutschlands liegt. In dem Gebiet brüten und jagen unter anderem viele See- und Fischadler. Letztere kann man von Aussichtskanzeln aus bei ihrer Brut und bei der Fischjagd beobachten. Krick- und Knäkenten brüten in der dichten Ufervegetation der Müritz, Teichrohrsänger und die seltene Rohrdommel sind in den Feuchtgebieten zu Hause. Während der Vogelzugzeit halten sich Watvögel wie Zwergstrandläufer, Rotschenkel und Grünschenkel im Gebiet auf. Schwarzstörche und Kraniche sind Brutvögel im Müritz-Nationalpark, der auch ein bedeutendes Kranichdurchzugsgebiet ist.

Rieselfelder bei Münster: Nur 6 km nördlich vom Stadtzentrum Münster entfernt liegen die als Europareservat geschützten ehemaligen Rieselfelder, auf denen vor gut 100 Jahren die städtischen Abwässer nach mechanischer Reinigung kontrolliert in den Boden versickerten (Verrieselung). Als Nebeneffekt dieser Klärmethode entstanden auf 230 ha über 130 Teiche, die heute wiederbelebt und wichtiger Rast- und Mauserplatz für viele Zugvögel sind. Vor allem viele Enten- und Gänsearten sind hier Wintergäste. Auch rasten hier zahlreiche Möwen wie Silber-,

202 Gewässer im Nationalpark Müritz. Dort können viele Brut- und Rastvogelarten beobachtet werden.

Steppen-, Mittelmeer-, Sturm- oder Lachmöwen. Im Winter sind manchmal auch Kornweihe, Sumpfohreule, Bartmeise oder Raubwürger zu beobachten. Im März kommen die ersten Watvögel zurück und rasten auf den Schlammflächen und in den nassen Wiesen. Dazu zählen Kiebitz, Uferschnepfe, Flussregenpfeifer und Waldwasserläufer. Später kommen auch Kampfläufer, Grünschenkel, Dunkler Wasserläufer und Bruchwasserläufer hinzu. Ende Juni kommen die ersten arktischen Watvögel zurück, und Enten mausern zu dieser Zeit hier. Bis zum Oktober ziehen auch viele andere Watvogelarten wie Alpenstrandläufer, Kiebitzregenpfeifer, Zwergstrandläufer, Großer Brachvogel und Regenbrachvogel durch. Im Herbst kommen dann die ersten Wintergäste zurück. Neben den regelmäßig auftretenden Arten sind die Rieselfelder für seltene Gäste bekannt.

Hessisches Ried mit Kühkopf-Knoblochaue: Der Kühkopf ist Hessens größtes Naturschutzgebiet, eines der bedeutendsten Auenschutzgebiete Mitteleuropas und Herzstück des größeren EU-Vogelschutzgebiets. Mit bis zu 6000 rastenden Saatgänsen (im Mittel 2500) und 250 Blässgänsen ist dieses Vogelschutzgebiet das bedeutendste Überwinterungsgebiet dieser nordischen Gänse in Süddeutschland. Das Infozentrum liegt nahe der Stockstädter Brücke.

Altmühlsee und Großer Brombachsee bei Gunzenhausen: Die ab 1985 als Hochwasserzwischenspeicher konzipierten Seen Altmühlsee und Großer Brombachsee haben rasch ornithologisch herausragende Feuchtgebiete gebildet. Am Altmühlsee mit seiner künstlich angelegten Inselzone können jährlich rund 200 Vogelarten nachgewiesen werden. Am Brombachsee findet sich im Winter eine Auswahl von sonst nur für die Küste typischer Wasservogelarten ein. Alle Beobachtungspunkte sind gut ausgeschildert. Besonders lohnenswert: die Beobachtungsplattform auf der Vogelinsel am Altmühlsee.

Bodensee: Der Bodensee ist der größte deutsche Binnensee mit 540 km^2 Wasserfläche. Er hat eine große Bedeutung als Vogelbrut- und Rastgebiet (350 nachgewiesene Arten) und bietet gute Beobachtungsstellen: Vorarlberger Rheindelta (Österreich), Eriskircher Ried bei Friedrichshafen, Mindelsee bei Möggingen (dort Informationszentrum des BUND), Halbinsel Mettnau bei Radolfzell (Ausgangspunkt Parkplatz am Strandbad) und Wollmatinger Ried westlich von Kon-

203 Großer Brachvogel (*Numenius arquata*). Seine Hauptdurchzugszeit reicht bei uns von Anfang bis Ende März.

204 Über eine Brücke gelangt man zur Vogelinsel im Altmühlsee.

205 Von der Beobachtungsplattform auf der Vogelinsel im Altmühlsee lassen sich viele Vogelarten auf dem Wasser und an den Ufern entdecken.

stanz (Führungen durch NABU-Naturschutzzentrum Wollmatinger Ried). Das Vorarlberger Rheindelta ist Naturschutzgebiet, Ramsar-Gebiet und Europäisches Vogelschutzgebiet, umfasst 800 ha Landfläche plus 1200 ha Wasserfläche. Es reicht von dem im Westen die österreichisch-schweizerische Grenze bildenden Alten Rhein bis zur Dornbirner Ach im Osten. Durch seine Nord-Süd-Richtung und die Lage am Rand der Alpen und des Bodensees ist das Vorarlberger Rheindelta ein international bedeutendes Durchzugs-, Rast- und Überwinterungsgebiet für Wasservögel. Anfang Oktober können hier manchmal mehr als 120 Vogelarten an einem Tag beobachtet werden. Von Fussach aus kann man nach Norden abbiegen und von einem Parkplatz am Ende der kleinen Straße aus zu Fuß auf dem Dammweg nach Norden laufen. Auf der schweizerischen Seite des Alten Rheins bieten sich von der Brücke Rheineck bis zur Flussmündung gute Vogelbeobachtungsmöglichkeiten. Attraktive Gebiete (ohne Schutzstatus) für überwinternde Wasservögel finden sich zwischen Romanshorn und Münsterlingen sowie in der großen Konstanzer Bucht und im Konstanzer Trichter. Im Ermatinger Becken um das deutsche Naturschutzgebiet Wollmatinger Ried können im Winterhalbjahr Tausende von Wasservögeln, darunter seltene Arten, hervorragend beobachtet werden. Die Schachener Bucht am Obersee ist als IBA (Important Bird and Biodiversity Area) ausgewiesen und bedeutendes Überwinterungsgebiet von Wasservögeln, ebenso die Wasserburger Bucht. Das Eriskircher Ried ist mit 552 ha, davon 333 ha Wasserfläche, das größte Vogelschutzgebiet am Nordufer des Bodensees. Es erstreckt sich südöstlich von Friedrichshafen am Bodenseeufer von Rotach bis Schussen. Das Wollmatinger Ried schließlich ist Schutzgebiet von internationaler Bedeutung, Europareservat seit 1973, IBA und Natura-2000-Gebiet. Einer der besten Beobachtungsplätze für Wasservögel am gesamten Bodensee ist dort die Beobachtungsplattform auf der historischen Ruine Schopflen. Im Winterhalbjahr können hier leicht mehr als 50.000 Wasservögel verschiedener Arten beobachtet werden.

206 Der Bodensee als größter deutscher Binnensee ist auch als Vogelbrut- und Rastgebiet eine Größe.

207 Das Mündungsgebiet der Tiroler Ache in den Chiemsee ist ein wichtiger Rückzugsraum für seltene Vogelarten. Dessen Kernbereich darf nicht betreten werden. Wanderungen im Naturschutzgebiet auf den ausgewiesenen Wegen mit guten Einblicken in eines der letzten noch natürlich verbliebenen Flussdeltas in Deutschland sind aber möglich.

Ammersee und Starnberger See: Beide Seen bieten eine ähnliche Auswahl rastender und überwinternder Arten, unter anderem Taucher, alle gängigen Entenarten des Binnenlandes, dazu auch Meeresenten wie Berg-, Eider-, Samtente und mehrere Möwenarten. Gute Beobachtungsplätze sind am Ammersee z. B. Herrschinger Bucht, Wartaweil, Gaststätte Aidenried, auf dem Ammerdamm Richtung neuer Ammermündung, Hafen Dießen sowie am Starnberger See z. B. Starnberger Bahnhof, Ortsteil Leoni (Berg), Ammerland, Erholungsgelände südlich Ambach, Yachthäfen Seeshaupt, Seeseiten, Bernried.

Chiemsee: Der Chiemsee ist mit 8500 ha Bayerns größter See. Seit 1950 wurden hier rund 300 Vogelarten registriert. Im Winter rasten in dem Ramsar-Gebiet bis zu 40.000 Vögel. Stern-, Pracht- und seltener Rothalstaucher halten sich alljährlich im Winter auf dem offenen Wasser auf. Schwarzhals- und Ohrentaucher können in Ufernähe beobachtet werden. Vor allem Reiher- und Tafelenten sind im Winter in hohen Zahlen anzutreffen. Bis zu drei Seeadler überwintern regelmäßig im Delta der Tiroler Achen, dem Zufluss des Chiemsees. Gute Beobachtungsmöglichkeiten bieten sich z. B. im Südwesten im Irschener Winkel, an der Autobahnraststätte Chiemsee an der A 8 direkt am Südufer, in der Hirschauer Bucht mit Blick auf die Ostseite des Achendeltas, in Chieming-Nord und in Seebruck.

Unterer Inn: Das an der bayerisch-österreichischen Grenze zwischen dem niederbayerischen Bad Füssing und Simbach liegende Gebiet des Inns ist eines der besten Vogelbeobachtungsgebiete im gesamten süddeutschen Raum. Es zählt zu den Drehscheiben des interkontinentalen Vogelzugs und wurde deshalb zum Europareservat und Ramsar-Gebiet erklärt. Bisher

208 Ein empfehlenswerter Ausgangspunkt für Vogelbeobachtungen im Europareservat Unterer Inn ist das kleine Infozentrum in Ering.

209 Am nahen Ufer bietet ein Beobachtungsturm gute Einblicke in das Vogelgeschehen auf dem Inn.

wurden über 300 Vogelarten nachgewiesen. Der Untere Inn ist einer der wichtigsten Limikolenrastplätze Süddeutschlands. Auf dem Frühjahrs- und Herbstzug kann man ergänzend zu den Flussseeschwalben als Brutvögel Trauer-, Weißflügel-, Weißbart- und Raubseeschwalben beobachten. Gut und schnell erreichbare Beobachtungsplätze sind z. B. die Hagenauer Bucht (österreichische Seite), der Beobachtungsturm Eglsee bei Ering und die Staustufe Ering. In Ering findet sich auch das Informationszentrum Europareservat Unterer Inn.

Österreich

Nationalpark Neusiedler See – Seewinkel: Der Neusiedler See ist der einzige Steppensee Mitteleuropas. Er liegt südöstlich von Wien im Burgenland und hat einen breiten Schilfgürtel. Zum Nationalpark gehören auch zahlreiche kleinere Seen („Lacken“), die südöstlich im Seewinkel, dem westlichsten Teil der Kleinen Ungarischen Tiefebene, liegen. Hier verläuft nicht nur die Staatsgrenze zwischen Österreich und Ungarn. Das Neusiedler-See-Gebiet ist auch aus biologischer Sicht ein Grenzraum und geprägt von Elementen verschiedener Landschaftsräume: Alpine, pannonische, asiatische, mediterrane und nordische Einflüsse machen sich bemerkbar, was zur hohen Artenvielfalt erheblich beiträgt. Der Nationalpark zeichnet sich unter anderem durch seinen großen Vogelreichtum mit rund 350 Vogelarten aus und stellt eines der bedeutendsten Limikolendurchzugs- und Gänseüberwinterungsgebiete im europäischen Binnenland dar. Im österreichischen Teil des Nationalparks Neusiedler See – Seewinkel liegt am nördlichen Ortsrand von Illmitz das Besucherzentrum. Es bietet für die verschiedenen Besucherschichten eine zentrale Informationsstelle und ist Basis für das umfangreiche Programm in den Bewahrungszonen des Nationalparks.

210 Im Nationalpark Neusiedler See helfen Rinderherden, die Lackenufer für die vielen Gastvogelarten offen zu halten.

Ungarn

Nationalpark Hortobágy: In der ungarischen Ebene zwischen Theiß und der Stadt Debrecen liegt der Nationalpark Hortobágy (Hortobágyi Nemzeti Park) in der einzigen großen Grassteppe Europas (115.000 ha). Er ist Ungarns erster und größter zusammenhängender Nationalpark, der am 1. Januar 1973 auf einem Gebiet von 52.000 ha gegründet und kontinuierlich auf 82.000 ha erweitert wurde. 1979 wurde der Kern mit 32.037 ha Ramsar-Gebiet. Im selben Jahr wurde er auch als UNESCO-Biosphärenreservat anerkannt und 1999 in die Welterbe-Liste aufgenommen. 2011 wurde er außerdem als erstes UNESCO-Welterbe von der „International Dark Sky Association" als Lichtschutzgebiet ausgewiesen. Im Nationalpark Hortobágy kommen 90 % der einheimischen Vogelarten vor. Darunter seltene und streng geschützte Arten, wie beispielsweise Trappen, Rotfußfalken, Moorenten, verschiedene Reiherarten, Kormorane, Brachschwalben, Seeadler und im Herbst bis über 100.000 rastende Kraniche.

211 Mit einer Schmalspurbahn kann man bis zu Beobachtungsplätzen um die großen Teiche im Nationalpark Hortobágy fahren.

Kis-Balaton: Durch Ablagerungen des Balaton-Zuflusses Zala und weitere menschliche Eingriffe kam es zur kompletten Abtrennung des Kleinen Balaton (Kis-Balaton) vom Balaton (Plattensee). 1952 unter Naturschutz gestellt, verlor der Kis-Balaton dennoch seine natürliche Reinigungsfunktion für den Balaton, was zu dessen allmählicher Verschlickung und hohen anorganischen Nährstoffbelastung durch den Zufluss

212 Von den Bohlenwegen und Beobachtungshütten aus lassen sich Wasservögel im Nationalpark Hortobágy sehr gut beobachten.

213 Schon die Holzbogenbrücke zur Insel im Kis-Balaton ist einen Besuch wert.

214 Blick von der Brücke zur Insel im Kis-Balaton.

Zala führte. Mit der Renaturierung des Kis-Balaton ab 1976 wurde die Wasserqualität des Plattensees kontinuierlich wieder verbessert und der Kis-Balaton 1979 in die Ramsar-Konvention zum „Schutz international bedeutsamer Feuchtgebiete" aufgenommen. Seit 1997 ist er Teil des Nationalparks Balaton-Oberland (Balaton-Felvidéki Nemzeti Park). Auch gehört er zum Schutzgebietssystem Natura 2000 der EU. Vom 18.000 ha großen naturgeschützten Gesamtgebiet des Kis-Balatons sind über 1400 ha besonders geschützt. Dieses Gebiet darf nur unter fachlicher Tourenbegleitung begangen werden. Der Parkwald (Vörsi Parkerdő) mit der Kis-Balaton-Insel Mariaasszony bei Vörs, die Milanenburg-Insel (Kányavári-sziget) und das Büffelreservat (Bivaly reservatum) bei Balatonmagyaród sind frei besuchbar.

Türkei

Bosporus: Der Bosporus verbindet das Schwarze Meer mit dem Marmarameer, ist etwa 30 km lang, 750 bis 1000 m breit und bis über 100 m tief. Er trennt Europa von Asien. Im Frühjahr und Herbst kann hier ein gewaltiger Zug von Großvögeln (Greifvögel und Störche) beobachtet werden, die als Thermiksegler an der Meerenge trichterförmig zusammenströmen, um dem Mittelmeer und dem Schwarzen Meer auszuweichen. Häufigster Großvogel unter den Durchzüglern am Bosporus ist der Weißstorch. Fast alle „Ostzieher" queren hier die Meerenge. Die ersten Durchzügler tauchen bereits Ende Juli über dem Bosporus auf. Bis Mitte August wird dann ein erster Zughöhepunkt erreicht, und eine weitere Zugwelle findet Ende August/Anfang September statt. Der riesige Greifvogelzug (Schwarzmilan, Wespenbussard, Schrei-, Schelladler, Sperber, Kurzfangsperber, Bussarde, Schmutzgeier, Kaiser-, Zwerg- und Schlangenadler) wird Mitte August von den Schwarzmilanen eröffnet. Auch die ersten Wespenbussarde kommen gleichzeitig durch. Ihr Zughöhepunkt liegt Ende August, um bis Mitte September wieder sehr rasch abzuflauen. Der Durchzug der Schrei- und Schelladler reicht von Mitte/Ende September bis in den Okto-

ber. Die beiden sehr ähnlichen Arten sind schwer auseinanderzuhalten. Wobei in der Regel frühe Durchzügler Schreiadler, späte Schelladler sind. Der September ist auch Hauptzugzeit der Sperber, unter die sich auch Kurzfangsperber mischen. Mitte September bis Mitte Oktober ist schließlich Bussardzug. Während im September hier überwiegend die östliche Unterart, der Falkenbussard zieht, gehören die im Oktober ziehenden Bussarde hauptsächlich unserer mitteleuropäischen Unterart an. Ständig sind den Bosporus auf- und abziehende Schwarzschnabel-Sturmtaucher zu beobachten. Beste Beobachtungsmöglichkeiten bieten die beiden Camlica-Hügel als höchste Stellen des Bosporus-Ufers (Istanbul, asiatische Seite). Ein weiterer hervorragender Platz für Zugvogelbeobachtungen ist der Sariyer etwa 15 km nördlich von Istanbul auf der europäischen Bosporusseite.

215 Am Bosporus haben nicht nur viele Wasservögel ihr Zuhause. An dieser Meerenge findet vor allem alljährlich ein riesiger Großvogelzug statt.

Spanien

Extremadura: Die Extremadura ist das wildreichste Gebiet Europas mit einer Gesamtfläche von 41.634 km². Es gibt hier Steineichenhaine (Dehesas) und Weidegebiete sowie zahlreiche gefährdete Vogelarten wie Adler, Geier oder Trappen. Außerdem ist die Extremadura Überwinterungsgebiet von Kranich und Rotmilan. Die steppenartigen Weidegebiete bieten seltenen Brutvögeln wie Zwerg-, Großtrappen und Trielen in hohen Individuenzahlen Platz. Im Winter werden die hohen Vogelzahlen noch von den hier überwinternden Zugvögeln übertroffen: Auf 1000 km² wurden unter anderem schon 250.000 Kiebitze, 45.000 Goldregenpfeifer und 80.000 Wiesenpieper gezählt. Ein Großteil der Kraniche aus Skandinavien, Deutschland und den baltischen Staaten verbringt hier den Winter und ernährt sich hauptsächlich von den Eicheln der Dehesas. Als Ausgangsorte für die Vogelbeobachtungen eignen sich die Städte Trujillo, Cáceres und Plasencia. Ein Naturschutzzentrum findet sich in Torrejón el Rubio.

216 Die mittelalterliche Stadt Trujillo bietet sich als hervorragender Ausgangspunkt für Exkursionen in der Extremadura an.

217 Der Nationalpark Monfragüe in der Extremadura mit seinen Geiervorkommen ist ein Muss für Vogelfreunde.

Nationalpark Doñana: Der Nationalpark Doñana ist der größte und bekannteste spanische Nationalpark (73.000 ha), er liegt im Süden zwischen Cádiz und Huelva und weist wüstenartige Wanderdünen, riesige Überschwemmungsflächen (Marismas) und mediterranen Trockenbusch auf. Er ist eines der vogelreichsten Gebiete Europas. Der Park ist ein wichtiges Rastgebiet für europäische Zugvögel, die hier auf ihrer Reise nach Afrika Station machen. Über die Hälfte aller europäischen Vogelarten wurde im Park nachgewiesen. Etwa 80 % aller westeuropäischen Enten machen in den Sümpfen Rast, darunter Schwärme von bis zu 70.000 Graugänsen, 126.000 Krickenten, 100.000 Pfeifenten und 40.000 Spießenten, Zehntausende Limikolen sowie 10.000 Flamingos. Zu den Brutvögeln zählen seltene Arten, wie Stelzenläufer und Löffler. Unter den zahlreichen Greifvögeln ist besonders der Spanische Kaiseradler hervorzuheben.

218 El Rocio, ein Ausgangspunkt für Exkursionen in den großartigen Nationalpark Coto Donana.

Der Nationalpark ist vollständig ein Teil des Natura-2000-Gebiets „Doñana“. Dies ist mit einer Fläche von 113.898,66 ha (Stand Februar 2016) etwas mehr als doppelt so groß wie der Nationalpark und umfasst auch den Großteil der angrenzenden Flächen des Naturparks „Doñana“. Das Natura-2000-Gebiet wurde 1987 zuerst als Gebiet nach der Vogelschutzrichtlinie an die EU gemeldet und 1997 zusätzlich als Gebiet nach der Fauna-Flora-Habitat-Richtlinie. Neben den zahlreichen Brut- und Zugvogelarten, die im Gebiet geschützt sind, kommen 29 Lebensraumtypen von europaweiter Bedeutung nach Anhang I der FFH-Richtlinie sowie 22 Arten nach Anhang II der Richtlinie signifikant vor. Sie genießen im Natura-2000-Gebiet „Doñana“ einen besonderen rechtlichen Schutz.

Der Nationalpark selbst ist für Besucher nur nach Voranmeldung zugänglich. Von der Nationalparkstation El Acebuche (bei Matalascañas) gibt es die Möglichkeit, geführte Unimog-Touren durch den Park zu buchen. An den Stationen Las Rocinas und Palacio del Acebron (bei El Rocío) sowie El Acebuche starten außerdem mehrere Kilometer lange Naturlehrpfade durch verschiedene Feuchtgebiete, die zum Teil Vogelbeobachtungsstationen haben. Außerdem gibt es die Möglichkeit, per Schiff von Sanlúcar de Barrameda auf dem Guadalquivir mit einigen Stopps am Nationalparkufer entlangzufahren. Mögliche Ausgangsbasen für einen längeren Aufenthalt im Nationalpark sind Matalascañas (als Tourismuszentrum) und El Rocío.

Anhang

Wichtige Einrichtungen und Adressen

Staatliche Einrichtungen

Deutschland

Institut für Vogelforschung „Vogelwarte Helgoland" (IfV)
Das IfV ist eine außeruniversitäre Forschungseinrichtung im Geschäftsbereich des Niedersächsischen Ministeriums für Wissenschaft und Kultur. Es betreibt Grundlagenforschung und beschäftigt sich mit den vielfältigen Beziehungen zwischen Vögeln und ihrer belebten und unbelebten Umwelt. Leitthemen der wissenschaftlichen Arbeit sind die Vogelzugforschung und die Biologie der Lebensgeschichte. Das IfV ist zudem die Beringungszentrale für Nordwestdeutschland (s. u.). **www.ifv-vogelwarte.de**

Vogelwarte Radolfzell – Max-Planck-Institut für Ornithologie
In Möggingen am Bodensee befindet sich seit 1946 die Vogelwarte Radolfzell als eine international führende Einrichtung der Ornithologie. Das Max-Planck-Institut für Ornithologie (MPIO) wurde 1997 zunächst als selbstständige Max-Planck-Forschungsstelle gegründet und 2004 in Max-Planck-Institut für Ornithologie umbenannt. Der Hauptsitz liegt im oberbayerischen Seewiesen. Mit der Vogelwarte Radolfzell ist ein Teilinstitut des MPIO in Radolfzell am Bodensee angesiedelt. Martin Wikelski und Iain Couzin sind Direktoren in Radolfzell und beide Professoren an der Universität Konstanz. Am gesamten Institut arbeiten und forschen über 220 Mitarbeitende. Das MPIO unterhält enge Kooperationen zu einer Reihe von internationalen Instituten mit vergleichbaren Forschungsschwerpunkten. Das Institut besteht aus vier Abteilungen und mehreren selbstständigen Forschungsgruppen, die sich mit verschiedenen ornithologischen Fragestellungen befassen und dabei zahlreiche biologische Disziplinen zusammenführen. Die Abteilung Tierwanderungen und Immunökologie unter Leitung von Martin Wikelski sammelt in einer internationalen Datenbank globale Bewegungsprofile von Vögeln und anderen Tieren, die mit technologisch hochentwickelten Bio-Loggern ausgestattet wurden. Diese Forschungen werden neue, auch immunologische Erkenntnisse liefern und zeigen, wie Tiere mit ihren natürlichen Krankheiten, mit Klimaveränderungen und menschlichen Einflüssen zurechtkommen. Sie sollen auch dazu beitragen, das global bedrohte Phänomen der Tierwanderungen zu bewahren. **www.orn.mpg.de**

Staatliche Vogelschutzwarten
Staatliche Vogelschutzwarten sind als Fachbehörden der Länder für den ornithologischen Artenschutz zuständig. Zu ihren Aufgaben gehören insbesondere die Erarbeitung fachlicher Grundlagen für den Artenschutzvollzug und die Koordination avifaunistischer Erfassungen. Dabei besteht eine enge Zusammenarbeit innerhalb der Länderarbeitsgemeinschaft der Vogelschutzwarten (LAG VSW), die eines der ältesten staatlichen Fachgremien in Deutschland ist. Die erste Tagung fand bereits am 18. Mai 1936 in Berlin statt.
www.vogelschutzwarten.de

Baden-Württemberg
Landesanstalt für Umwelt, Messungen und Naturschutz Baden-Württemberg (LUBW)
Griesbachstr. 1
76185 Karlsruhe
Telefon: 0721 5600-0
E-Mail: poststelle@lubw.bwl.de

Bayern
Bayerisches Landesamt für Umwelt
Gsteigstraße 43
82467 Garmisch-Partenkirchen
Telefon: 08821 94301-0
E-Mail: bernd-ulrich.rudolph@lfu.bayern.de

Berlin
Senatsverwaltung für Stadtentwicklung und Umwelt
Sachgebiet Artenschutz
Am Köllnischen Park 3
10179 Berlin
Telefon: 030 3025-1637
E-Mail: Johannes.Schwarz@SenStadtUm.Berlin.de

Brandenburg
Dorfstraße 34
14715 Buckow bei Nennhausen
Telefon: 033878 60257
E-Mail: Vogelschutzwarte@LUGV.Brandenburg.de

Bremen
Senator für Bau, Umwelt und Verkehr
Contrescarpe 72
28195 Bremen
Telefon: 0421 361-6660
E-Mail: Henrich.Klugkist@umwelt.bremen.de

Hamburg
Behörde für Stadtentwicklung und Umwelt
Amt für Natur- und Ressourcenschutz
Abteilung Naturschutz
Neuenfelder Str. 19
21109 Hamburg
Telefon: 040 42840-3379
E-Mail: bianca.krebs@bsu.hamburg.de

Hessen, Rheinland-Pfalz und Saarland
Institut für angewandte Vogelkunde
Steinauer Straße 44
60386 Frankfurt a. M.
Telefon: 069 420105-0
E-Mail: info@vswffm.de

Thüringen
Thüringer Landesanstalt für Umwelt und Geologie
Ref. 31 Artenschutz
Lindenhof 3
99991 Seebach
Telefon: 03601 440-662
E-Mail: vsw.seebach@tlug.thueringen.de

Mecklenburg-Vorpommern
Landesamt für Umwelt, Naturschutz und Geologie
Mecklenburg-Vorpommern
Abteilung Naturschutz und Großschutzgebiete
Goldberger Straße 12
18273 Güstrow
Telefon: 03843 77210
E-Mail: christof.herrmann@lung.mv-regierung.de

Niedersachsen
Niedersächsischer Landesbetrieb für Wasserwirtschaft,
Küsten- und Naturschutz (NLWKN)
Göttinger Chaussee 76 A
30453 Hannover
Telefon: 0511 3034-3214
E-Mail: markus.nipkow@nlwkn-h.niedersachsen.de

Nordrhein-Westfalen
Landesamt für Natur, Umwelt und Verbraucherschutz
Nordrhein-Westfalen (LANUV)
Leibnizstraße 10
45659 Recklinghausen
Telefon: 02361 305-3412
E-Mail: Peter.Herkenrath@lanuv.nrw.de

Sachsen
Staatliche Betriebsgesellschaft für Umwelt und Landwirtschaft
Park 2
02699 Neschwitz
Telefon: 035933 31115
E-Mail: Joachim.Ulbricht@smul.sachsen.de

Sachsen-Anhalt
Landesamt für Umweltschutz Sachsen-Anhalt
Fachbereich 4 – Naturschutz
Zerbster Straße 7
39264 Steckby
Telefon: 039244 9409-16
E-Mail: stvsw@lau.mlu.sachsen-anhalt.de

Schleswig-Holstein
Landesamt für Landwirtschaft, Umwelt und ländliche
Räume Schleswig-Holstein
Hamburger Chaussee 25
24220 Flintbek
Telefon: 04347 704-0
E-Mail: jan.kieckbusch@llur.landsh.de

Deutsche Beringungszentralen

Institut für Vogelforschung – Vogelwarte Helgoland
zuständig für den nordwestlichen Teil Deutschlands (Hessen, Niedersachsen, Nordrhein-Westfalen, Schleswig-Holstein, Bremen, Hamburg)

An der Vogelwarte 21
26386 Wilhelmshaven
Tel.: 04421 968922
E-Mail: ifv@ifv.terramare.de

Beringungszentrale Hiddensee

zuständig für den östlichen Teil Deutschlands außer Berlin (Mecklenburg-Vorpommern, Brandenburg, Sachsen-Anhalt, Sachsen und Thüringen)
An der Mühle 4
17493 Greifswald
Tel.: 03834 88766-13
E-Mail: beringungszentrale@lung.mv-regierung.de

Vogelwarte Radolfzell

zuständig für den südwestlichen Teil Deutschlands (Baden-Württemberg, Bayern, Rheinland-Pfalz und Saarland) sowie Berlin und außerdem Österreich
Schloss Möggingen
Schlossallee 2
78315 Radolfzell
Tel.: 07732 1501-0
E-Mail: fiedler@orn.mpg.de

Bundesamt für Naturschutz (BfN)

Das Bundesamt für Naturschutz (BfN) ist die wissenschaftliche Behörde des Bundes für den nationalen und internationalen Naturschutz. Es gehört zum Geschäftsbereich des Bundesumweltministeriums und hat seinen Sitz in Bonn. Das BfN berät das Ministerium in allen Fragen des nationalen und internationalen Naturschutzes und der Landschaftspflege, fördert Naturschutzprojekte, betreut Forschungsvorhaben und ist Genehmigungsbehörde für die Ein- und Ausfuhr geschützter Tier- und Pflanzenarten. Es gibt in größeren zeitlichen Abständen die Roten Listen gefährdeter Tier- und Pflanzenarten heraus. Es nimmt auch Aufgaben im Vollzug des internationalen Artenschutzes, des Meeresnaturschutzes, des Antarktisvertrags und des Gentechnikgesetzes wahr. **www.bfn.de**

Nichtstaatliche Organisationen

Deutschland

Naturschutzbund Deutschland e. V. (NABU)

Der NABU wurde 1899 als „Bund für Vogelschutz" gegründet. Er setzt sich als einer der großen, anerkannten Naturschutzverbände in Deutschland für Mensch und Natur ein und führt konkrete Naturschutzprojekte durch, unterhält eigene Forschungsinstitute, betreibt Umweltbildung und informiert Medien und Bürger über wichtige Themen im Umwelt- und Naturschutz. Dabei stehen die Vögel weiterhin im Fokus. Vom Staat ist der Verein als Umwelt- und Naturschutzverband (im Rahmen des Bundesnaturschutzgesetzes) anerkannt und muss daher bei Eingriffen in den Naturhaushalt angehört werden. Außerdem verfügt er aus dem Umwelt-Rechtsbehelfsgesetz über ein Recht zur Verbandsklage. Zusammen mit dem bayerischen Partner LBV (s. u.) hat er 575.000 Mitglieder und 45.000 Förderer (Stand 2016), die in ganz Deutschland in etwa 2000 lokalen Gruppen organisiert sind. Der NABU ist die nationale Partnerorganisation von BirdLife International. **www.nabu.de**

Landesbund für Vogelschutz in Bayern LB. e. V.

1909 als „Staatlich autorisierte Vogelschutzkommission für Bayern" mit Sitz in Garmisch gegründet, entstand daraus 1938 der „Landesbund für Vogelschutz in Bayern" zunächst als reiner Vogelschutzverband. Ab 1968 wurden die Themen und Arbeitsbereiche des Verbandes breiter aufgefächert. Seit 1945 arbeitet der LBV sehr eng mit dem NABU zusammen. Seit 1999 besteht die heutige institutionalisierte strategische Zusammenarbeit. Dank der seit den 1970er-Jahren stark steigenden Mitgliedszahlen konnte der LBV immer mehr Aufgaben übernehmen, wie etwa auch den Ankauf oder die Pacht von Flächen. Seit 1980 ist die Zentrale des Verbands in Hilpoltstein. Heute umfasst der LBV 85.000 Mitglieder und Förderer. Die Aktiven in den 350 Gruppen sind als Basis des Verbands praktisch flächendeckend aktiv und lokal stark verankert. Sie werden unterstützt von rund 200 Mitarbeitenden in der Landesgeschäftsstelle, den Bezirks-, Kreisgeschäftsstellen und Umweltstationen. Die Aufgaben sind vielfältiger denn je: politische Lobbyarbeit, angewandte Naturschutzforschung, LBV-Kindergarten, Naturschutzjugend NAJU, Quellschutz-Projekte, Artenhilfsprogramme im Auftrag des Landesamts für Umwelt (LfU), EU-LIFE-Projekte und vom Bundesamt für Naturschutz (BfN) geförderte Großvorhaben. **www.lbv.de**

Forschungsstation Randecker Maar

Forschungsstation Randecker Maar e. V
Hans-Thoma-Weg 3
D-73230 Kirchheim unter Teck
www.randeckermaar.de

Komitee gegen Vogelmord e. V.

Das Komitee gegen Vogelmord e. V. versteht sich als Aktionsgemeinschaft, die dort aktiv wird, wo Wildvögel durch Jäger, Wilderer und Tierhändler verfolgt werden. Als vom Bundesumweltministerium anerkannter Naturschutzverein wird das Komitee zudem an Gesetzgebungsverfahren auf Bundesebene beteiligt. Schwerpunkte sind die Arbeit gegen Jagd und Vogelfang in Europa und die Kampagne gegen den internationalen Handel mit Wildvögeln. Gegen Vogelfang und Vogeljagd gehen die Vogelschützer vor allem mit ihren Zugvogelschutzcamps in Italien, Frankreich, auf Malta und Zypern vor. Mit ehrenamtlichen Helfern werden vor Ort in Zusammenarbeit mit der Polizei illegale Vogelfallen, Fangnetze und Leimruten eingesammelt und Wilderer auf frischer Tat gestellt. In jedem Jahr werden so etwa 30.000 Netze und Fallen sichergestellt und mehr als 300 Wilderer überführt. Zudem macht das Komitee Öffentlichkeitsarbeit wie Unterschriftensammlungen und Protestkampagnen und setzt sich bei den betroffenen Regierungen wie auch bei der Europäischen Kommission in Brüssel politisch gegen die Jagd ein. **www.komitee.de**

Stiftung Pro Artenvielfalt®

Die Stiftung Pro Artenvielfalt® ist eine Stiftung bürgerlichen Rechts und satzungsgemäß dem Schutz bedrohter Wildtierarten verpflichtet. Im Hinblick auf Zugvögel tätigt die Stiftung Landkäufe in Italien zum dauerhaften Schutz von bedeutenden Rast- und Nahrungsplätzen entlang der mittleren (zentralen) Vogelzugroute und sorgt für deren Sicherung durch Einsatz von „Bird Guards". Weiterhin fördert sie die Vogelschutzcamps gegen den Zugvogelmord auf Zypern und Sardinien und arbeitet dort auch selbst mit.
www.stiftung-pro-artenvielfalt.org

Deutsche Wildtier Stiftung

Die Deutsche Wildtier Stiftung ist eine gemeinnützige Stiftung zum Schutz und zur Förderung einheimischer Wildtiere und ihrer Lebensräume, zur Schaffung neuer Naturgebiete sowie zur Förderung der Naturbildung. Bezüglich der Zugvögel engagiert sich die Deutsche Wildtier Stiftung besonders im Rotmilan- und Schreiadlerschutz.
www.deutschewildtierstiftung.de

Österreich

BirdLife Österreich

BirdLife Österreich ist der österreichische Partner von BirdLife International. Seine Hauptaufgaben sind: wissenschaftliche Forschung als Grundlage für erfolgreichen Naturschutz, Bewahrung der österreichischen Vogelschutzgebiete, Information der Öffentlichkeit und Lobbyarbeit. Gegründet wurde der gemeinnützige Verein im Jahr 1953 als Österreichische Vogelwarte, bis 1993 hieß er Österreichische Gesellschaft für Vogelkunde. BirdLife Österreich ist die größte und einzige bundesweit tätige Organisation für Vogelschutz und Vogelkunde des Landes.
www.birdlife.at

Schweiz

Schweizerische Vogelwarte Sempach

Die Schweizerische Vogelwarte Sempach wurde 1924 als Beringungszentrale zur Erforschung des Vogelzugs im Alpenraum gegründet. Ihr Hauptsitz ist in Sempach. 1954 wurde sie in eine unabhängige Stiftung nach schweizerischem Recht überführt. Von einem ehrenamtlich geführten Einmannbetrieb hat sie sich zu einem eigenständigen, im In- und Ausland anerkannten Institut mit rund 100 Mitarbeitenden entwickelt. Ihre Aufgaben sind: Überwachung der einheimischen Vogelwelt, Erforschung der Lebensweise wild lebender Vögel und der Gefährdungsursachen. Für gefährdete Vogelarten entwickelt die Schweizerische Vogelwarte Sempach Schutz- und Fördermaßnahmen und sorgt gemeinsam mit ihren Partnern dafür, dass die Erkenntnisse der Vogelwelt und der Natur zugutekommen. Sie betreibt außerdem eine Pflegestation für kranke, verletzte und verwaiste Vögel. Als nationales Kompetenzzentrum für Vogelkunde und Vogelschutz ist sie auch Auskunfts- und Beratungsstelle für Öffentlichkeit, Medien und Behörden. Mit Schulprogrammen und Angeboten in der Umweltbildung sensibilisiert sie Jung und Alt für den Schutz der Vogelwelt. Einzigartig ist der private Status der Schweizerischen Vogelwarte Sempach, andere Vogelwarten und ornithologische Institute sind staatliche Einrichtungen. Sie wird finanziell getragen von Spenden aus der ganzen Bevölkerung. Bei der landesweiten Überwachung der Vogelbestände kann sie auf die Unterstützung von über 2000 freiwilligen Helferinnen und Helfern zählen.
www.vogelwarte.ch

Schweizer Vogelschutz SVS/BirdLife Schweiz

Der Schweizer Vogelschutz SVS/BirdLife Schweiz ist ein nationaler Naturschutzverband mit über 65.000 Natur- und Vogelschützerinnen und -schützern in rund 440 lokalen Sektionen sowie 20 Kantonalverbänden und Landesorganisationen. Die Arbeitsschwerpunkte sind: Naturschutz in der Gemeinde, Schutz der Vögel und ihrer Lebensräume sowie internationale Zusammenarbeit im Naturschutz.
www.birdlife.ch

Literaturhinweise

Die folgenden Literaturhinweise können nur eine Auswahl darstellen. Weiterführende Hinweise (vor allem auch zur Primärliteratur) finden sich vor allem in Berthold (2012), was als Übersichts- und Standardwerk zum Vogelzug gelten kann. Im Monatsjournal für Vogelbeobachter „Der Falke" finden sich regelmäßig aktuelle Forschungsergebnisse auch zu Zugvögeln (www.falke-journal.de).

Albus, A. (2005): Von seltenen Vögeln. S. Fischer Verlag, Frankfurt a. M.

Bairlein, F., Becker, P. H. (2010): 100 Jahre Institut für Vogelforschung – „Vogelwarte Helgoland". Aula-Verlag, Wiesbaden

Bairlein, F., Dierschke, J., Dierschke, V., Salewski, O., Geiter, O., Hüppop, O., Köppen, U., Fiedler, W. (2014): Atlas des Vogelzugs – Ringfunde deutscher Brut- und Gastvögel. Aula-Verlag, Wiebelsheim

Ballasus, H., Hill, K., Hüppop, O. (2009): Gefahren künstlicher Beleuchtung für ziehende Vögel und Fledermäuse. Ber. Vogelschutz 46, 127–157

Berthold, P. (2012) Vogelzug – Eine aktuelle Gesamtübersicht. 7. Auflage. Primus-Verlag, Darmstadt

Bodsworth, F. (1976): Der große Flug (im Original „Last oft the Curlews"). Universitas-Verlag, Berlin

Börnecke, S. (2017): Wir sind dann mal weg – Die (un-)heimliche Arten-Erosion. Eine agroindustrielle Landwirtschaft dezimiert unsere Lebensvielfalt. Hrsg. Häusling, M., MdEP, Europabüro Hessen, Wiesbaden

Bub, H. (1966, 1967, 1968, 1969): Vogelfang und Vogelberingung Teil I–IV. Die Neue Brehm-Bücherei Nr. 359, 377, 389, 409. A. Ziemsen-Verlag, Wittenberg

Bub, H. (1974): Vogelfang und Vogelberingung zur Brutzeit. Die Neue Brehm-Bücherei Nr. 470. A. Ziemsen-Verlag, Wittenberg

Curry-Lindahl, C. (1982): Das große Buch vom Vogelzug. Paul Parey Verlag, Berlin und Hamburg

Dechmann, D. K.N., Wikelski, M., Ellis-Soto, D., Safi, K., Teague O'Mara, M. (2017): Determinants of spring migration departure decision in a bat. Biology Letters 20

Der Falke (2013): Vogelzug. Der Falke 60, Sonderheft. Aula-Verlag, Wiebelsheim

Dietz, C., von Helversen, O., Nill, D. (2007): Handbuch der Fledermäuse Europas und Nordwestafrikas. Kosmos-Verlag, Stuttgart

Gätke, H. (1900): Vogelwarte Helgoland. 2. Auflage. Verlag Joh. Heinr. Meyer, Braunschweig, unveränderter Nachdruck 1987, Verlag und Buchhandlung Maren Knauß, Helgoland

Gatter, W. (2000): Vogelzug und Vogelbestände in Mitteleuropa – 30 Jahre Beobachtung des Tageszugs am Randecker Maar. Aula-Verlag, Wiebelsheim

Gollop, J. B., Barry, T. W., Iversen, E. H. (1986): Eskimo Curlew – A vanishing species? Special Publication No. 17 of the Saskatchewan Natural History Society, Saskatchewan

Gretton, A. (1991): Conservation of the Slender-billed Curlew. ICBP Monograph No. 6, International Council for Bird Preservation, Cambridge U.K.

Gröbel, T.-B., Hormann, M. (2015): Geheimnisvoller Schwarzstorch – Faszinierende Einblicke in das Leben eines scheuen Waldvogels. Aula-Verlag, Wiebelsheim

Haas, D. (2017): Wildlife am Bodensee. Die Vögel. Verlag Stadler, Konstanz

Hallmann, C. A., Foppen, R. P., van Turnhout, C. A., de Kroon, H., Jongejans, E. (2014): Declines in insectivorous birds are associated with high neonicotinoid concentrations. Nature 511, 341–343. doi: 10.1038/nature13531

Haupt, H. (2012): Vogeltod an Glasscheiben: Ein unterschätztes Problem? Artenschutzbrief 16, 14–16

Herzog, F. (2014): Zweiter Jahreszyklus gestartet: Kuckucke mit Satellitensendern. Der Falke 61/9, 23–24

Jambeck, J. R., Geyer, R., Wilcox, C., Siegler, T. R., Perryman, M., Andrady, A., Narayan, R., Law, K. L. (2015): Plastic waste inputs from land into the ocean. Science 347, 768–771 doi: 10.1126/science.1260352

LAG VSW (Länderarbeitsgemeinschaft der Vogelschutzwarten) (2015): Abstandsempfehlungen für Windenergieanlagen zu bedeutsamen Vogellebensräumen sowie Brutplätzen ausgewählter Vogelarten (Stand April 2015). Berichte zum Vogelschutz 51, 15–42

Lieckfeld, C.-P., Straaß, V. (2002): Mythos Vogel – Geschichte, Legenden. 40 Vogelporträts. BLV Verlagsgemeinschaft, München

Limbrunner, A., Bezzel, A., Richarz, K., Singer, D. (2007): Enzyklopädie der Brutvögel Europas. Kosmos-Verlag, Stuttgart

Lingenhöhl, D. (2010): Vogelwelt im Wandel – Trends und Perspektiven. Wiley-VCH-Verlag, Weinheim

Loss, S., Will, T., Loss, S., Marra, P. (2014): Bird building collisions in the United States: Estimates of annual mortality and species vulnerability. The Condor, Ornithological Applications 116, 8–23

Mebs, T., Schmidt, D. (2006): Die Greifvögel Europas, Nordafrikas und Vorderasiens. Kosmos-Verlag, Stuttgart

Meurer, H., Richarz, K. (2005): Von Werwölfen und Vampiren – Tiere zwischen Mythos und Wirklichkeit. Kosmos-Verlag, Stuttgart

Meyburg, B.-U., Matthes, J., Meyburg, C. (2010): Überwinterungsökologie: Schreiadler und Blutschnabelweber. Der Falke 57, 236–243

Meyburg, B.-U., Meyburg, C. (2009a): Wanderung mit Rucksack: Satellitentelemetrie bei Vögeln. Der Falke 56, 256–263

Meyburg, B.-U., Meyburg, C. (2009b): Satelliten-Telemetrie beim Schreiadler (Aquila pomarina). Labus, Naturschutz im Landkreis Mecklenburg-Strelitz, Sonderheft 13, 16–44

Meyburg, B.-U., Meyburg, C., Fiuczynski, K. D., Hallau, A. (2011): Forschung mithilfe des kleinsten Satellitensenders: Baumfalken – Wanderer zwischen den Kontinenten. Der Falke 58, 52–59

Pschera, A. (2014): Das Internet der Tiere – Der neue Dialog zwischen Mensch und Natur. Matthes & Seitz, Berlin

Rappole, J. H. (1995): The ecology of migrant birds: a neotropical perspective. Washington, London

Reichholf, J. H. (2017): Haustiere – unsere nahen und doch so fremden Begleiter. Matthes & Seitz, Berlin

Richarz, K. (2015): Windenergie im Lebensraum Wald – Gefahr für die Artenvielfalt. Situation und Handlungsbedarf. Deutsche Wildtier Stiftung, Hamburg

Richarz, K., Bezzel, E., Hormann, M. (2001): Taschenbuch für Vogelschutz. Aula-Verlag, Wiebelsheim

Schmid, H., Waldburger, P., Heynen, D. (2008): Vogelfreundliches Bauen mit Glas und Licht. Schweizerische Vogelwarte Sempach

Schüz, E., Weigold, H. (1931): Atlas des Vogelzuges nach den Beringungsergebnissen bei paläarktischen Vögeln. Friedländer & Sohn, Berlin

Sudfeldt, C., Bairlein, F., Dröschmeister, R., König, C., Langgemach, T., Wahl, J. (2012): Vögel in Deutschland – 2012. DDA, BfN, LAG VSW, Münster

Sudfeldt, C., Dröschmeister, R., Frederking, W., Gedeon, K., Gerlach, B., Grüneberg, C., Karthäuser, J., Langgemach, T., Schuster, B., Trautmann, S., Wahl, J. (2013): Vögel in Deutschland – 2013. DDA, BfN, LAG VSW, Münster

Unsöld, M., Fritz, J. (2014): „Neuer alter" mitteleuropäischer Brutvogel in Bayern: Die Rückkehr des Waldrapps. Der Falke 63/7, 27–29

Van Doren, B. M., Horton, K. G., Dokter, A. M., Klinck, H., Elbin, S. B., Farnsworth A. (2017): High-intensity urban light installation dramatically alters nocturnal bird migration. Proceedings of the National Academy of Sciences

Vlček, J., Schmidberger, M. (2014): Tschechisch-bayerisches Gemeinschaftsprojekt: Satellitentelemetrie von Wachtelkönigen. Der Falke 61/3, 16–17

Wahl, J., Dröschmeister, R., Gerlach, B., Grüneberg, C., Langgemach, T., Trautmann, S., Sudfeldt, C. (2015): Vögel in Deutschland – 2014. DDA, BfN, LAG VSW, Münster

Wahl, J., Dröschmeister, R., König, C., Langgemach, T., Sudfeldt, C. (2017): Vögel in Deutschland – Erfassung rastender Wasservögel. DDA, BfN, LAG VSW, Münster

Wahl, J., Dröschmeister, R., Langgemach, T., Sudfeldt, C. (2011): Vögel in Deutschland – 2011. DDA, BfN, LAG VSW, Münster

Walther, B. A., Schäffer, N. (2014): Nach Afrika und zurück mit hängenden Beinen: Wachtelkönige im Überwinterungsgebiet. Der Falke 61/3, 12–15

Register

Bildnachweis

1: K. Richarz | **2:** Fotolia/Archivist | **3:** Illustration aus H. C. Andersens ausgewählte Märchen | **4:** Illustration aus H. C. Andersens ausgewählte Märchen | **5:** iStock/xalanx | **6:** iStock/Denja1 | **7:** A. Limbrunner | **8:** A. Limbrunner | **9:** A. Limbrunner | **10:** A. Limbrunner | **11:** Fotolia/gudkovandrey | **12:** Fotolia/dnkkolyan | **13:** Fotolia/sekarb | **14:** iStock/JHVEPhoto | **15:** A. Limbrunner | **16:** Th. Stephan | **17:** gemeinfrei | **18:** G. Bauschmann | **19:** G. Bauschmann | **20:** A. Limbrunner | **21:** Shutterstock | **22:** G. Bauschmann | **23:** G. Bauschmann | **24:** G. Bauschmann | **25:** Bengt-Thomas Gröbel | **26:** iStock/ryttersfoto | **27:** Shutterstock | **28:** Bengt-Thomas Gröbel | **29:** H. Neumann | **30:** M. Sommerhage | **31:** H. Neumann | **32:** H. Neumann | **33:** H. Neumann | **34:** K. Richarz | **35:** iStock/duncanmoody | **36:** A. Limbrunner | **37:** A. Limbrunner | **38:** G. Moosrainer | **39:** A. Limbrunner | **40:** V. Wege | **41:** A. Limbrunner | **42:** A. Limbrunner | **43:** A. Limbrunner | **44:** A. Limbrunner | **45:** A. Limbrunner | **46:** G. Moosrainer | **47:** A. Limbrunner | **48:** A. Limbrunner | **49:** M. Sommerhage | **50:** A. Limbrunner | **51:** A. Limbrunner | **52:** A. Limbrunner | **53:** A. Limbrunner | **54:** A. Limbrunner | **55:** Bengt-Thomas Gröbel | **56:** A. Limbrunner | **57:** G. Moosrainer | **58:** A. Limbrunner | **59:** A. Limbrunner | **60:** V. Wege | **61:** A. Limbrunner | **62:** H. Neumann | **63:** V. Wege | **64:** H. Neumann | **65:** H. Neumann | **66:** H. Neumann | **67:** A. Limbrunner | **68:** A. Limbrunner | **69:** V. Wege | **70:** A. Limbrunner | **71:** H. Neumann | **72:** A. Limbrunner | **73:** A. Limbrunner | **74:** H. Neumann | **75:** A. Limbrunner | **76:** A. Limbrunner | **77:** A. Limbrunner | **78:** A. Limbrunner | **79:** A. Limbrunner | **80:** M. Sommerhage | **81:** A. Limbrunner | **82:** A. Limbrunner | **83:** A. Limbrunner | **84:** A. Limbrunner | **85:** A. Limbrunner | **86:** A. Limbrunner | **87:** A. Limbrunner | **88:** A. Limbrunner | **89:** A. Limbrunner | **90:** akg/Noth Wind Picture Archives | **91:** akg-images/bilwissedition | **92:** akg-images/bilwissedition | **93:** Fotolia/kajornyot | **94:** iStock/jimkruger | **95:** iStock/westphalia | **96:** K. Richarz | **97:** A. Limbrunner | **98:** V. Wege | **99:** A. Limbrunner | **100:** A. Limbrunner | **101:** M. Sommerhage | **102:** Fotolia/Earnest Tse | **103:** A. Limbrunner | **104:** H. Neumann | **105:** A. Limbrunner | **106:** V. Wege | **107:** Bengt-Thomas Gröbel | **108:** Bengt-Thomas Gröbel | **109:** A. Limbrunner | **110:** A. Limbrunner | **111:** iStock/Utopia_88 | **112:** A. Limbrunner | **113:** H. Neumann | **114:** A. Limbrunner | **115:** Fotolia/paulfell | **116:** Fotolia/Photohunter | **117:** Fotolia/Zbynek | **118:** H. Neumann | **119:** A. Limbrunner | **120:** A. Limbrunner | **121:** K. Richarz | **122:** K. Richarz | **123:** A. Limbrunner | **124:** A. Limbrunner | **125:** A. Limbrunner | **126:** A. Limbrunner | **127:** Bengt-Thomas Gröbel | **128:** Bengt-Thomas Gröbel | **129:** Bengt-Thomas Gröbel | **130:** M. Sommerhage | **131:** A. Limbrunner | **132:** A. Limbrunner | **133:** A. Limbrunner | **134:** A. Limbrunner | **135:** C. Gelpke | **136:** G. Bauschmann | **137:** G. Bauschmann | **138:** C. Gelpke | **139:** A. Limbrunner | **140:** iStock/rockptarmigan | **141:** Fotolia/rob francis | **142:** iStock/Lensalot | **143:** A. Limbrunner | **144:** M. Sommerhage | **145:** Fotolia/JuergenL | **146:** A. Limbrunner | **147:** G. Bauschmann | **148:** G. Bauschmann | **149:** A. Limbrunner | **150:** A. Limbrunner | **151:** A. Limbrunner | **152:** A. Limbrunner | **153:** A. Limbrunner | **154:** A. Limbrunner | **155:** A. Limbrunner | **156:** A. Limbrunner | **157:** A. Limbrunner | **158:** A. Limbrunner | **159:** A. Limbrunner | **146:** Fotolia/K.-U. Häßler | **160:** iStock/3DSculptor | **161:** iStock/FRANKHILDEBRAN. | **162:** K. Richarz | **163:** A. Limbrunner | **164:** A. Limbrunner | **165:** G. Moosrainer | **166:** A. Limbrunner | **167:** iStock/mikedabell | **168:** G. Moosrainer | **169:** Komitte | **170:** Komitte | **171:** Komitte | **172:** Komitte | **173:** R. Tischbier | **174:** R. Tischbier | **175:** V. Wege | **176:** A. Limbrunner | **177:** A. Limbrunner | **178:** A. Limbrunner | **179:** M.Hormann | **180:** K. Richarz | **181:** Bengt-Thomas Gröbel | **182:** Westnetz GmbH | **183:** M. Sommerhage | **184:** M. Sommerhage | **185:** M. Sommerhage | **186:** A. Limbrunner | **187:** M. Hormann | **188:** iStock/MarioGuti | **189:** M. Hormann | **190:** M. Hormann | **191:** iStock/Herianus | **192:** R. Tischbier | **193:** A. Limbrunner | **194:** iStock/kruwt | **195:** A. Limbrunner | **196:** A. Limbrunner | **197:** M. Sommerhage | **198:** M. Sommerhage | **199:** K. Richarz | **200:** K. Richarz (Vogelwärterhaus), A. Limbrunner (Luftaufnahme) | **201:** Bengt-Thomas Gröbel | **202:** Fotolia/AVT. | **203:** A. Limbrunner | **204:** K. Richarz | **205:** K. Richarz | **206:** iStock/ReneP. | **207:** iStock/DieterMeyrl | **208:** K. Richarz | **209:** K. Richarz | **210:** K. Richarz | **211:** K. Richarz | **212:** K. Richarz | **213:** K. Richarz | **214:** K. Richarz | **215:** iStock/petekarici | **216:** L.Pflanz | **217:** K. Richarz | **218:** iStock/Lux Blue | **Frontispiz:** S. 2 Fotolia/Peer | **Grafiken, Zeichnungen und Vektorbilder:** S. 5 u. 6 Fotolia/olenyatko; S. 5 u. 8 Fotolia/berdsigns; S. 5 u. 43 Fotolia/val_iva; S. 5 u. 68 Fotolia/paiartist; S. 5 u. 90 Fotolia/val_iva; S. 5 u. 101 Fotolia/patthana; S. 5 u. 119 Fotolia/byrdyak; S. 5 u. 138 Fotolia/patthana; S. 5 u. 163 Fotolia/asmaka; S. 5 u. 168 Fotolia/asmakar; S. 20, 70, 71, 73, 74: nach Berthold (2012); S. 27, 116: nach Curry-Lindahl (1982); S. 36, 40, 92, 93, 96, 120: nach Der Falke (2013); S. 131, rechts: nach Vlček & Schmidberger (2014); S. 131, links: nach Walther & Schäffer (2014); S. 128, 129: nach Herzog (2014)